Matemáticas para aprender

Guía de matemáticas

Mary C. Cavanagh

Great Source
EDUCATION GROUP
A Houghton Mifflin Company

La autora, Mary C. Cavanagh, es coordinadora de proyectos de Matemáticas, Ciencias y Más en el Distrito Escolar de Solana Beach, California.

Reconocimientos Agradecemos a los siguientes maestros, maestras y supervisores de matemáticas que hicieron posible *Matemáticas para aprender*.

Asesora principal:
Dra. Marsha W. Lilly
Coordinadora de matemáticas de enseñanza secundaria
Alief ISD
Houston, Texas

Gale Levow
Coordinadora de matemáticas
Distrito 8
Bronx, Nueva York

Cynthia M. Petillo
Maestra Escuela Elemental Del Prado (Condado de Palm Beach)
Boca Ratón, Florida

Sharon Fields Simpson
Maestra de enseñanza primaria de recursos para matemáticas
Escuelas Cherry Creek
Englewood, Colorado

Kimberly M. Tolbert
Especialista de enseñanza primaria
Alief ISD
Houston, Texas

Marilyn LeRud
Maestra de enseñanza primaria (grados K–8) (retirada)
Distrito Escolar Unificado
Tucson, Arizona

Louise Muscarella-Daxon
Supervisora distrital de matemáticas
Escuelas públicas del condado de Miami-Dade
Miami, Florida

Sandra Silverman
Coordinadora, Matemáticas para la escuela elemental
Oficina de Educación del condado de San Diego
San Diego, California

Dr. Lon M. Stettler
Coordinador de programas de enseñanza
Matemáticas, ciencias y educación para talentos
Cincinnati, Ohio

Darrell Williamson
Asesor de matemáticas, grados K–12
Condado de Fulton
Atlanta, Georgia

Redacción: Edward Manfre
Edición: Carol DeBold; Justine Dunn; Kane Publishing Services Inc.; Susan Rogalski
Jefe de diseño: Richard Spencer
Jefa de producción: Sandra Easton
Diseño y producción: Bill SMITH STUDIO
Mercadeo: Lisa Bingen
Créditos de las ilustraciones: véase al final del índice

Impreso en los Estados Unidos de Norteamérica

International Standard Book Number 13: 978-0-669-53958-5
International Standard Book Number 10: 0-669-53958-9

1 2 3 4 5 6 7 8 9 0 QWT 10 09 08 07 06

Tabla de contenido

Cómo usar este libro

Esta es una guía de matemáticas. Úsala como usarías un diccionario o una enciclopedia. No tienes que leerla de principio a fin.

Ten esta guía a la mano y úsala

- cuando no sepas el significado de alguna palabra de matemáticas
- si quieres saber cómo solucionar ciertos problemas
- si quieres saber más sobre algún tema de matemáticas.

¿Qué pasa si quieres solucionar un problema de perímetro? Este libro te ayuda a hacerlo, aunque no sepas lo que es un "perímetro".

- Puedes buscar “perímetro” en el Glosario de palabras de matemáticas. El glosario está en las Páginas Amarillas que comienzan en la página 313.

perímetro **Distancia alrededor de una figura** **(214)**

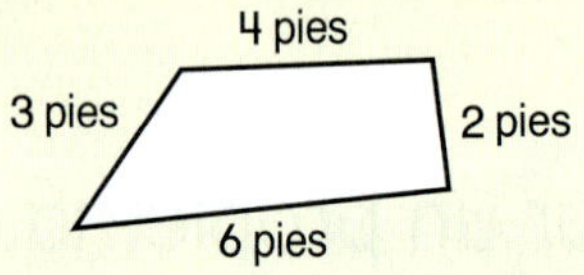

3 + 4 + 2 + 6 = 15

El **perímetro** mide 15 pies.

Las palabras del glosario están en orden alfabético. El glosario te dice qué significa cada palabra.

Esto te dice a qué página ir si quieres saber más.

- Puedes buscar “perímetro” en el índice. El índice está al final del libro.

P

Patrones, 66–67, 252–255, 276–277

Perímetro, 214–215

Pictogramas, 240–241

Las palabras en el índice están en orden alfabético. Al lado de cada palabra está su número de página. Perímetro está en las páginas 214 y 215.

- Puedes buscar "perímetro" en la Tabla de contenido. La Tabla de contenido está al comienzo del libro.

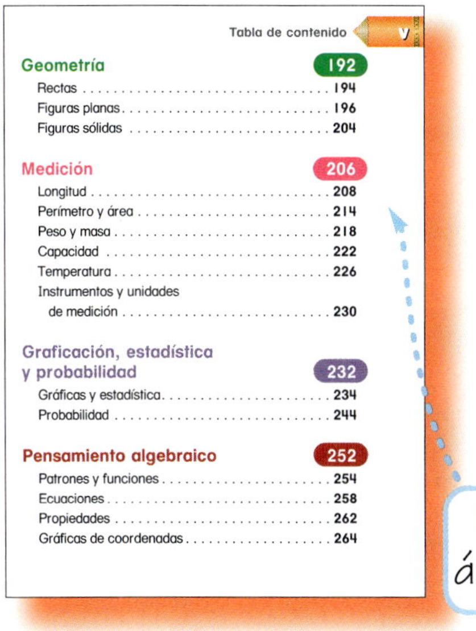
Tabla de contenido v

En la Tabla de contenido, los temas están en el mismo orden que están en el libro. Si la lees, verás todos los temas del libro.

La sección sobre perímetro y área comienza en la página 214.

Puedes usar cualquier método para encontrar "perímetro". Todos te llevarán a las páginas 214 y 215 donde aprenderás de qué se trata.

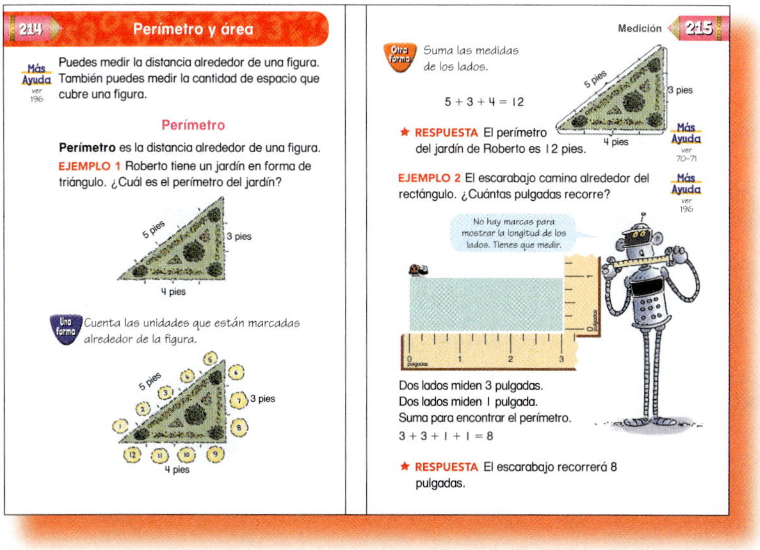
214 **Perímetro y área**

Más Ayuda ver 196 — Puedes medir la distancia alrededor de una figura. También puedes medir la cantidad de espacio que cubre una figura.

Perímetro

Perímetro es la distancia alrededor de una figura.

EJEMPLO 1 Roberto tiene un jardín en forma de triángulo. ¿Cuál es el perímetro del jardín?

Una forma — Cuenta las unidades que están marcadas alrededor de la figura.

Medición 215

Otra forma — Suma las medidas de los lados.

5 + 3 + 4 = 12

★ RESPUESTA El perímetro del jardín de Roberto es 12 pies.

Más Ayuda ver 70–71

EJEMPLO 2 El escarabajo camina alrededor del rectángulo. ¿Cuántas pulgadas recorre?

Más Ayuda ver 196

Dos lados miden 3 pulgadas.
Dos lados miden 1 pulgada.
Suma para encontrar el perímetro.
3 + 3 + 1 + 1 = 8

★ RESPUESTA El escarabajo recorrerá 8 pulgadas.

Cómo usar las páginas

- A veces hay más de una forma de solucionar un problema.

Esta es una forma.

Esta es otra forma.

28

Compara números de dos dígitos

Mascotas de los presidentes en la Casa Blanca

Mascota	Número de presidentes
perro	23
pájaro	16
gato	10

Source: *Kidbits,* Blackbirch Press, Inc.

EJEMPLO 1 ¿Cuál es la mascota que más han tenido los presidentes en la Casa Blanca: perros o pájaros?

Compara 23 con 16 para ver cuál es más.

Una forma Usa una recta numérica.

15 16 17 18 19 20 21 22 23 24 25

Más Ayuda ver 30

23 viene después de 16. Por lo tanto, 23 > 16.

Otra forma Usa valor de posición.

Compara las decenas.	
2 decenas son más que 1 decena.	23 16

Escribe 23 > 16

Di *Veintitrés es más que dieciséis.*

★ **RESPUESTA** Los presidentes han tenido más perros que pájaros en la Casa Blanca.

Puedes usar una recta numérica o el valor de posición. Ambos te dirán que 23 es mayor que 16. Cuando soluciones problemas, escoge el método que te parezca mejor.

- **¡Atención!** Las señales de atención te ayudan a no cometer errores.
  Esta señal te muestra cómo alinear los dígitos en una suma.

Más ayuda Estos letreros te dicen las páginas donde puedes encontrar más ayuda.

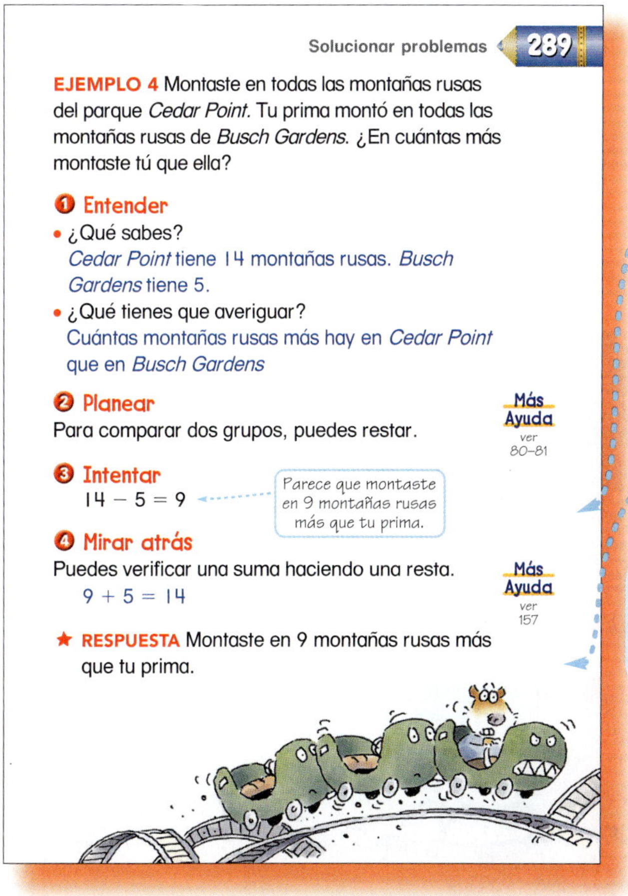
Solucionar problemas 289

EJEMPLO 4 Montaste en todas las montañas rusas del parque *Cedar Point*. Tu prima montó en todas las montañas rusas de *Busch Gardens*. ¿En cuántas más montaste tú que ella?

1 Entender
- ¿Qué sabes?
  Cedar Point tiene 14 montañas rusas. *Busch Gardens* tiene 5.
- ¿Qué tienes que averiguar?
  Cuántas montañas rusas más hay en *Cedar Point* que en *Busch Gardens*

2 Planear
Para comparar dos grupos, puedes restar.

Más Ayuda ver 80–81

3 Intentar
14 − 5 = 9

Parece que montaste en 9 montañas rusas más que tu prima.

4 Mirar atrás
Puedes verificar una suma haciendo una resta.
9 + 5 = 14

Más Ayuda ver 157

★ **RESPUESTA** Montaste en 9 montañas rusas más que tu prima.

En las páginas 80 y 81, aprenderás más sobre cómo comparar dos números usando una resta.

La página 157 te dice más sobre cómo usar una suma para verificar una resta.

¡Diviértete con esta guía de matemáticas!

Numeración

¿Por qué necesitamos números? Piensa en un mundo sin números. Entenderás por qué los necesitamos.

2 Los números hasta 19

Contar es más fácil cuando ves los patrones que forman los números.

0	1	2	3	4	5	6	7	8	9
10	11	12	13	14	15	16	17	18	19

¡Atención!

Cuenta cada cosa sólo una vez.

Mueve cada objeto cuando lo cuentes.

Los números de 0 a 9

Mira	Escribe	Di
	0	cero
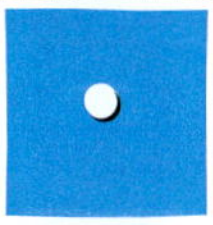	1	uno
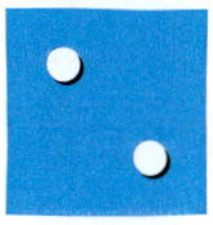	2	dos
	3	tres
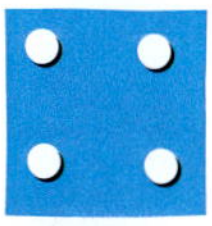	4	cuatro
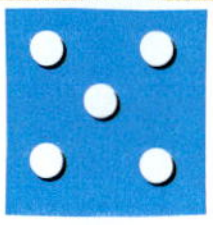	5	cinco
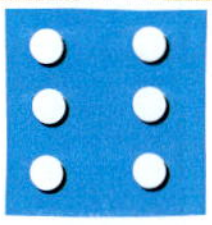	6	seis
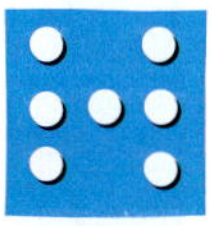	7	siete
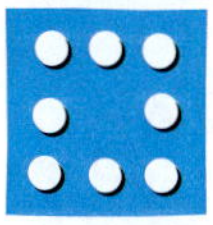	8	ocho
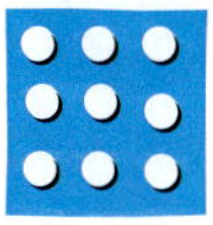	9	nueve

Marcos de diez—Los números de 0 a 10

Puedes usar un marco con diez cuadros para mostrar los números de 0 a 10.

0
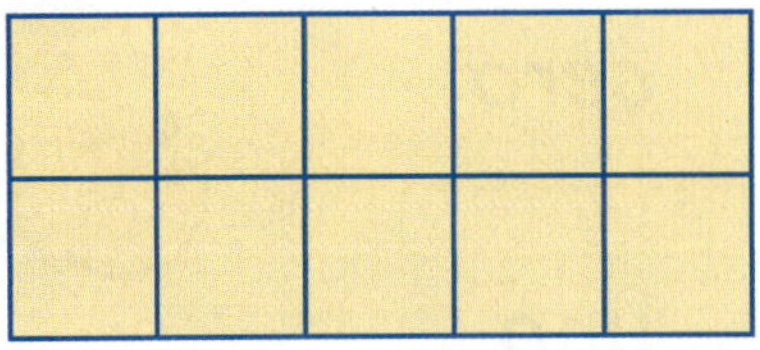

1
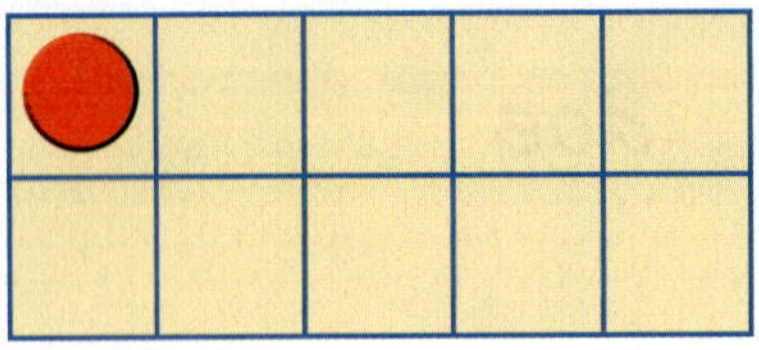

2
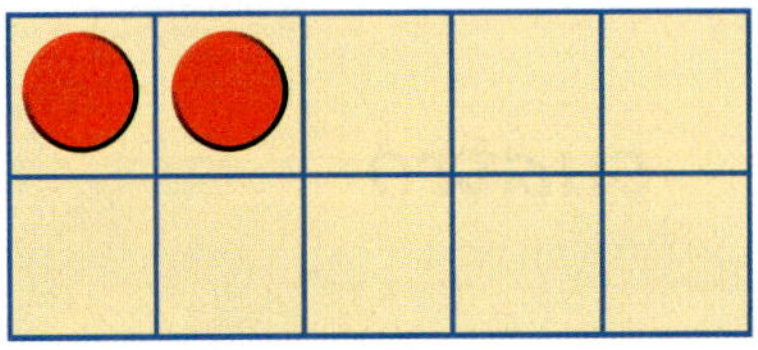

3
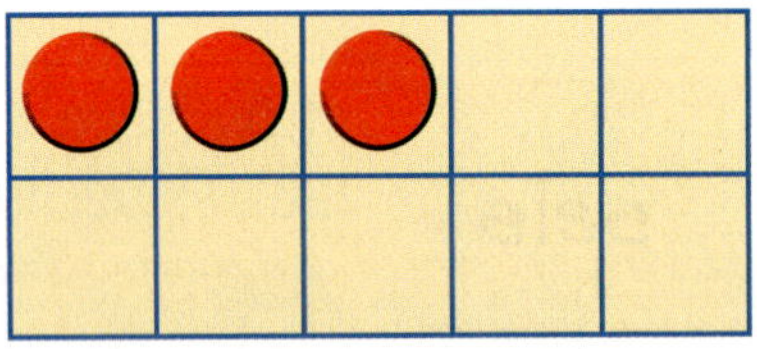

4
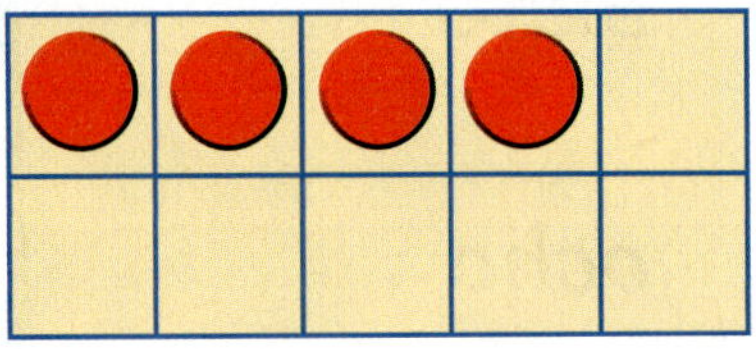

5
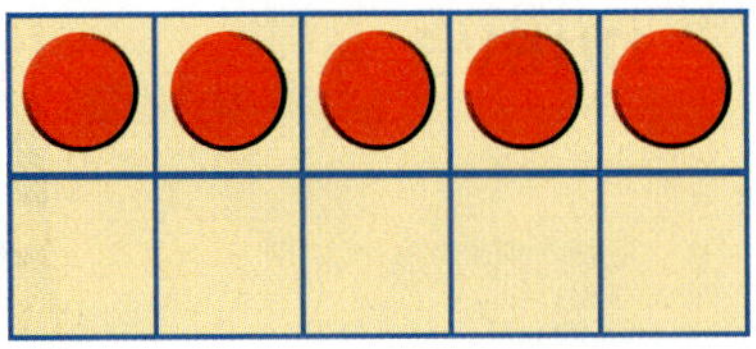

Aquí puedes ver 5 y otros más.

6
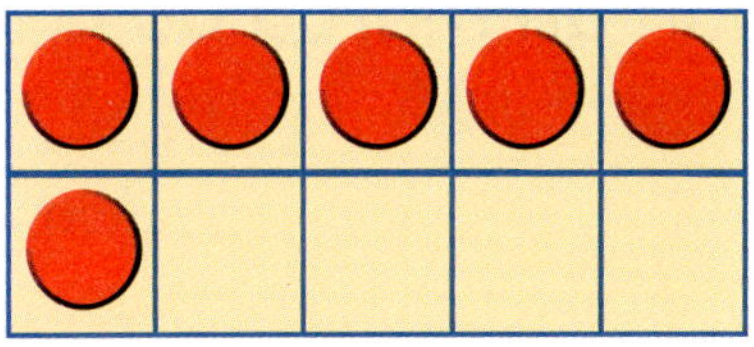

7
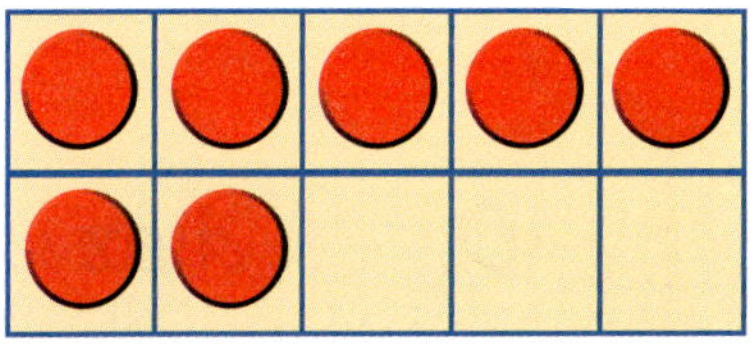

8
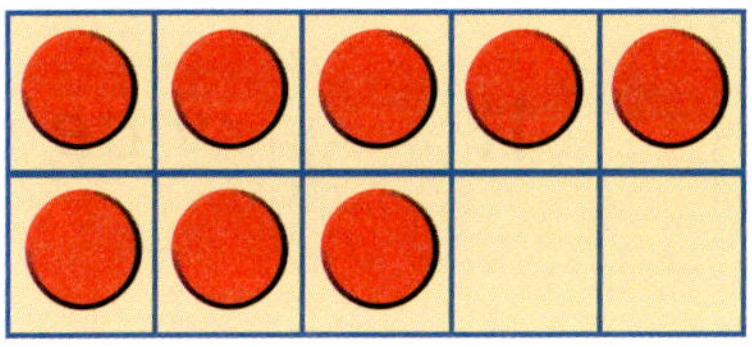

9
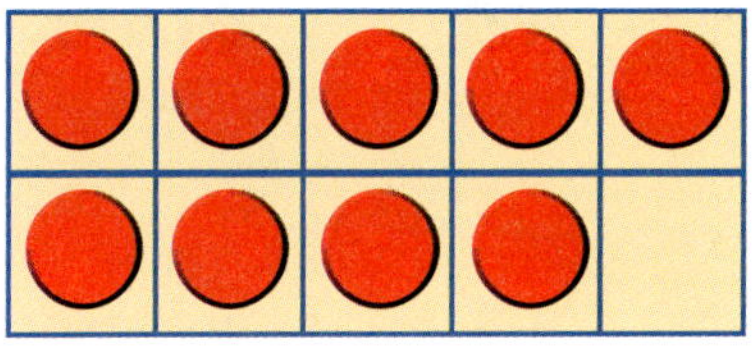

10
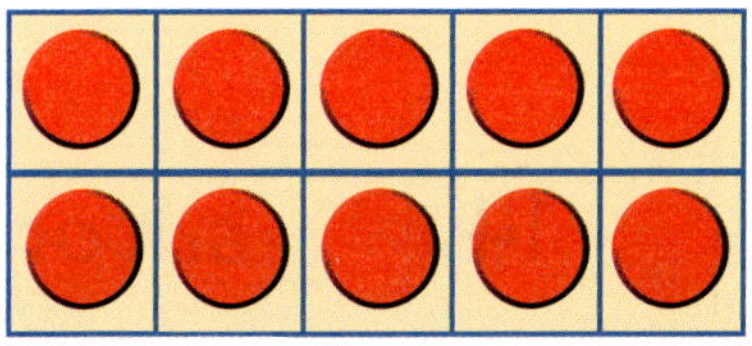

¿Lo sabías?

Hace muchos años, había personas que solamente usaban tres números: *uno, dos* y *muchos.*

Fuente: *The How and Why Wonder Book of Mathematics,* Wonder Books.

Los números de 10 a 19

Los números de 11 a 19 tienen un marco de diez completo y algo más.

Mira	Escribe	Di
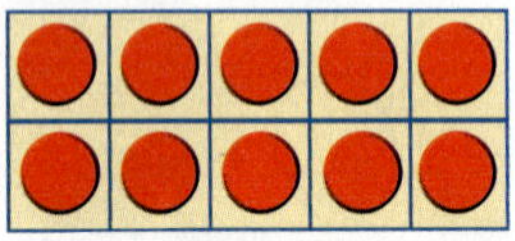	10	diez
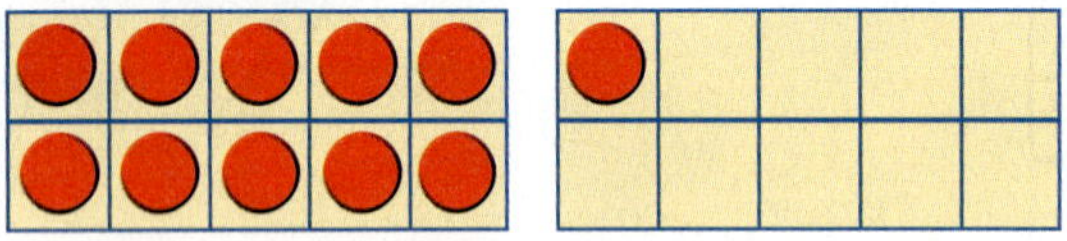	11	once
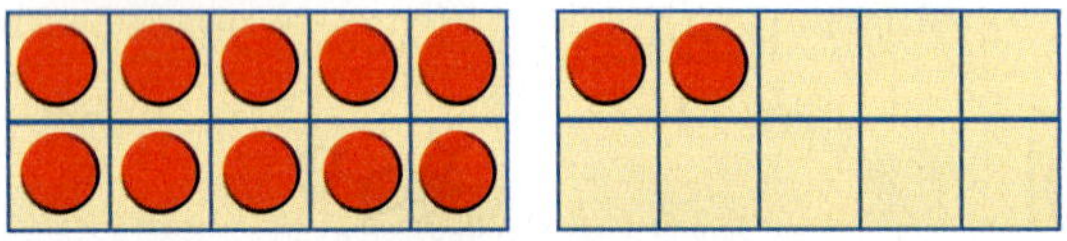	12	doce
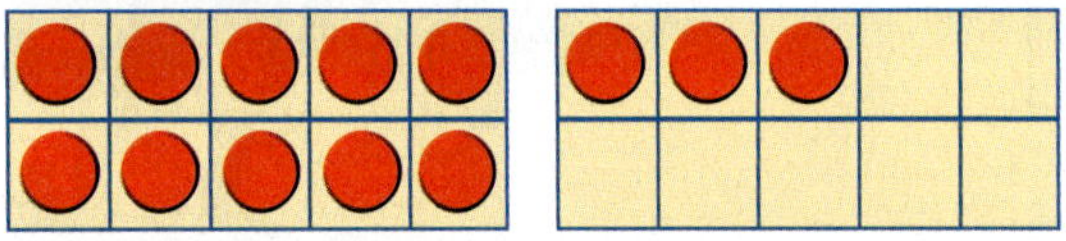	13	trece
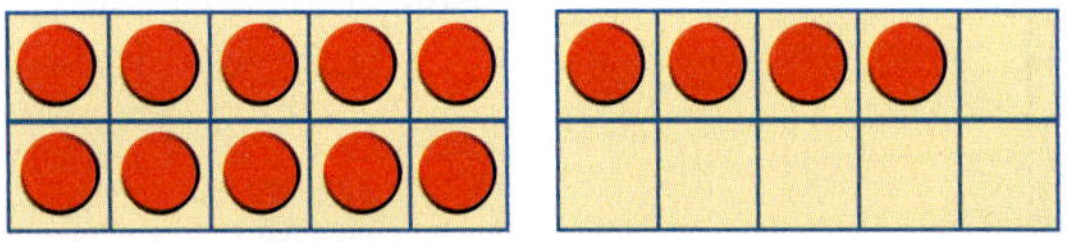	14	catorce
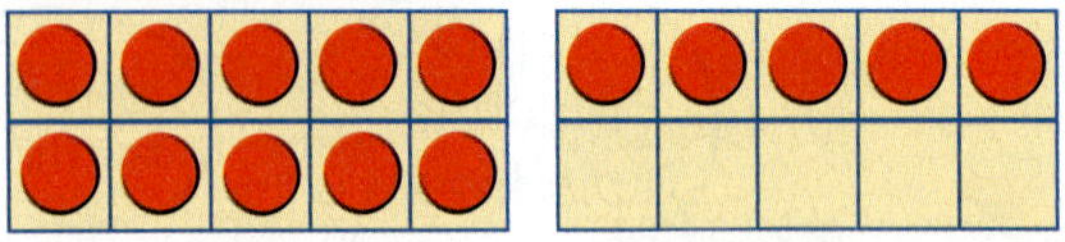	15	quince
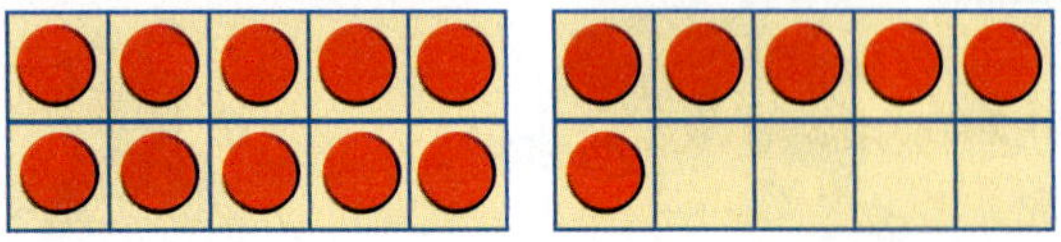	16	dieciséis

Mira	Escribe	Di
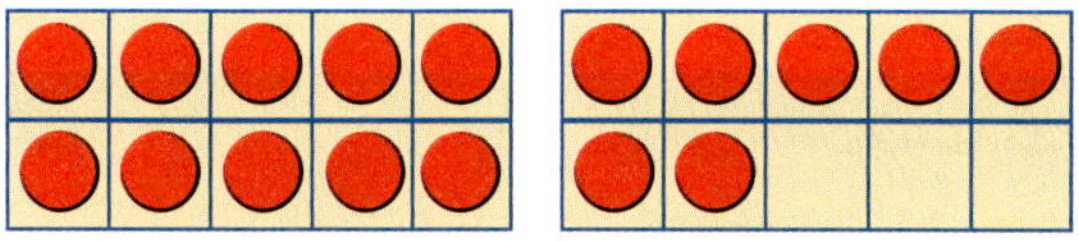	17	diecisiete
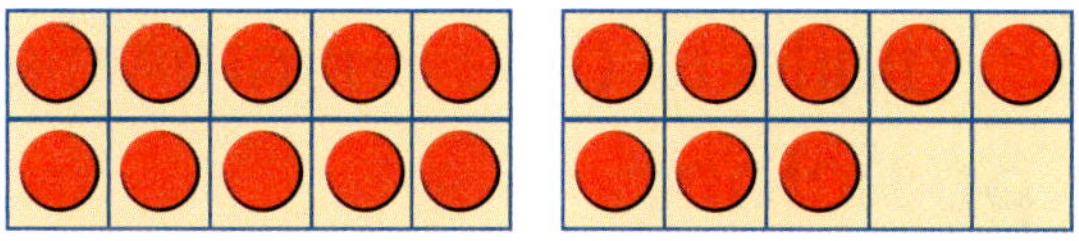	18	dieciocho
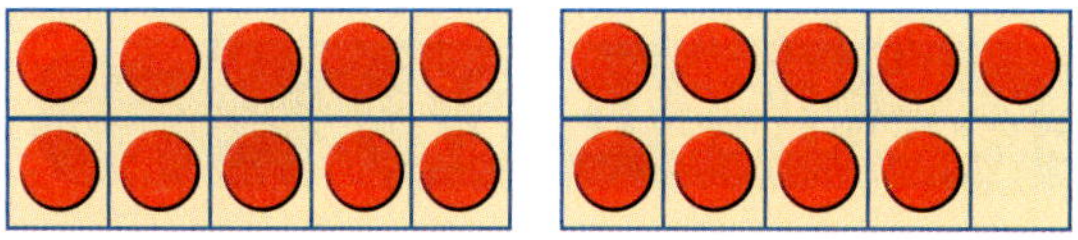	19	diecinueve

Los números de 11 a 19 pueden sorprenderte.

Las palabras para los números de 11 a 19 no siguen un mismo patrón.

Valor de posición hasta 999

Puedes escribir cualquier número usando estos diez **dígitos.**

0 1 2 3 4 5 6 7 8 9

La posición que ocupa un dígito te dice cuánto vale. Esto se llama **valor de posición.**

Los números hasta 99.

Puedes usar el diez y el uno para formar números hasta 99.

Busca patrones en la tabla.

Más Ayuda ver 10–13

0	1	2	3	4	5	6	7	8	9
10	11	12	13	14	15	16	17	18	19
20	21	22	23	24	25	26	27	28	29
30	31	32	33	34	35	36	37	38	39
40	41	42	43	44	45	46	47	48	49
50	51	52	53	54	55	56	57	58	59
60	61	62	63	64	65	66	67	68	69
70	71	72	73	74	75	76	77	78	79
80	81	82	83	84	85	86	87	88	89
90	91	92	93	94	95	96	97	98	99

Cada número en esta hilera tiene **3 decenas**.

Cada número en esta columna tiene **6 unidades**.

Modelos para los números

Los modelos te ayudan a ver el valor de posición.
Estas son algunas formas de mostrar el número catorce.

Una forma Usa marcos de diez.

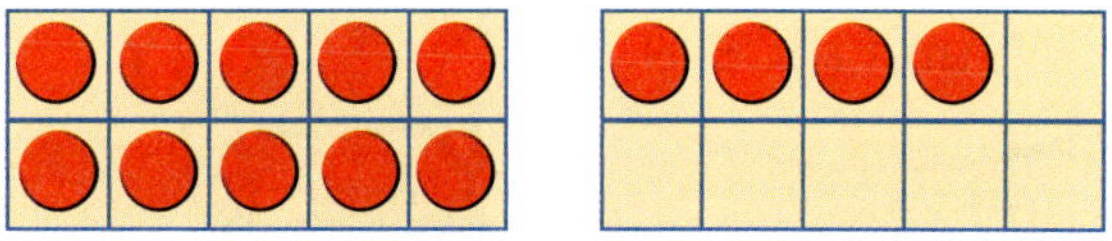

Otra forma Usa vainas de frijoles y frijoles sueltos.

Otra forma Usa bloques de valor de posición.

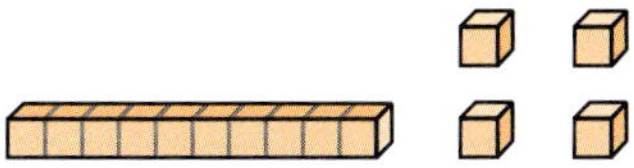

Otra forma Usa cubos que se unen.

Otra forma Usa manojos de palitos.

Decenas

Si tienes muchas cosas para contar, puedes hacer grupos de diez. Un grupo de diez se llama **decena**.

Mira	Escribe	Di
	10	diez
	20	veinte
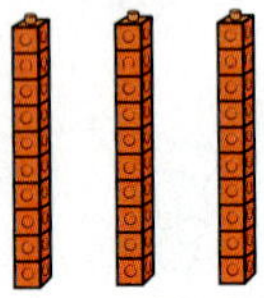	30	treinta
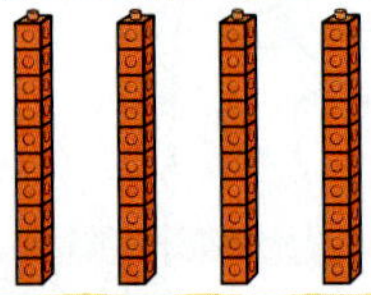	40	cuarenta
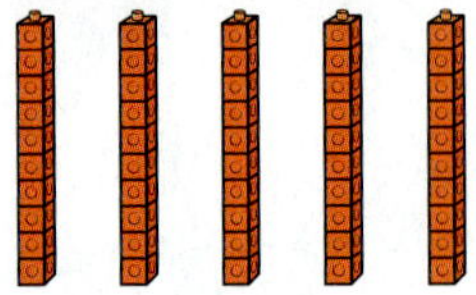	50	cincuenta

Mira	Escribe	Di
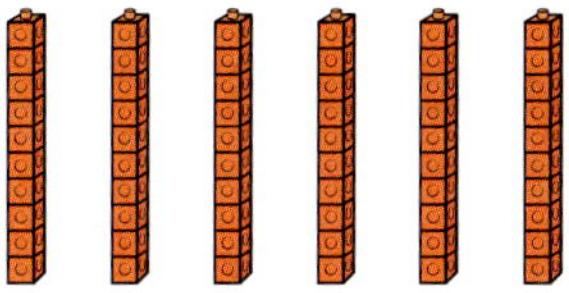	60	sesenta
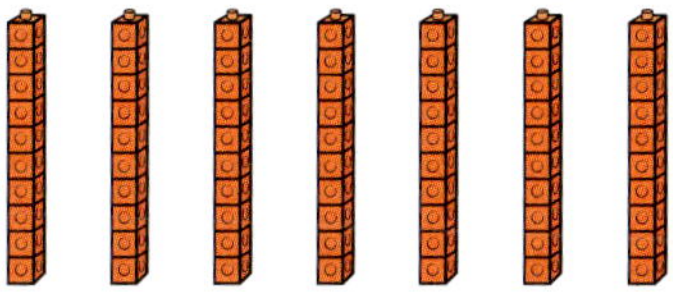	70	setenta
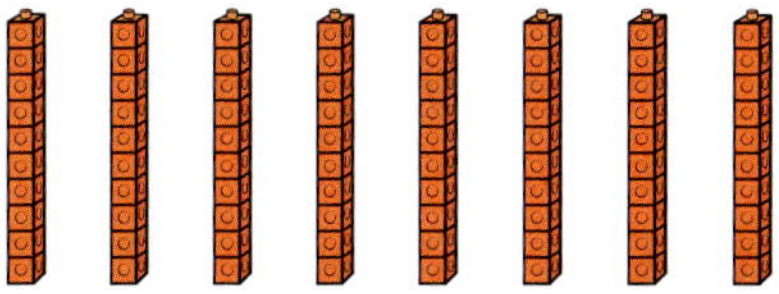	80	ochenta
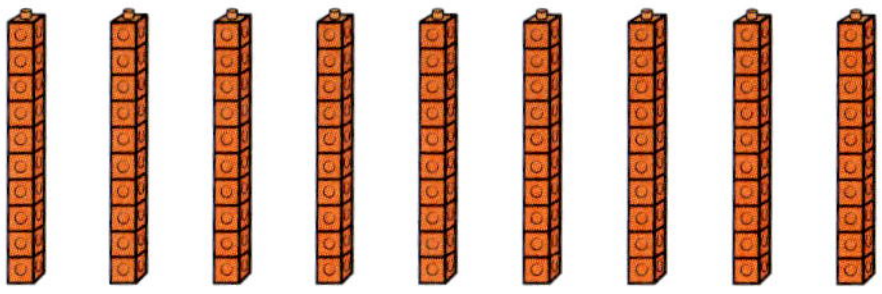	90	noventa

Más Ayuda
ver 16–17

¡Atención!

Las decenas se pueden ver diferentes.

I decena

I decena

Decenas y unidades

A veces, cuando formas grupos de diez, te sobran cosas. Entonces tienes decenas y unidades.

Decenas	Unidades
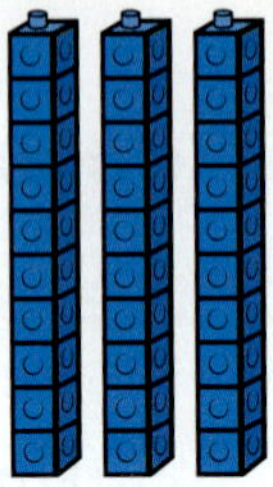	

Decenas	Unidades
3	5

Más Ayuda ver 14

Piensa 3 decenas 5 unidades

Escribe 35

Di *treinta y cinco*

Aquí hay más decenas y unidades.

Mira	Piensa	Escribe
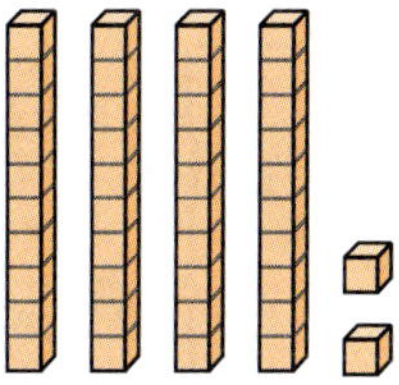	4 decenas 2 unidades	42
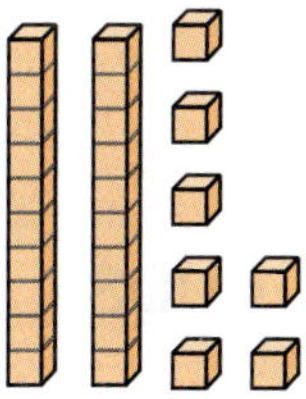	2 decenas 7 unidades	27
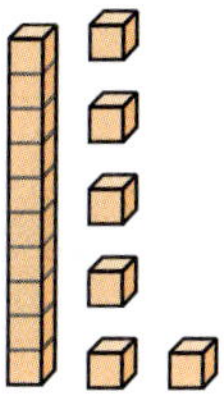	1 decena 6 unidades	16
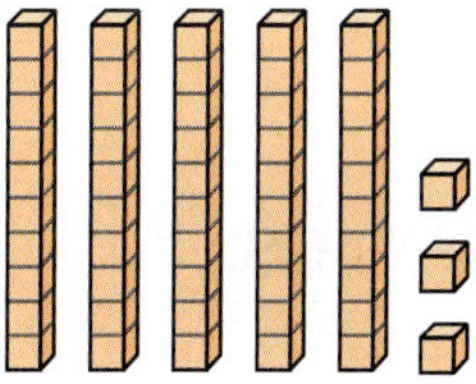	5 decenas 3 unidades	53
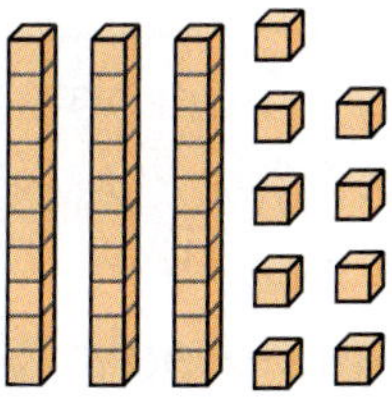	3 decenas 9 unidades	39

Los números con palabras

EJEMPLO 1 Un año tiene 52 semanas. Escribe 52 en palabras.

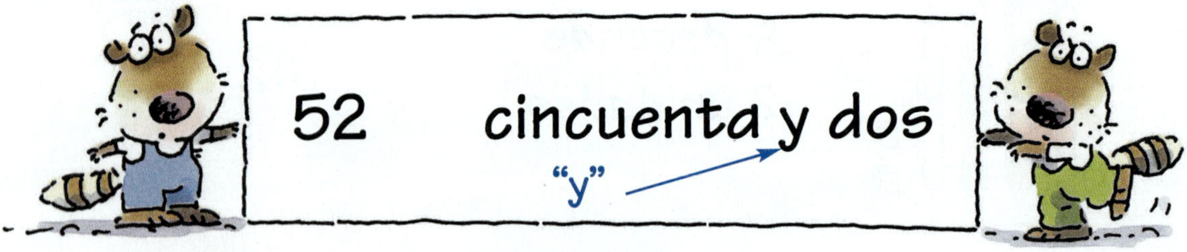

★ **RESPUESTA** cincuenta y dos

EJEMPLO 2 La mamá de Juan tiene 29 años. Escribe 29 en palabras.

Más Ayuda
ver 4–7, 10–11

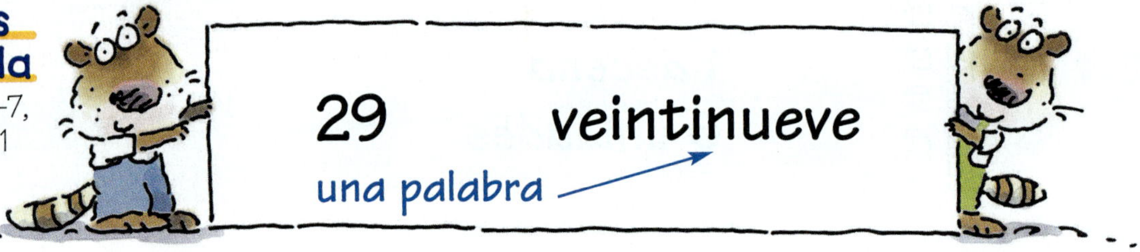

EJEMPLO 3 Sara tiene 49 libros de cuentos. Escribe 49 en palabras.

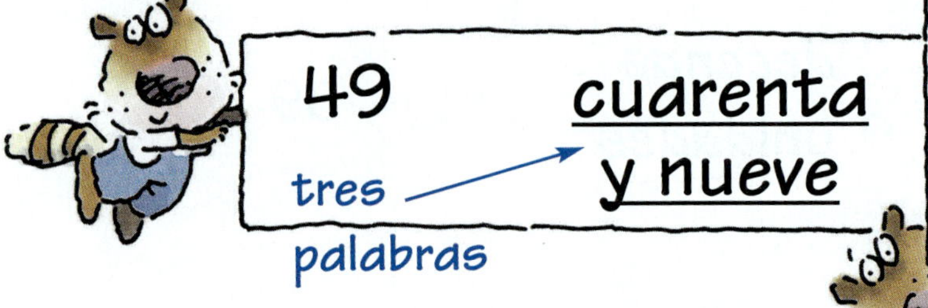

★ **RESPUESTA** cuarenta y nueve

¡Atención!

No confundas las decenas con las unidades

El 6 en 46 significa **6 unidades**.

Decenas	Unidades
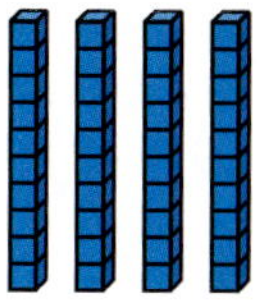	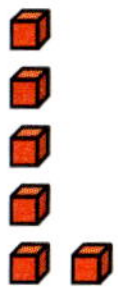

Decenas	Unidades
4	6

Piensa 4 decenas 6 unidades **Escribe** 46

Di *cuarenta y seis*

El 6 en 64 significa **6 decenas**.

Decenas	Unidades
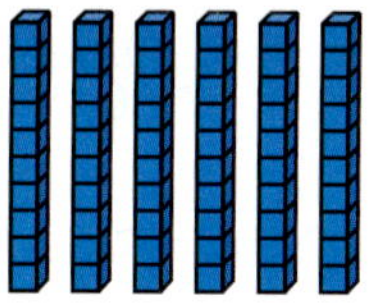	

Decenas	Unidades
6	4

Piensa 6 decenas 4 unidades **Escribe** 64

Di *sesenta y cuatro*

Los números de 100 a 999

Para los números de 100 a 999 usas centenas, decenas y unidades. Un grupo de cien se llama **centena.**

Centena

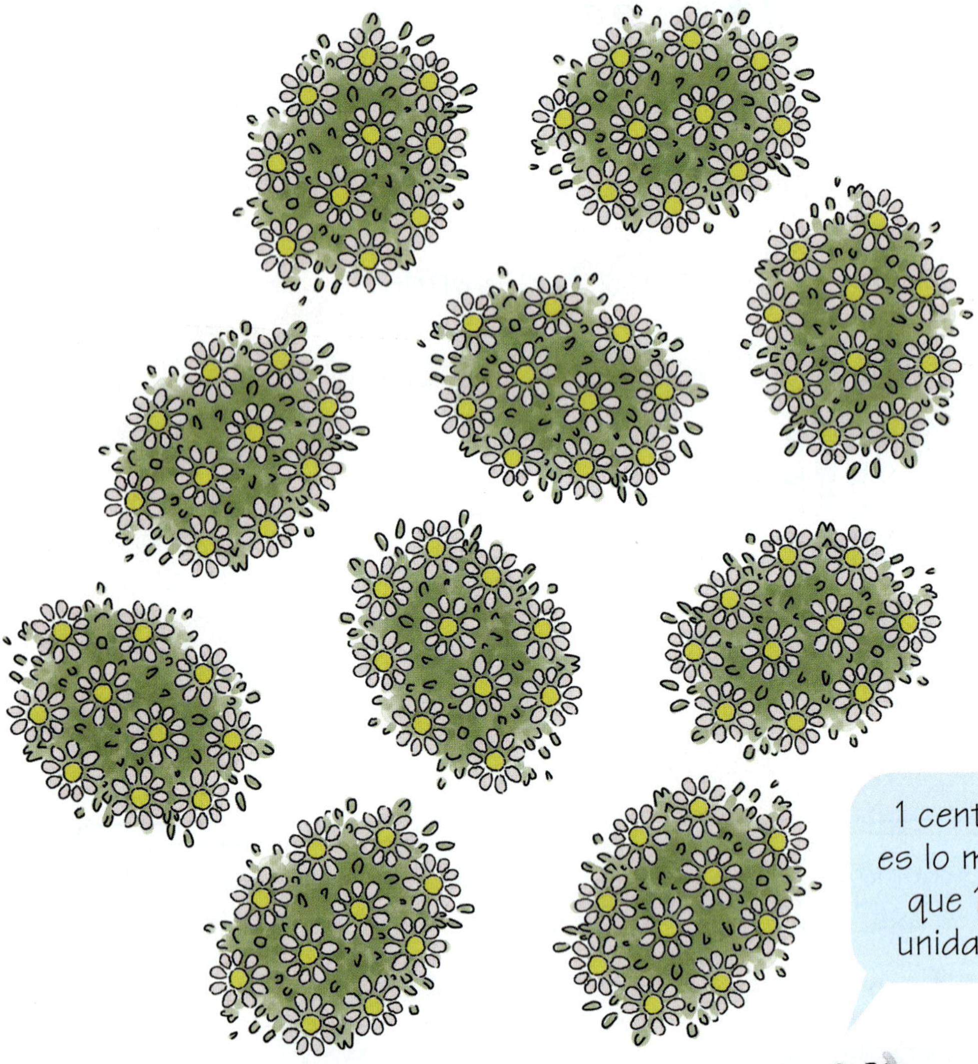

10 decenas son una **centena.**

Estas son algunas formas de mostrar cien.

Una forma Usa vainas de frijoles

Otra forma Usa bloques de valor de posición.

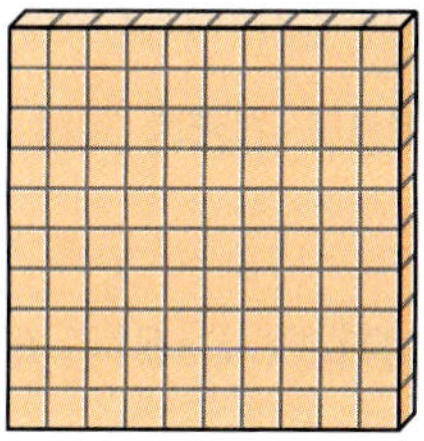

Otra forma Usa bloques de unir.

Centenas

Puedes contar por centenas.
Para hacerlo, sigue los patrones.

Mira	Escribe	Di
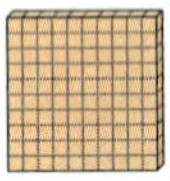	100	cien (una centena)
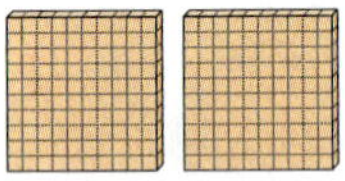	200	doscientos (dos centenas)
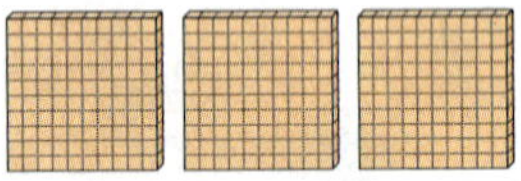	300	trescientos (tres centenas)
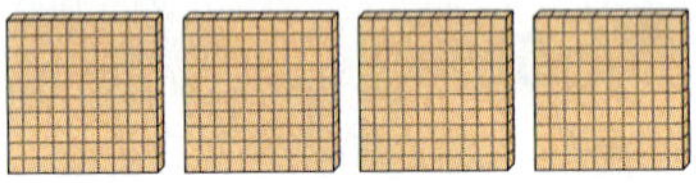	400	cuatrocientos (cuatro centenas)
	500	quinientos (cinco centenas)

Mira	Escribe	Di
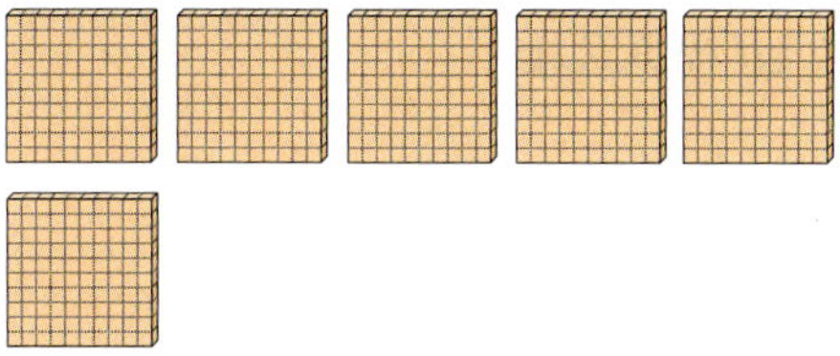	600	seiscientos (seis centenas)
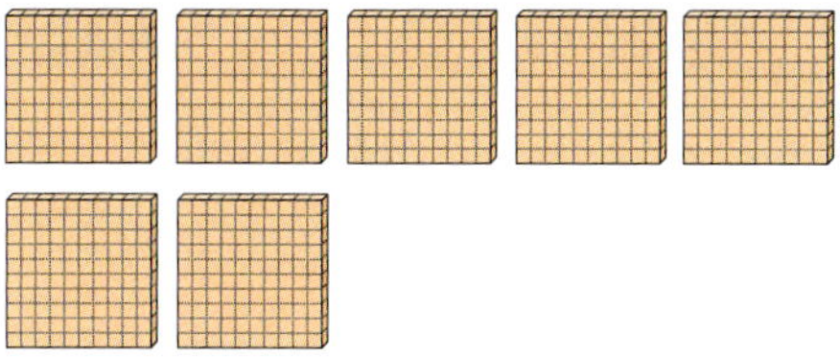	700	setecientos (siete centenas)
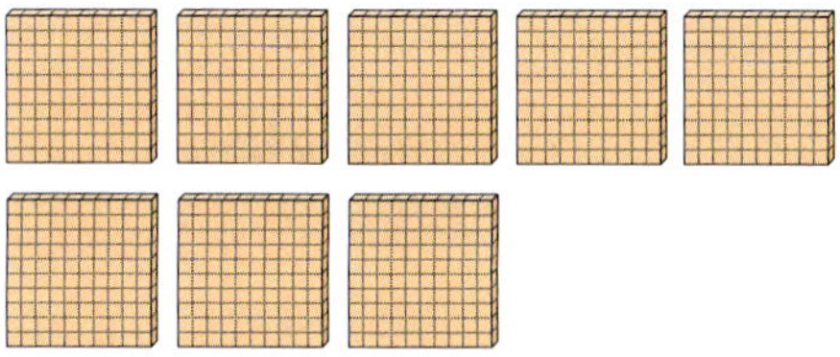	800	ochocientos (ocho centenas)
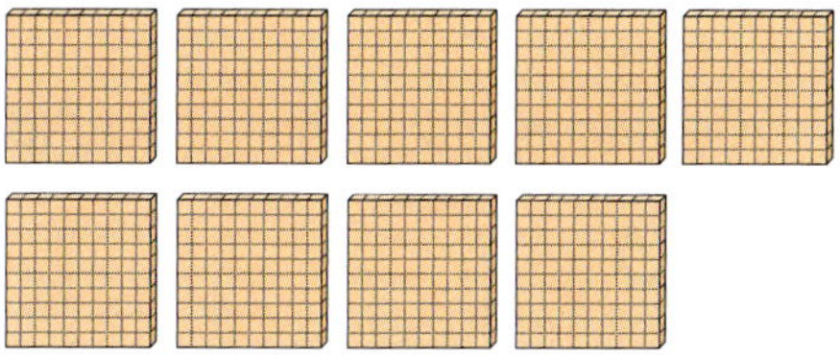	900	novecientos (nueve centenas)

Más Ayuda
ver 24–25

Centenas, decenas y unidades

Puedes mostrar cualquier número de 100 a 999 usando centenas, decenas y unidades.

Una forma *Puedes usar modelos y tablas de valor de posición.*

Centenas	Decenas	Unidades
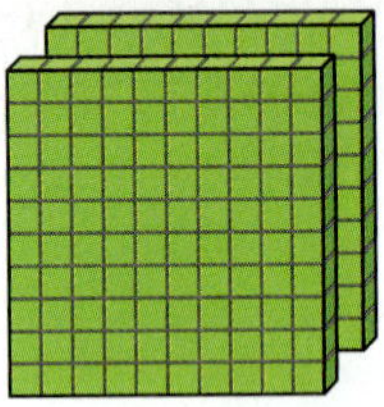	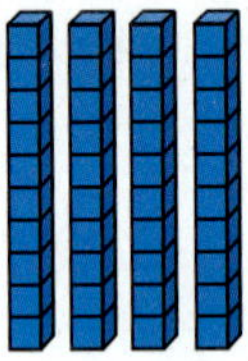	

Centenas	Decenas	Unidades
2	4	5

Piensa 2 centenas 4 decenas 5 unidades

Escribe 245

Di *doscientos cuarenta y cinco*

Centenas	Decenas	Unidades
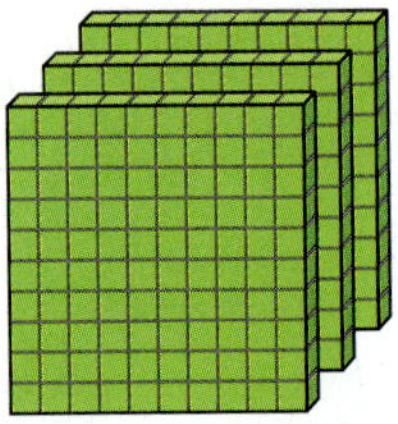	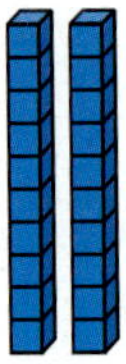	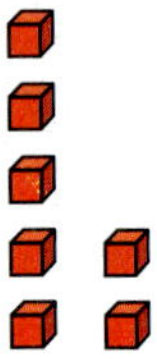

Centenas	Decenas	Unidades
3	2	7

Piensa 3 centenas 2 decenas 7 unidades

Escribe 327

Di *trescientos veintisiete*

Otra forma

Puedes mostrar los valores como sumas. Esto se llama **forma desarrollada.**

Centenas	Decenas	Unidades
7	9	2

Piensa 7 centenas + 9 decenas + 2 unidades

Escribe 700 + 90 + 2

Puedes sumar los valores de los dígitos para obtener el número.

Piensa 700 + 90 + 2 = 792

Escribe 792

Di *setecientos noventa y dos*

Más Ayuda
ver 14

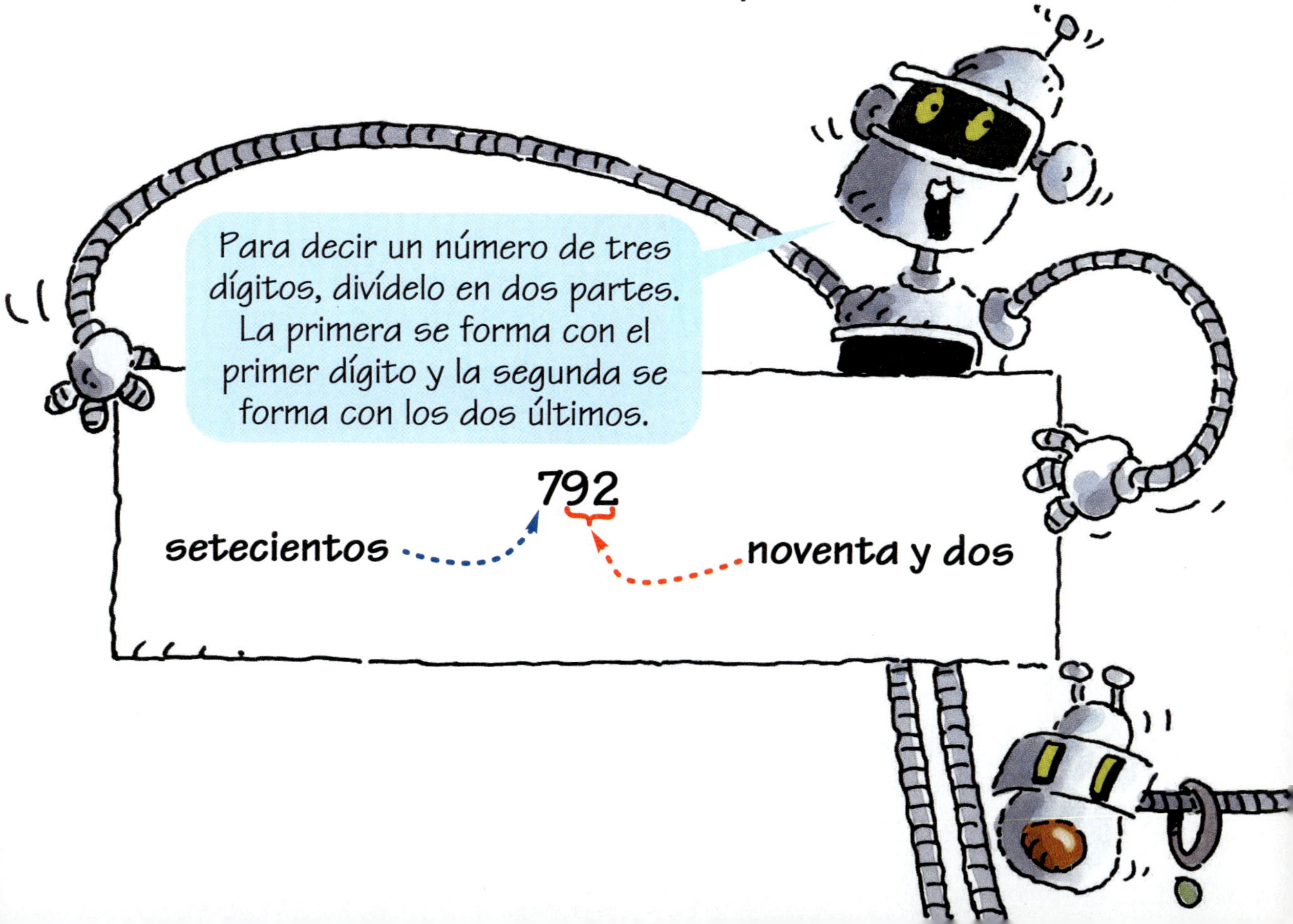

¡Atención!

El *cero* es un héroe

40 y 4 no son lo mismo.
Indican cantidades diferentes.

Decenas	Unidades
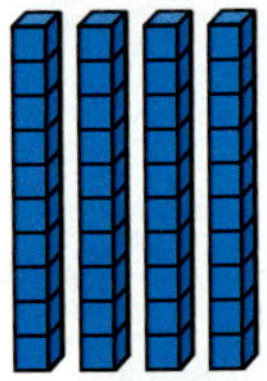	

Decenas	Unidades
4	0

Piensa 4 decenas 0 unidades = 40

Decenas	Unidades
	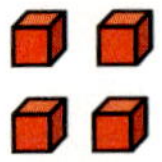

Decenas	Unidades
0	4

Piensa 0 decenas 4 unidades = 4

406 y 46 no son lo mismo.
Indican cantidades diferentes.

Centenas	Decenas	Unidades
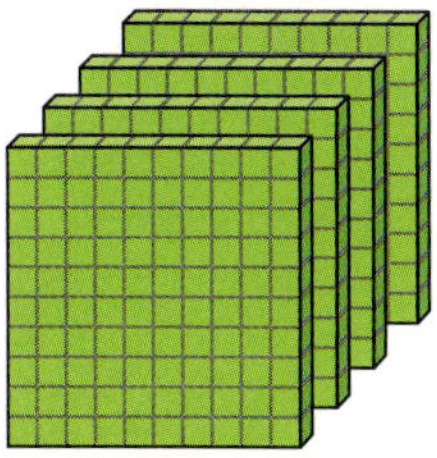		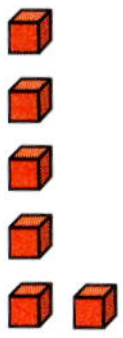

Centenas	Decenas	Unidades
4	0	6

Más Ayuda
ver 21

Piensa 4 centenas + 0 decenas + 6 unidades = 406

Escribe 406

Di *cuatrocientos seis*

Centenas	Decenas	Unidades
	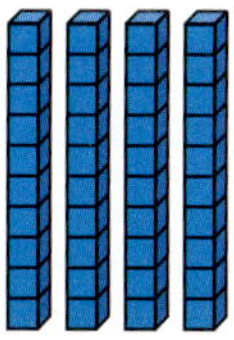	

Centenas	Decenas	Unidades
0	4	6

Piensa 0 centenas + 4 decenas + 6 unidades

Escribe 46

Di *cuarenta y seis*

Millar

- Cuando cuentas hasta 9, el número siguiente es 10.

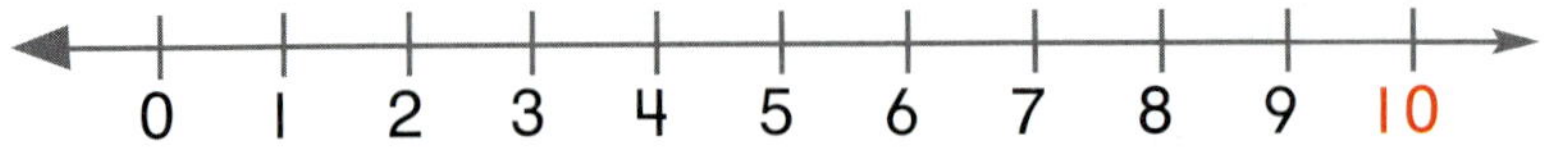

- Cuando cuentas hasta 99, el número siguiente es 100.

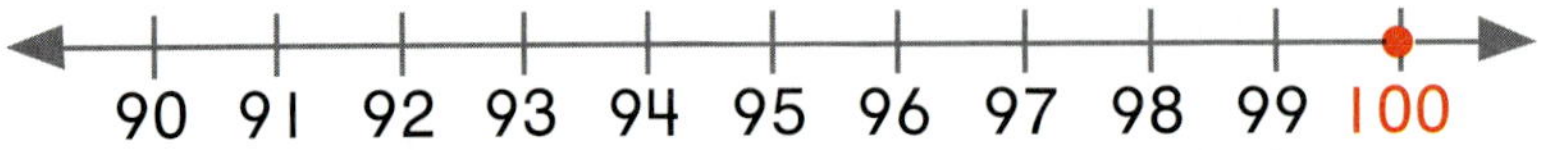

- Cuando cuentas hasta 999, el número siguiente es 1000.

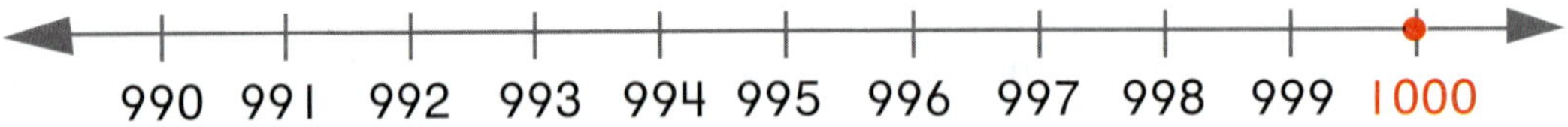

Estos son 10 grupos con 100 hormigas en cada grupo.

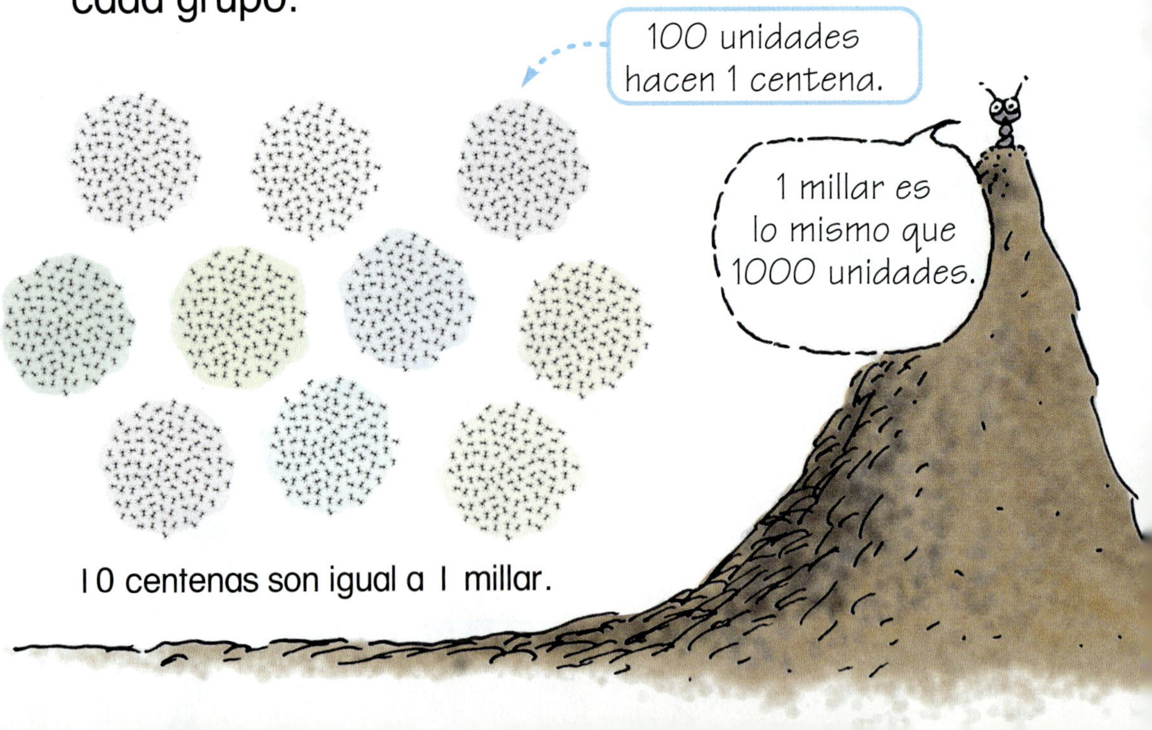

10 centenas son igual a 1 millar.

Estas son algunas formas de mostrar 1000.

Una forma Usa bloques de valor de posición.

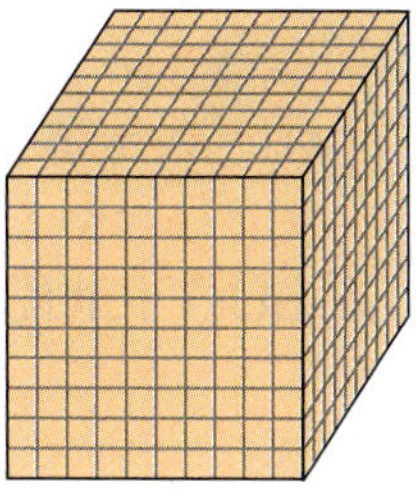

Piensa un millar

Otra forma Usa 10 cajas con 100 canicas en cada una.

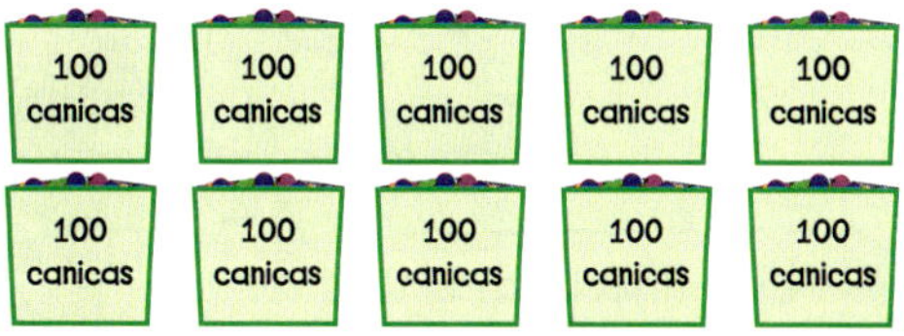

Piensa 10 centenas

Más Ayuda ver 18–19

Otra forma Usa 100 cajas con 10 canicas en cada una.

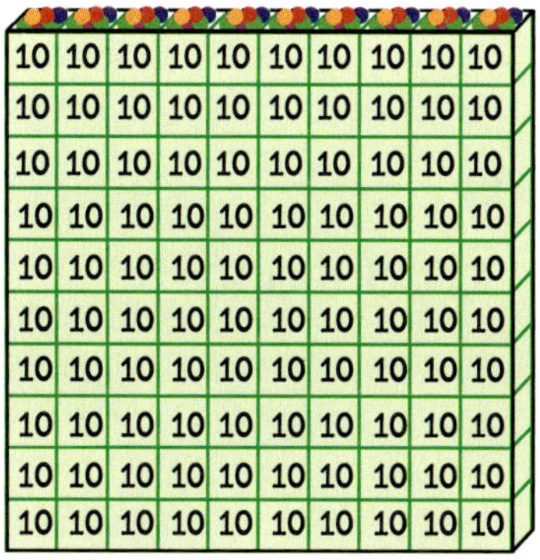

Piensa 100 decenas

Escribe 1000 ó 1,000

Di *un millar*

Puedes comparar y ordenar números con dibujos o modelos. También puedes mirar el valor de los dígitos.

Comparar números

Puedes comparar números para ver si son iguales o cuál es mayor o menor que el otro.

Compara números de un dígito

EJEMPLO 1 ¿Hay más perros o más camas?

Piensa 3 perros, 3 camas
3 y 3 son la misma cantidad.

Escribe 3 = 3

Di *Tres igual a tres.*

★ **RESPUESTA** El número de perros es igual al número de camas.

EJEMPLO 2 ¿Hay más gatos o perros?

Una forma Haz un dibujo. Luego traza líneas y compara.

Otra forma Puedes usar una recta numérica.

Hay 5 gatos y 7 perros.

Los números en una recta numérica están en orden de conteo.

Piensa Cuando cuento, 7 viene después de 5.
7 es **más que** 5.
Cuando cuento, 5 viene antes de 7.
5 es **menos que** 7.

★ **RESPUESTA** Hay más perros que gatos.

Compara números de dos dígitos

Mascotas de los presidentes en la Casa Blanca

Mascota	Número de presidentes
perro	23
pájaro	16
gato	10

Source: *Kidbits,* Blackbirch Press, Inc.

EJEMPLO 1 ¿Cuál es la mascota que más han tenido los presidentes en la Casa Blanca: perros o pájaros?

Compara 23 con 16 para ver cuál es más.

Una forma Usa una recta numérica.

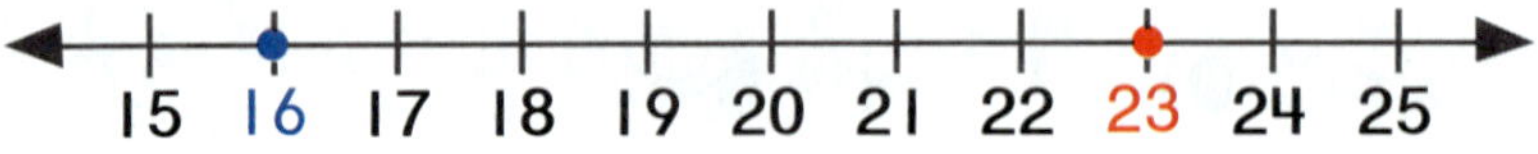

Más Ayuda ver 30

23 viene después de 16. Por lo tanto, 23 > 16.

Otra forma Usa valor de posición.

Compara las decenas.	
2 decenas son más que 1 decena.	23 16

Escribe 23 > 16

Di *Veintitrés es más que dieciséis.*

★ **RESPUESTA** Los presidentes han tenido más perros que pájaros en la Casa Blanca.

EJEMPLO 2 ¿Cuál es la mascota que menos han tenido los presidentes en la Casa Blanca: gatos o pájaros?

Compara 16 con 10 para ver cuál es menos.

Más Ayuda
ver 30

Una forma Usa una recta numérica.

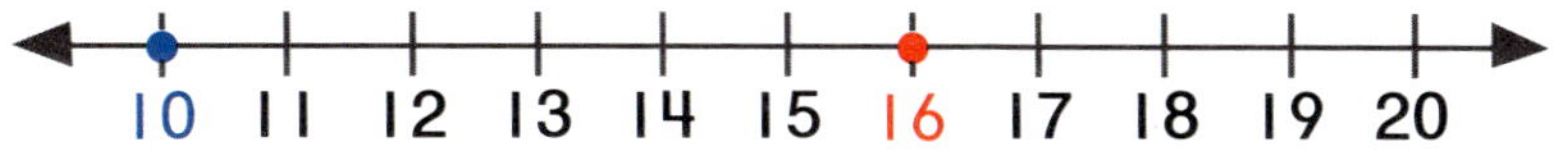

10 viene antes de 16. Por lo tanto, 10 < 16.

Otra forma Usa valor de posición.

1 Compara las decenas.	
Los dígitos son iguales. 1 decena es igual a 1 decena. 2 decenas son más que 1 decena.	16 10
2 Compara las unidades.	
0 es menos que 6.	16 10

Escribe 10 < 16

Di *Diez es menos que dieciséis.*

★ **RESPUESTA** Los presidentes han tenido menos gatos que pájaros en la Casa Blanca.

¡Atención!

No confundas > y <

Esto te puede ayudar a escribir el símbolo correcto.

1. Pon : junto al número mayor.
2. Pon · junto al número menor.
3. Une los puntos.

15 < 27 — 15 es menor que 27.

42 > 39 — 42 es mayor que 39.

Compara números de tres dígitos

EJEMPLO 1 Compara. 485 ◯ 723

Cuando veas un círculo así, escribe el símbolo adentro.

Comienza por la izquierda	
Compara las centenas. 400 es menor que 700.	485 723

Piensa 485 es menor que 723.

★ **RESPUESTA** 5 < 723

EJEMPLO 2 ¿En qué mes leyeron más libros los estudiantes de segundo grado?

Escuela Carmel Creek
Libros que leyeron los
estudiantes de segundo grado

Mes	Número de libros
Enero	360
Febrero	342

1 Compara las centenas.		
Los dígitos son iguales. 300 es igual a 300.	360	Enero
	342	Febrero

2 Compara las decenas.		
60 es mayor que 40.	360	Enero
	342	Febrero

Escribe 360 > 342

Di *360 es mayor que 342.*

★ **RESPUESTA** Los estudiantes de segundo grado leyeron más libros en enero que en febrero.

Ordenar números

Es más fácil trabajar con un grupo de números si los pones en orden.

Entre

EJEMPLO Escribe el número de conteo que va **entre** 3 y 5.

3 ___ 5

Una forma Puedes usar objetos para hallar el número.

1 2 3 4 5

Otra forma Puedes contar en una recta numérica o mentalmente para hallar el número.

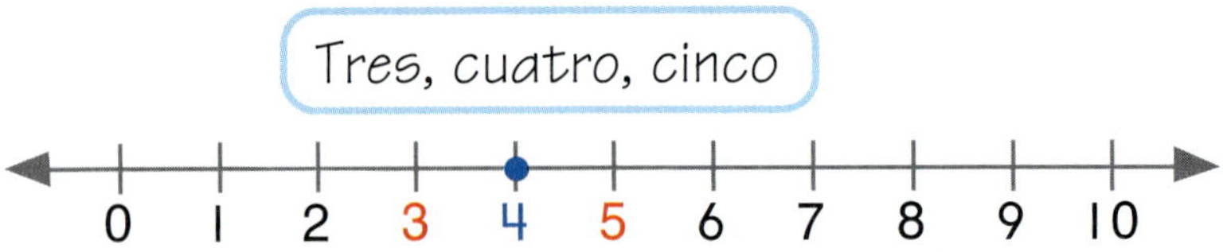

★ **RESPUESTA** El 4 va entre el 3 y el 5.

3 4 5

Justo antes y justo después

EJEMPLO 1 Escribe el número de conteo que viene justo **después** de 26.

26 ____

Sigue contando para hallar el número que viene justo después.

También puedes usar una recta numérica.

Puedes usar una tabla de números.

10	11	12	13	14	15	16	17	18	19
20	21	22	23	24	25	26	27	28	29

★ **RESPUESTA** 27 viene justo después de 26.

26 <u>27</u>

EJEMPLO 2 Escribe el número de conteo que viene justo **antes** de 20.

____ 20

Cuenta hacia atrás para hallar el número que viene justo antes.

Puedes usar una recta numérica.

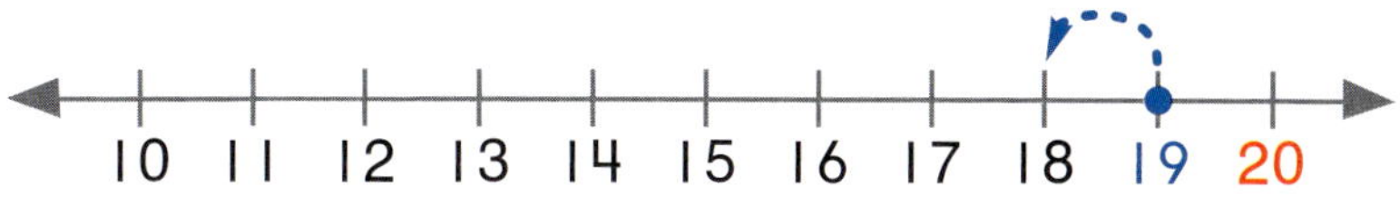

También puedes usar una tabla de números.

★ **RESPUESTA** 19 viene justo antes de 20.

<u>19</u> 20

Ordena tres o más números

A veces tienes que comparar más de dos números. Si los pones en orden, es más fácil contarlos.

EJEMPLO 1 ¿Quién tiene más tarjetas? ¿Quién tiene menos tarjetas?

Coloca los tres números en orden.

★ **RESPUESTA** Ana tiene más tarjetas, 8. Luis tiene menos tarjetas, 3.

EJEMPLO 2 ¿Cuál de estos números es mayor? ¿Cuál de estos números es menor?

7	25	4	23	18

Los números en orden son: 4, 7, 18, 23, 25

★ **RESPUESTA** 25 es el mayor. 4 es el menor.

Números ordinales

Puedes usar números para describir la posición o el orden de las cosas.

Mira				
Escribe	1°	2°	3°	4°
Di	*primero*	*segundo*	*tercero*	*cuarto*

10° décimo
9° noveno
8° octavo
7° séptimo
6° sexto
5° quinto
4° cuarto
3° tercero
2° segundo
1° primero

Números pares e impares

Los números pares forman un par.

2

2 zapatos forman 1 par.

Los números impares tienen uno que sobra.

3

3 zapatos forman un par y sobra 1 zapato.

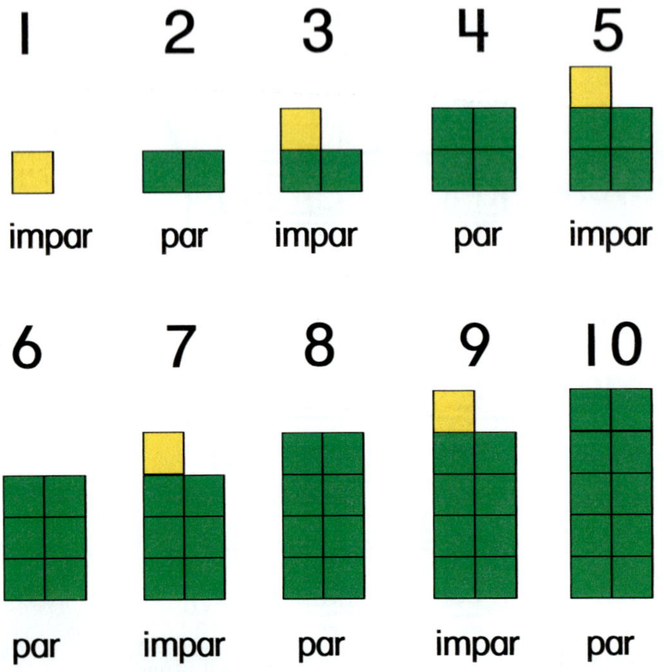

Mira la posición de las unidades para saber si un número es par o impar.

Los números pares tienen un número par o un cero en la posición de las unidades.

2 4 6 8 10 12 14 16 18 20 22

Los números impares tienen un número impar en la posición de las unidades.

1 3 5 7 9 11 13 15 17 19 21

Esto funciona con números de cualquier tamaño. El número 972 es par, porque el 2 que está en la posición de las unidades es par.

EJEMPLO Busca los números pares e impares en la tabla.

Tabla de cien

1	2	3	4	5	6	7	8	9	10
11	12	13	14	15	16	17	18	19	20
21	22	23	24	25	26	27	28	29	30
31	32	33	34	35	36	37	38	39	40
41	42	43	44	45	46	47	48	49	50

★ **RESPUESTA** Los números pares están en las cajas verdes. Los números impares están en las cajas amarillas.

Estimación

Muchas veces, no tienes que saber exactamente cuánto. Sólo necesitas saber *aproximadamente* cuánto. En estos casos, puedes **estimar.**

Una estimación no es exacta. Por lo tanto, puede haber más de una estimación buena. Unas estimaciónes son mejores que otras.

EJEMPLO 1 ¿Hay aproximadamente 10 boletos o aproximadamente 30 boletos?
Para decidir, debes estimar.

Piensa Sé cómo se ve una decena. Esto parece un poco más que una decena.

10 es mejor estimación que 30. Pero a veces, 30 también puede estar bien. ¡Sería mejor estimación que 100 ó 1000!

★ **RESPUESTA** Hay aproximadamente 10 boletos.

A veces, puedes usar una cantidad para estimar otra cantidad.

EJEMPLO 2 Estima cuántas canicas hay en el frasco grande.

Piensa El frasco grande es tan ancho como dos frascos pequeños. También es tan alto como dos frascos pequeños.

Piensa Los frascos no son planos.

El frasco grande es tan hondo como dos frascos pequeños. Hay muchas canicas que no alcanzo a ver.

Se necesitarían unos 8 frascos pequeños para llenar un frasco grande.

8 centenas = 800
800 puede ser una buena estimación.

★ **RESPUESTA** Hay aproximadamente 800 canicas en el frasco grande.

Redondear

Puedes **redondear un número** para que sea más fácil usarlo. Cuando **redondeas hacia arriba,** obtienes un número más alto. Cuando **redondeas hacia abajo**, obtienes un número más bajo.

Redondea a la decena más cercana

Más Ayuda ver 10–11

Una recta numérica sirve para redondear a la decena más cercana.

EJEMPLO 1 Redondea 18 a la decena más cercana.

Piensa

- ¿Cuál es la decena más cercana antes de 18?
- ¿Cuál es la decena más cercana después de 18?
- ¿Qué decena está más cerca de 18?

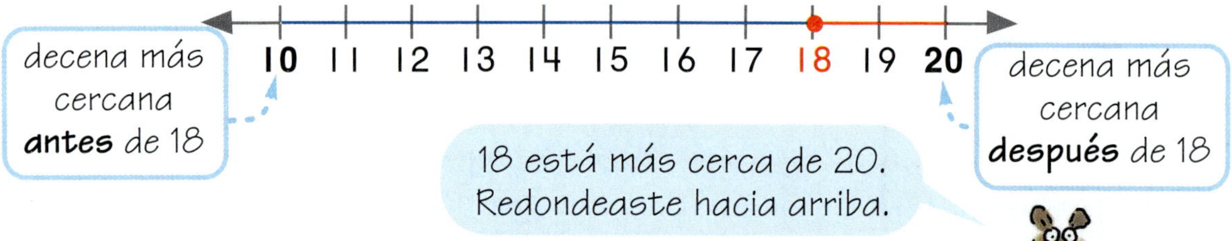

★ **RESPUESTA** 18 se redondea a 20.

EJEMPLO 2 Redondea 43 a la decena más cercana.

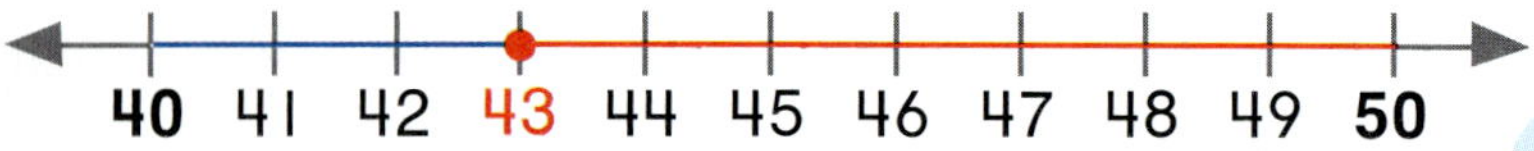

★ **RESPUESTA** 43 se redondea a 40.

EJEMPLO 3 Redondea 35 a la decena más cercana.

Usa esta regla.
Cuando un número tiene 5 unidades, redondea hacia arriba a la siguiente decena.

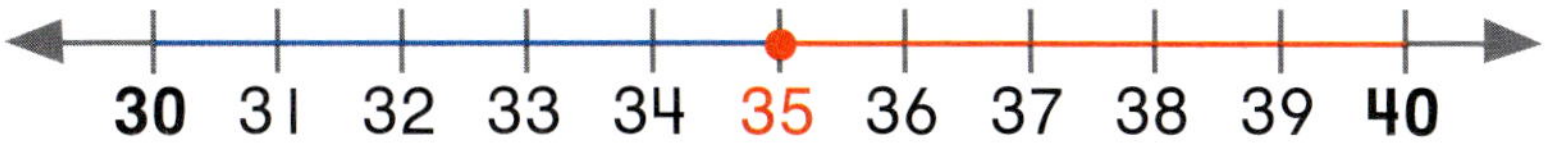

★ **RESPUESTA** 35 se redondea a 40.

Redondea a la centena más cercana.

Más Ayuda
ver 18–19

EJEMPLO Redondea 182 a la centena más cercana.

Piensa ¿182 está más cerca de 100 ó de 200?

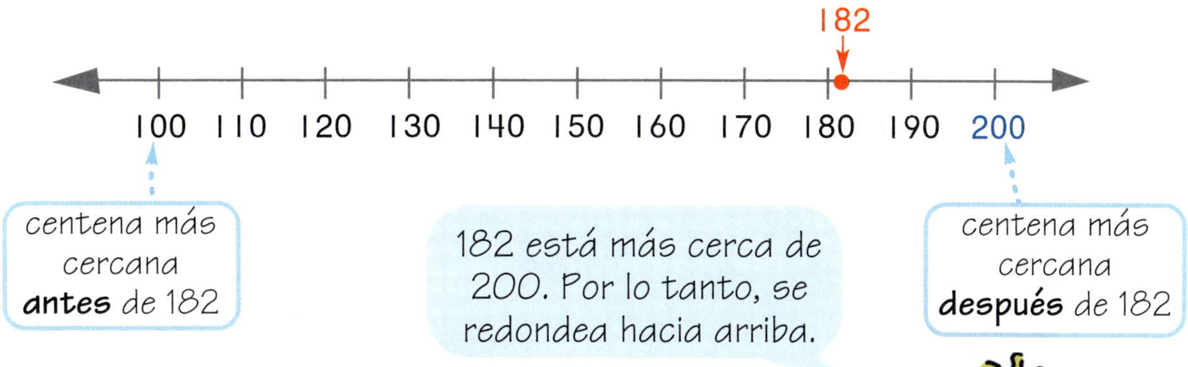

★ **RESPUESTA** 182 se redondea a 200.

Una **fracción** es un número que representa una parte de algo.

Puedes usar una fracción para decir qué parte de la bandera es verde.

La bandera tiene 3 partes iguales.

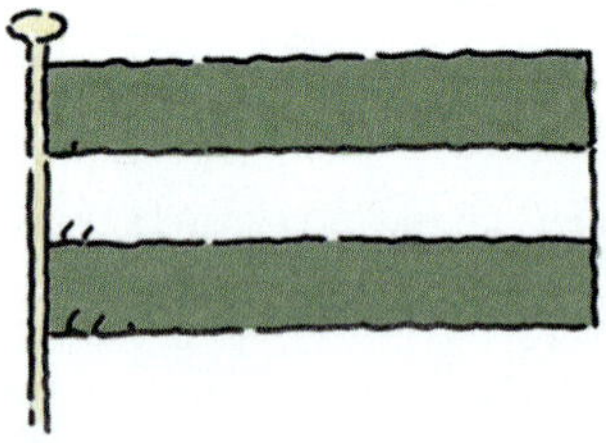

2 de las partes son verdes.

El **numerador** indica el número de partes verdes. → 2

$\frac{2}{3}$

3 ← El **denominador** indica el número total de partes iguales del todo.

Entonces, $\frac{2}{3}$ de la bandera son verdes.

Las fracciones se forman de partes iguales

El todo tiene que estar dividido en **partes iguales** para formar fracciones.

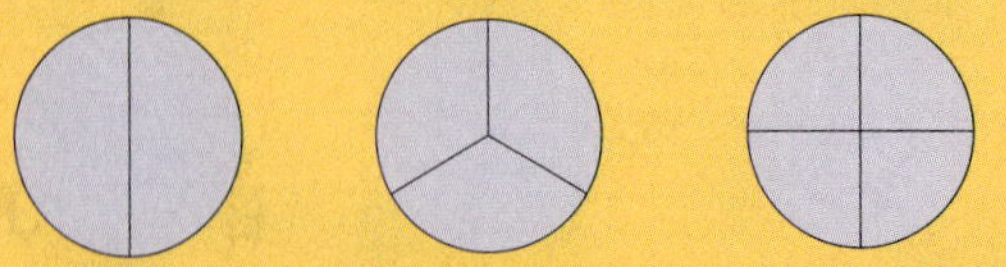

2 partes iguales | 3 partes iguales | 4 partes iguales

Una fracción del todo

Una **fracción** sirve para nombrar una parte de algo.

Mitades

2 partes iguales se llaman **mitades.**

Cada parte es **una mitad.**

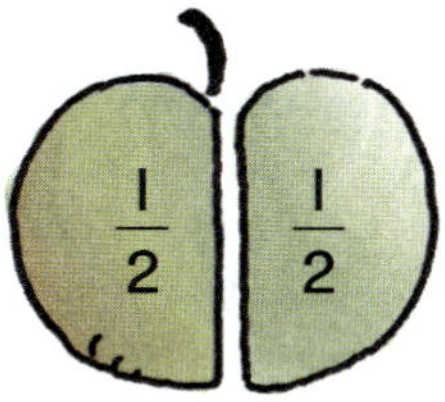

Las mitades no siempre se ven iguales.

Una mitad de cada forma está coloreada de rojo.

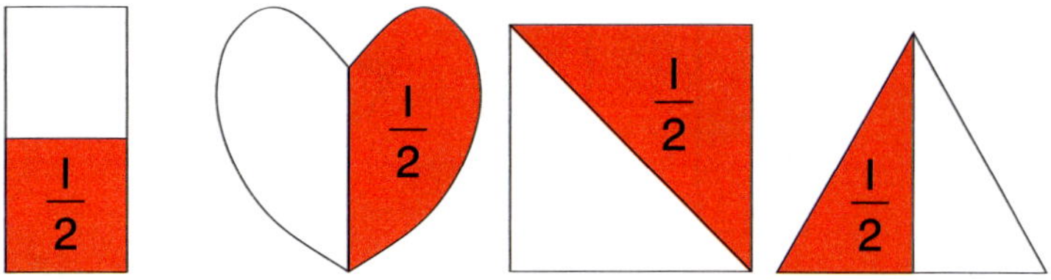

Piensa 1 de 2 partes iguales

Escribe $\frac{1}{2}$

Di *una mitad*

Tercios

3 partes iguales se llaman **tercios.**

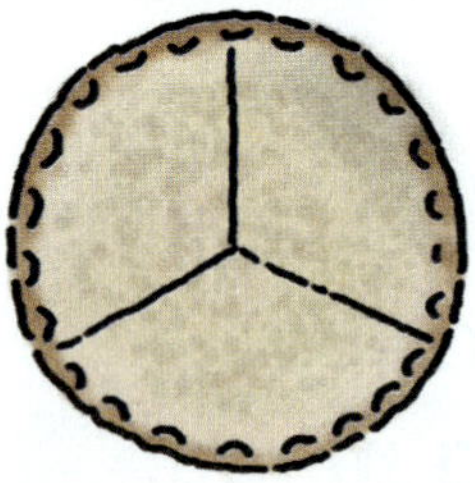

Cada parte es **un tercio.**

Los tercios no siempre se ven iguales.

Un tercio de cada figura está coloreado de anaranjado.

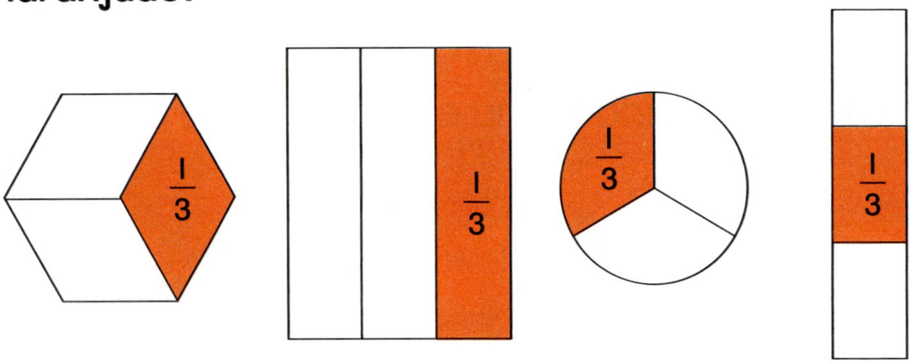

Piensa 1 de 3 partes iguales

Escribe $\frac{1}{3}$

Di *un tercio*

Estas son otras formas de usar tercios.

EJEMPLO 1 ¿Qué fracción del círculo es amarilla?

Piensa Hay 3 partes iguales. 2 de las 3 partes iguales son amarillas.

Escribe $\frac{2}{3}$

Di *dos tercios*

★ **RESPUESTA** $\frac{2}{3}$ del círculo son amarillos.

$\frac{1}{3}$ del círculo no es amarillo.

EJEMPLO 2 Eduardo va caminando a la escuela. ¿Qué fracción del camino ha recorrido?

Piensa Hay 3 partes iguales. Eduardo ha recorrido 1 parte.

Escribe $\frac{1}{3}$

Di *un tercio*

★ **RESPUESTA** Eduardo ha recorrido $\frac{1}{3}$ del camino.

Cuartos

4 partes iguales se llaman **cuartos.**

Cada parte es **un cuarto.**

Los cuartos no siempre se ven iguales.

Un cuarto de cada figura está coloreado de verde.

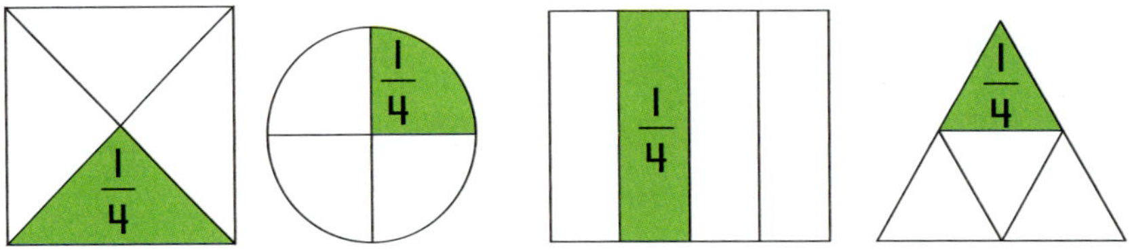

Más Ayuda
ver 168

Piensa 1 de 4 partes iguales

Escribe $\frac{1}{4}$

Di *un cuarto*

Estas son otras formas de usar cuartos.

EJEMPLO 1 ¿Qué fracción de la pizza tiene sólo queso?

Piensa Hay 4 partes iguales. 2 de las 4 partes iguales tienen sólo queso.

Escribe $\frac{2}{4}$

Di *dos cuartos*

★ **RESPUESTA** $\frac{2}{4}$ de la pizza tienen sólo queso.

Más Ayuda ver 51

EJEMPLO 2 ¿Qué fracción del sándwich queda?

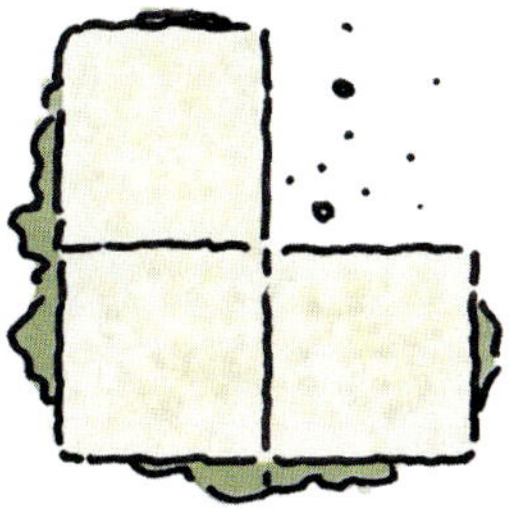

Piensa Había 4 partes iguales. Quedan 3 partes.

Escribe $\frac{3}{4}$

Di *tres cuartos*

★ **RESPUESTA** Quedan $\frac{3}{4}$ del sándwich.

Fracciones de un grupo

Puedes usar una fracción para nombrar parte de un grupo.

EJEMPLO 1 Dos de los tres globos son amarillos. ¿Qué fracción de globos son amarillos?

Piensa 2 de 3 son amarillos.

Escribe $\frac{2}{3}$

Di *dos tercios*

★ **RESPUESTA** $\frac{2}{3}$ de globos son amarillos.

EJEMPLO 2 ¿Qué fracción de sombreros son rojos?

Piensa 1 de 4 es rojo.

Escribe $\frac{1}{4}$

Di *un cuarto.*

★ **RESPUESTA** $\frac{1}{4}$ de sombreros es rojo.

$\frac{3}{4}$ de sombreros no son rojos.

EJEMPLO 3 ¿Qué fracción de bolas son amarillas?

Piensa 2 de 5 son amarillas.

Escribe $\frac{2}{5}$

Di *dos quintos.*

$\frac{2}{5}$ de bolas no son amarillas.

★ **RESPUESTA** $\frac{2}{5}$ de bolas son amarillas.

EJEMPLO 4 ¿Qué fracción de cometas son rojas?

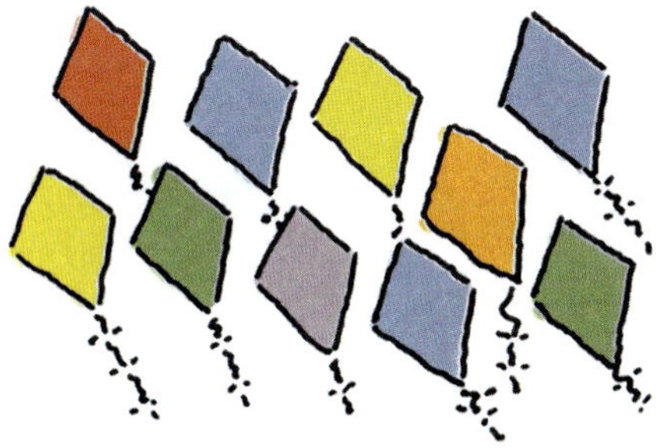

Piensa 1 de 10 es roja.

Escribe $\frac{1}{10}$

Di *un décimo.*

$\frac{9}{10}$ de las cometas no son rojas.

★ **RESPUESTA** $\frac{1}{10}$ de cometas son rojas.

También puedes ver otras fracciones.

$\frac{1}{6}$ 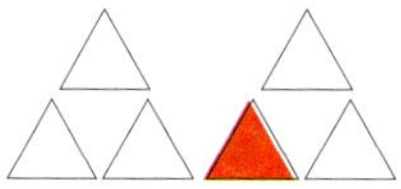

un sexto

$\frac{3}{5}$ 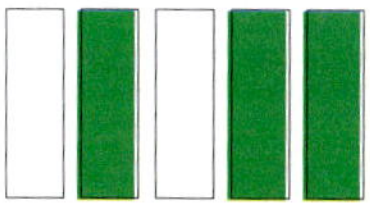

tres quintos

$\frac{5}{8}$ 

cinco octavos

$\frac{2}{10}$ 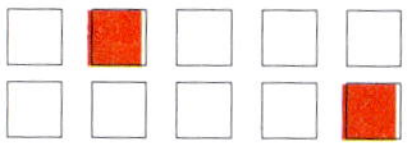

dos décimas

Comparar fracciones

Puedes comparar fracciones para ver si son iguales o para ver cuál es mayor o menor.

Fracciones desiguales

Las fracciones pueden mostrar cantidades diferentes.

EJEMPLO 1 Compara. $\frac{1}{2} \bigcirc \frac{1}{3}$

Usa modelos.

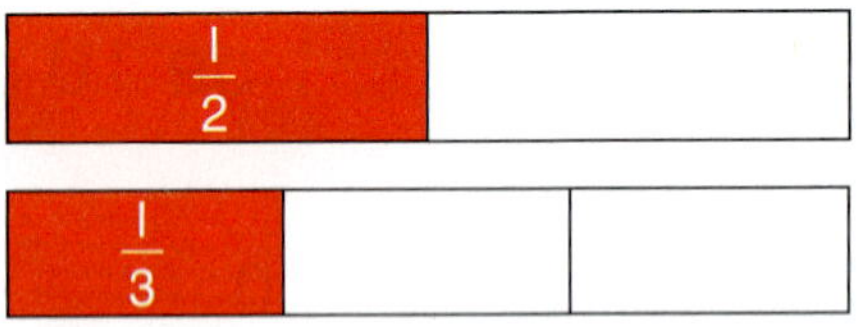

Un medio es mayor que un tercio.

★ **RESPUESTA** $\frac{1}{2} > \frac{1}{3}$

EJEMPLO 2 Compara. $\frac{1}{4} \bigcirc \frac{1}{3}$

Usa modelos.

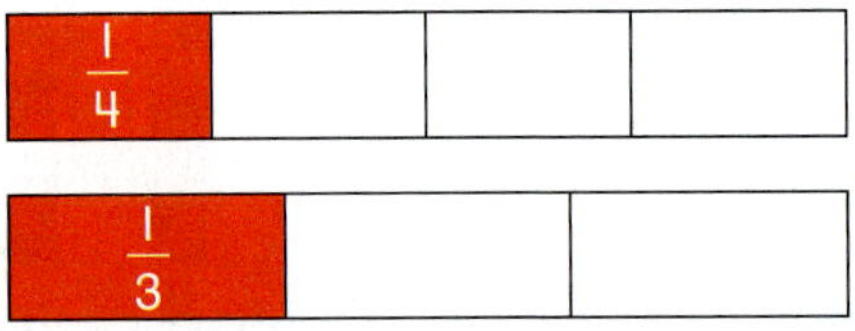

Un cuarto es menor que un tercio.

★ **RESPUESTA** $\frac{1}{4} < \frac{1}{3}$

4 es mayor que 3 pero $\frac{1}{4}$ es menor que $\frac{1}{3}$. Tiene sentido. Si hay más partes, cada parte es más pequeña.

Fracciones iguales

Dos fracciones diferentes pueden indicar la misma cantidad.

EJEMPLO 1 Compara. $\frac{2}{4} \bigcirc \frac{1}{2}$

Usa modelos.

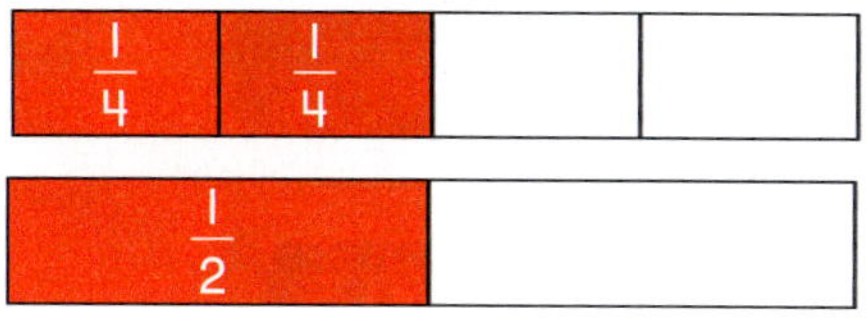

Dos cuartos es igual a un medio.

★ **RESPUESTA** $\frac{2}{4} = \frac{1}{2}$

¡Atención!

El todo tiene que ser del mismo tamaño

Cuando comparas fracciones, el todo o el grupo de las fracciones que comparas, tienen que ser del mismo tamaño.

$\frac{1}{4}$ de una torta grande no es igual a $\frac{1}{4}$ de una torta pequeña.

Suma y resta

Conceptos y operaciones

Puedes hacer operaciones con suma y resta. Mejor aún: si aprendes las operaciones de memoria ahorrarás mucho tiempo.

Suma

Estas son algunas razones para usar la **suma.**

- Un grupo se une a otro grupo. Suma para averiguar cuántos hay en total.

3 patos en un lago

1 pato más llega al lago.

Suma **3** más **1**. Hay **4** patos en total.

- Hay dos partes. Suma para encontrar la cantidad total.

5 conejitos grises

3 conejitos blancos.

Suma **5** más **3**. Hay **8** conejitos en total.

- Sabes cuántos *más*. Suma para averiguar el total.

Suma **3** más **2.**
Hay **5** peces amarillos.

3 peces azules

2 peces amarillos más que azules.

Palabras y signos para sumar

Los números de **sumar** se llaman **sumandos.**

El número total es la **suma.**

El **signo más** te pide que sumes.

El **signo igual** significa *igual a* ó *lo mismo que.*

Mira

2 ositos rojos.
1 osito verde.
3 ositos en total.

Escribe

sumandos — suma

2 + 1 = 3

signo más — signo igual

signo más — sumandos

$$\begin{array}{r} 2 \\ +\ 1 \\ \hline 3 \end{array}$$

suma

Di *Dos más uno igual tres.*

Aprender a sumar

Hay muchas formas de hacer una suma.

Usa modelos para sumar

EJEMPLO 2 + 4 = ■

Una forma Usa cubos que se unen. Averigua cuántos hay en total.

Más Ayuda
ver 9

Muestra 2. Suma 4 más.

Hay 6 en total.

Otra forma Usa una tabla de partes y todo.

1 Muestra la primera parte, 2.	2 Muestra la segunda parte, 4.	3 Averigua el todo.
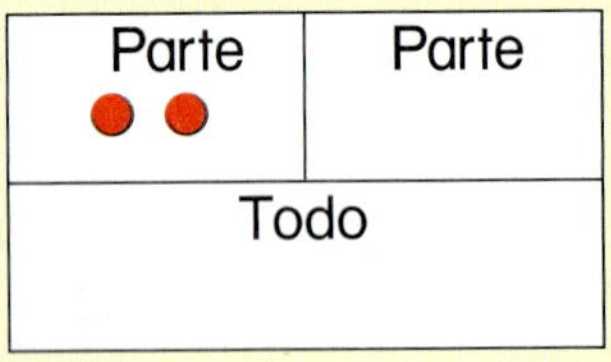	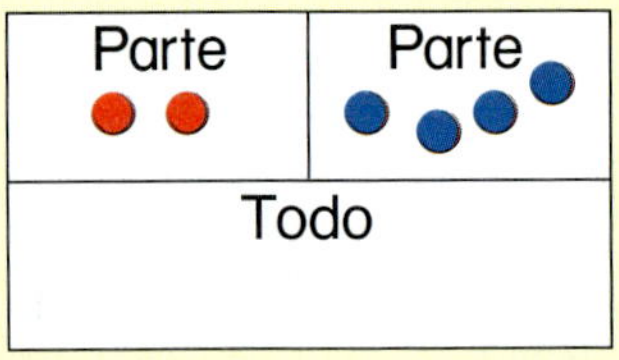	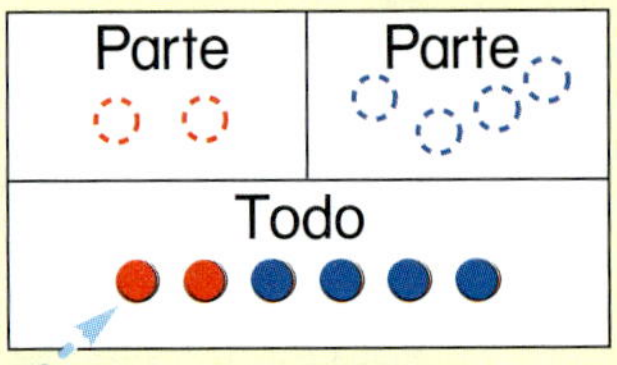 Hay 6.

★ **RESPUESTA** 2 + 4 = 6

Si no tienes fichas como estas, usa otra cosa — por ejemplo creyones.

Haz un dibujo para sumar

Dibuja cada sumando.

Cuenta cuántos hay.

EJEMPLO 1 4 + 3 = ■

★ **RESPUESTA** 4 + 3 = 7

EJEMPLO 2 2 + 5 = ■

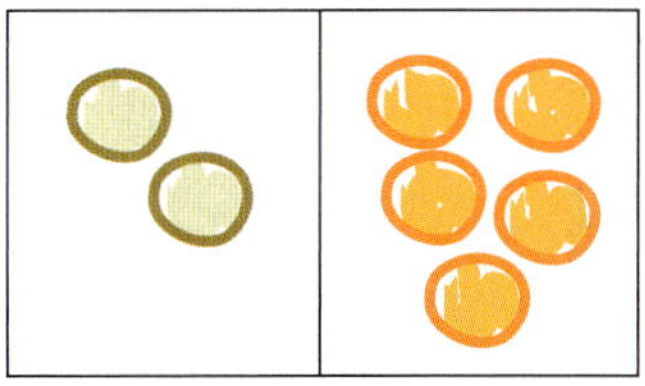

2 + 5 = 7

★ **RESPUESTA** 2 + 5 = 7

Estrategias con operaciones de suma

Cuando juegas damas, usas un plan inteligente: una **estrategia.** También puedes aprender estrategias que te ayudan a sumar.

Cambia de posición la suma

Puedes sumar en cualquier orden.
El resultado será el mismo.

Más Ayuda
ver
262

Si sabes	Entonces también sabes
 $1 + 3 = 4$	 $3 + 1 = 4$
 $7 + 3 = 10$	 $3 + 7 = 10$
 $\begin{array}{r} 4 \\ +\ 1 \\ \hline 5 \end{array}$	 $\begin{array}{r} 1 \\ +\ 4 \\ \hline 5 \end{array}$

Suma cero

Cuando le sumas cero a un número, el resultado es el mismo número.

EJEMPLO 3 + 0 = ■

3 gallinas 0 gallinas

Más Ayuda ver 262

Piensa 3 gallinas y ninguna gallina siguen siendo 3 gallinas.

★ **RESPUESTA** 3 + 0 = 3

Más Ayuda ver 58, 262

0 + 0 = 0	0 + 0 = 0
1 + 0 = 1	0 + 1 = 1
2 + 0 = 2	0 + 2 = 2
3 + 0 = 3	0 + 3 = 3
4 + 0 = 4	0 + 4 = 4
5 + 0 = 5	0 + 5 = 5
6 + 0 = 6	0 + 6 = 6
7 + 0 = 7	0 + 7 = 7
8 + 0 = 8	0 + 8 = 8
9 + 0 = 9	0 + 9 = 9

Cuenta hacia adelante para sumar

Más Ayuda
ver 26–27, 58

Usa lo que sabes para sumar.

Una forma Guarda el número mayor en tu cabeza.
Sigue contando.

Mira	Piensa	Escribe
6 + 2 = ■		6 + 2 = 8
9 + 1 = ■		9 + 1 = 10
3 + 8 = ■		3 + 8 = 11

Recuerda: sumar 8 más 3 es igual que sumar 3 más 8.

Otra forma Usa una recta numérica. Cuenta hacia adelante desde el número mayor.

Más Ayuda ver 26–27

EJEMPLO 5 + 3 = ■

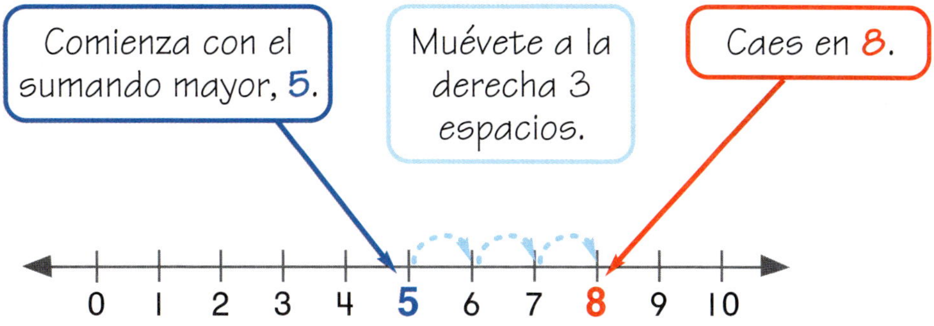

Más Ayuda ver 300

★ **RESPUESTA** 5 + 3 = 8

¡Atención!

Cuando usas una recta numérica para contar hacia adelante, debes contar cada "salto".

Piensa que estás moviendo tu ficha en un tablero de juego.

Suma números dobles

Las operaciones con **dobles** tienen dos sumandos iguales.

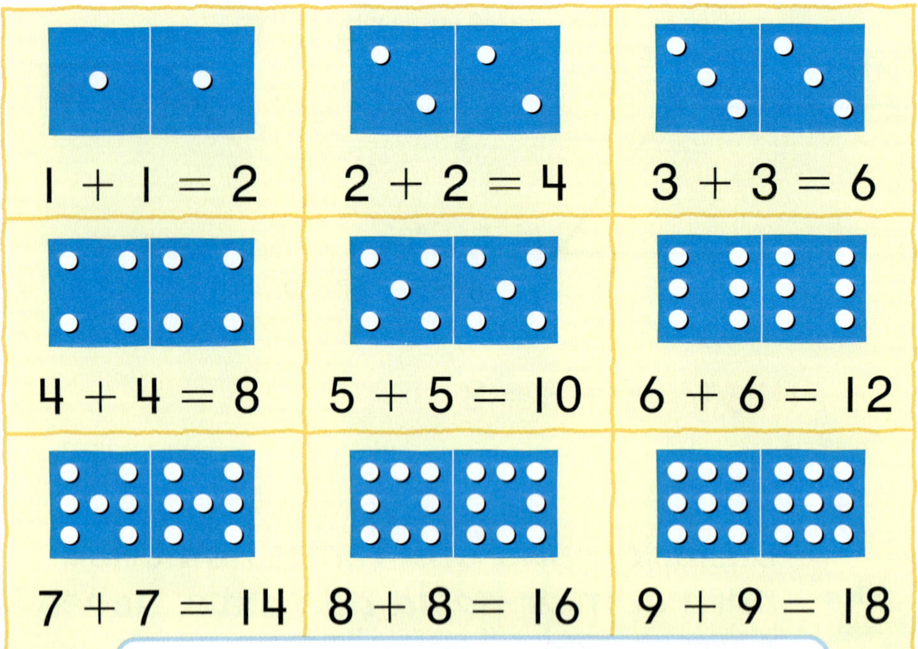

Cuando dices las sumas de dobles en orden, cuentas de 2 en 2, de 4 en 4, de 6 en 6, de 8 en 8, y así sucesivamente.

Más Ayuda
ver 97

Hay dobles en todas partes.

6 + 6
12 latas

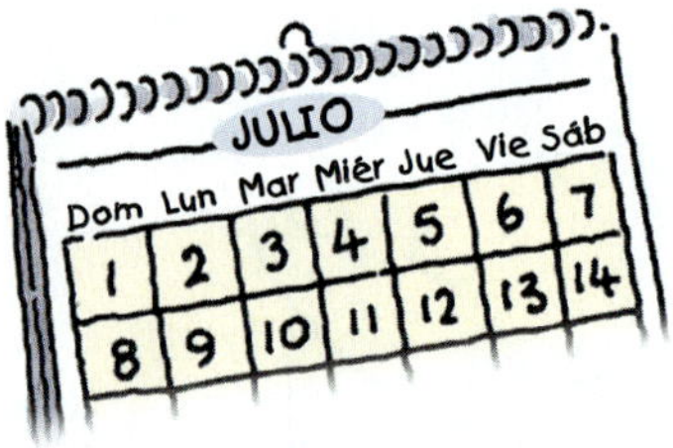

7 + 7
14 días

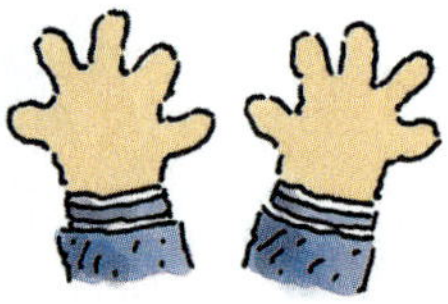

5 + 5
10 dedos

Dobles más 1

Un **doble más 1,** tiene un sumando que es 1 más que el otro sumando.

Doble	Doble más 1
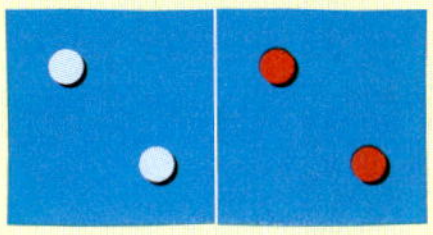 2 + 2 = 4	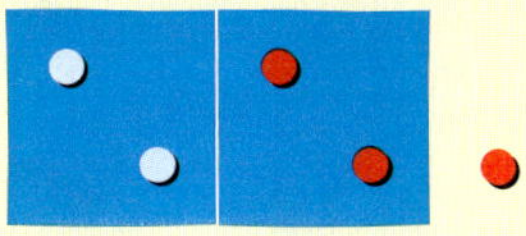 2 + 3 = 5 2 + 2 y 1 más
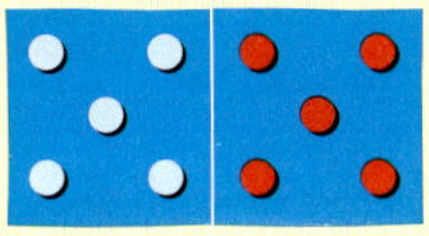 5 + 5 = 10	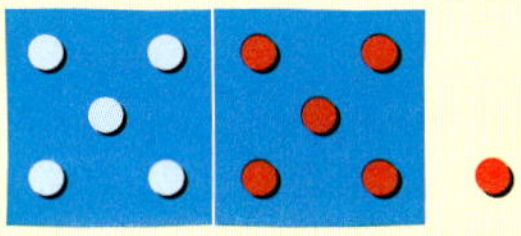 5 + 6 = 11 5 + 5 y 1 más
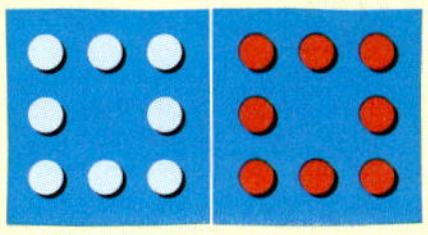 8 + 8 = 16	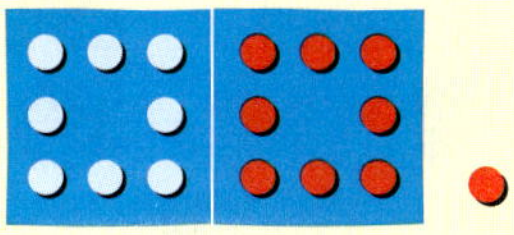 8 + 9 = 17 8 + 8 y 1 más

Más Ayuda
ver 58, 60

Forma una decena para sumar

Para encontrar una suma mayor que 10, piensa cómo puedes llenar un marco de diez.

EJEMPLO 1 9 + 2 = ■

Más Ayuda
ver 4–7, 67

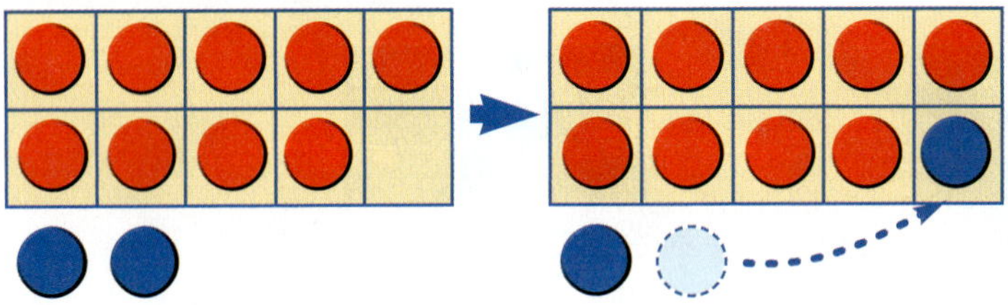

★ **RESPUESTA** 9 + 2 = 11

EJEMPLO 2 8 + 4 = ■

Más Ayuda
ver 67

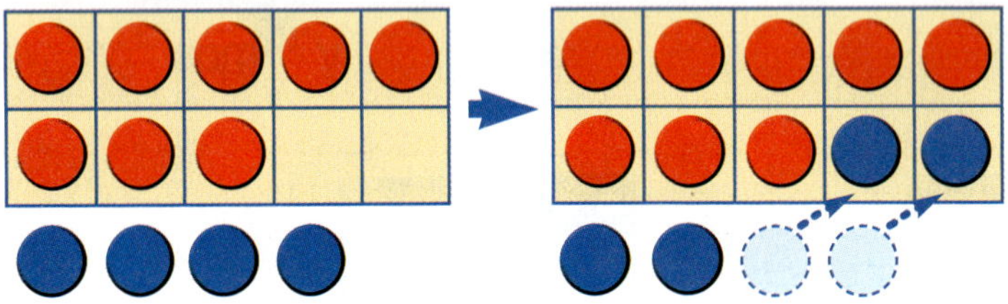

★ **RESPUESTA** 8 + 4 = 12

Súmale a 9

EJEMPLO 9 + 4 = ■

Forma una decena cuando uno de los sumandos es 9.

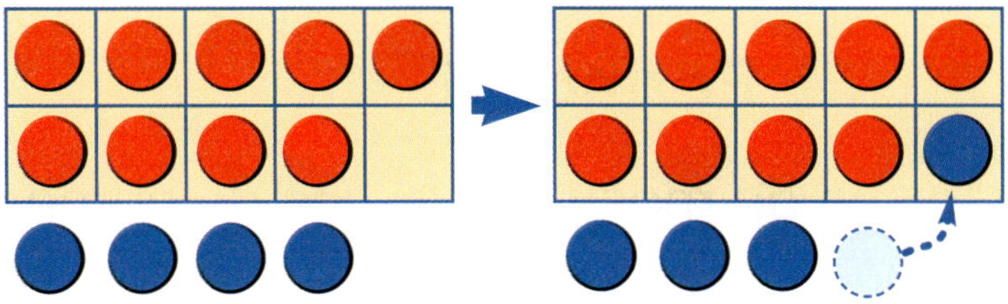

1 decena más 3 unidades = 13

Más Ayuda ver 55

★ **RESPUESTA** 9 + 4 = 13

Estas son unas operaciones con 9 como sumando. Mira el patrón.

Cuando un sumando es 9, el dígito en la posición de las unidades en la suma es 1 menos que el otro sumando.

Más Ayuda ver 58, 59

9 + 1 = 10	1 + 9 = 10
9 + 2 = 11	2 + 9 = 11
9 + 3 = 12	3 + 9 = 12
9 + 4 = 13	4 + 9 = 13
9 + 5 = 14	5 + 9 = 14
9 + 6 = 15	6 + 9 = 15
9 + 7 = 16	7 + 9 = 16
9 + 8 = 17	8 + 9 = 17
9 + 9 = 18	9 + 9 = 18

2 es 1 menos que 3.

Esto no funciona cuando el otro sumando es cero.

Usar patrones para sumar

Hay más de una forma de hacer la misma suma. Busca patrones. Empieza con 0 como sumando.

Formar 5

Esta es una forma de mostrar parejas de números que suman 5.

Los sumandos rojos muestran un patrón de más 1.

Los sumandos azules muestran un patrón de menos 1.

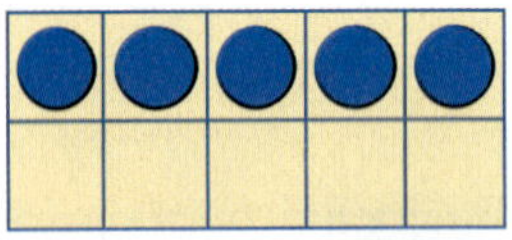

0 + 5 = 5

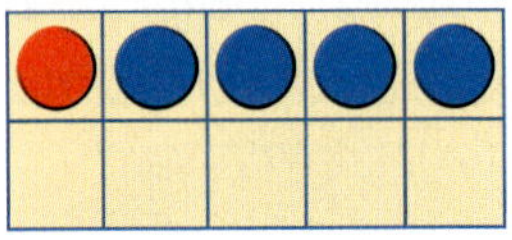

1 + 4 = 5

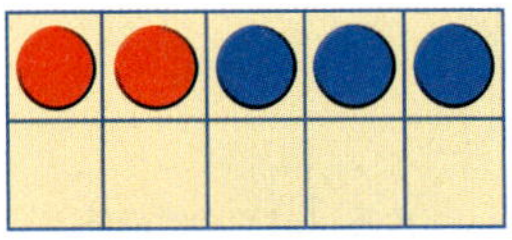

2 + 3 = 5

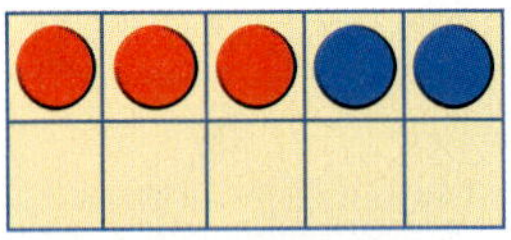

3 + 2 = 5

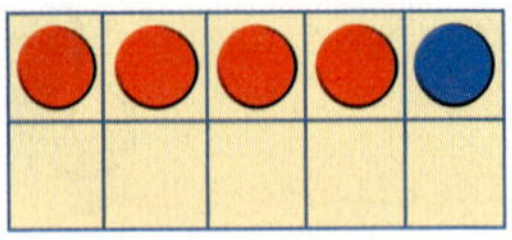

4 + 1 = 5

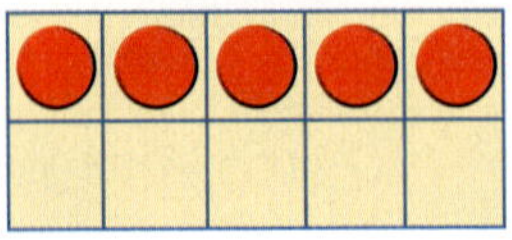

5 + 0 = 5

Formar 10

Esta es una forma de mostrar parejas de números que suman 10.

$0 + 10 = 10$

$1 + 9 = 10$

$2 + 8 = 10$

$3 + 7 = 10$

$4 + 6 = 10$

$5 + 5 = 10$

$6 + 4 = 10$

$7 + 3 = 10$

$8 + 2 = 10$

$9 + 1 = 10$

$10 + 0 = 10$

Usar una tabla de sumar

Puedes averiguar sumas en una tabla de sumar.

EJEMPLO 1 3 + 4 = ■

❶ Busca la hilera del 3.	❷ Busca la columna del 4.	❸ La suma está donde se cruzan la hilera y la columna.

+	0	1	2	3	4	5
0	0	1	2	3	4	5
1	1	2	3	4	5	6
2	2	3	4	5	6	7
3	3	4	5	6	7	8
4	4	5	6	7	8	9
5	5	6	7	8	9	10

★ **RESPUESTA** 3 + 4 = 7

EJEMPLO 2 Juana tiene 7 botones azules y 5 botones amarillos. ¿Cuántos botones tiene en total? Para solucionar el problema, suma. 7 + 5 = ■

Busca dónde se cruzan la hilera del 7 y la columna del 5.

+	0	1	2	3	4	5	6	7	8	9
0	0	1	2	3	4	5	6	7	8	9
1	1	2	3	4	5	6	7	8	9	10
2	2	3	4	5	6	7	8	9	10	11
3	3	4	5	6	7	8	9	10	11	12
4	4	5	6	7	8	9	10	11	12	13
5	5	6	7	8	9	10	11	12	13	14
6	6	7	8	9	10	11	12	13	14	15
7	7	8	9	10	11	12	13	14	15	16
8	8	9	10	11	12	13	14	15	16	17
9	9	10	11	12	13	14	15	16	17	18

7 + 5 = 12

★ **RESPUESTA** Juana tiene 12 botones.

Sumar 3 sumandos o más

Puedes agrupar números y sumarlos en cualquier orden. La suma será la misma.

EJEMPLO 1 ¿Cuántos puntos?

Para solucionar el problema, suma.

5 + 4 + 1 = ■

Sólo puedes sumar dos números a la vez.

Una forma Puedes sumar hacia abajo.

Más Ayuda ver 262

Escribe

$$\begin{array}{r} 5 \\ 4 \\ +\ 1 \\ \hline \end{array}$$

Piensa

$$\begin{array}{r} 5 \\ 4 \\ +\ 1 \\ \hline 10 \end{array} \quad (5 + 4 = 9)$$

Agrupa los dos sumandos de arriba y súmalos. 5 + 4 = 9

Luego suma el tercer sumando para hallar la suma. 9 + 1 = 10.

Otra forma Puedes sumar hacia arriba.

Escribe

$$\begin{array}{r} 5 \\ 4 \\ +\ 1 \\ \hline \end{array}$$

Piensa

$$\begin{array}{r} 5 \\ 4 \\ +\ 1 \\ \hline 10 \end{array} \quad (4 + 1 = 5)$$

Empieza por abajo.
Agrupa y suma.
1 + 4 = 5
5 + 5 = 10

★ **RESPUESTA** 10 puntos

Busca dobles y otras operaciones fáciles.

EJEMPLO 2 3 + 5 + 3 = ■

Piensa

3 + 5 + 3

6 + 5 = 11

3 + 3 es fácil porque es un doble. Súmale 5 al 6 para encontrar la suma.

Más Ayuda ver 62

★ **RESPUESTA** 3 + 5 + 3 = 11

Busca los números que suman 10.

EJEMPLO 3 2 + 3 + 7 = ■

Más Ayuda ver 67

Piensa

2 + 3 + 7

10 + 2 = 12

★ **RESPUESTA** 2 + 3 + 7 = 12

Estas son algunas razones para usar **resta.**

- A un grupo le quitan una parte. Resta para averiguar cuántos quedan.

4 patos en un lago

1 pato se va del lago.

Réstale **1** a **4.** Quedan **3** patos en el lago.

- Quieres comparar. Resta para encontrar cuántos más o cuántos menos.

3 conejitos blancos.

5 conejitos grises

Réstale **3** a **5.** Hay **2** conejitos grises más que conejitos blancos.

Más Ayuda
ver
84–85

- Sabes el todo y sabes una parte.
  Resta para encontrar la parte que falta.

3 peces son azules

5 peces en total.

Réstale **3** a **5.**
2 peces *no* son amarillos.

Palabras y signos para restar

Puedes **restar** un número de otro número.

El número que queda es la **diferencia.**

El **signo menos** te pide que restes.

El **signo igual** significa *igual a* ó *lo mismo que.*

Mira

3 ositos.
2 se caen.
1 queda parado.

Escribe

diferencia

$3 - 2 = 1$

signo menos · signo igual

signo menos

$$\begin{array}{r} 3 \\ -\ 2 \\ \hline 1 \end{array}$$

diferencia

Di *Tres menos dos igual uno.*

Aprender a restar

Más Ayuda ver 9

Hay muchas formas de hallar una diferencia.

Usa modelos para restar

EJEMPLO 5 − 2 = ■

Una forma Usa cubos que se unen. Averigua cuántos quedan.

Más Ayuda ver 56

Muestra 5. **Quita 2. Quedan 3.**

Otra forma Usa una tabla de partes y todo.

❶ Muestra el todo, 5.	❷ Muestra la parte de 2.	❸ Muestra la parte que falta, 3.
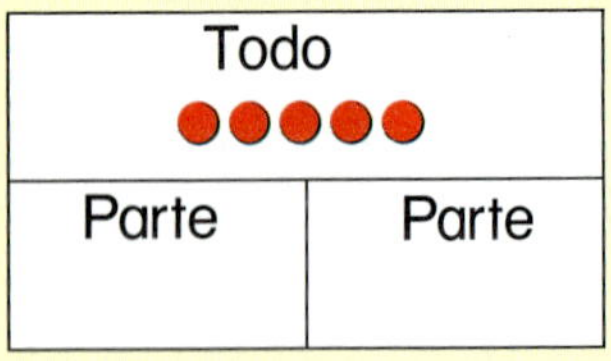	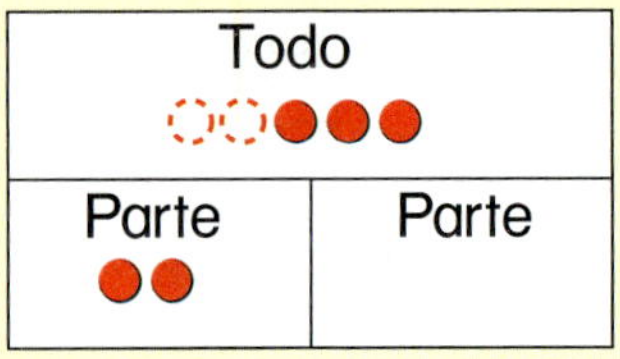	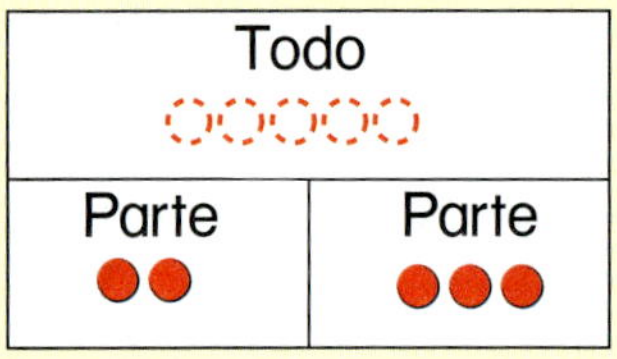

★ **RESPUESTA** 5 − 2 = 3

Haz un dibujo para restar

Dibuja lo que tienes para comenzar.

Tacha lo que vas a restar.

Cuenta lo que te queda.

EJEMPLO $6 - 4 = \blacksquare$

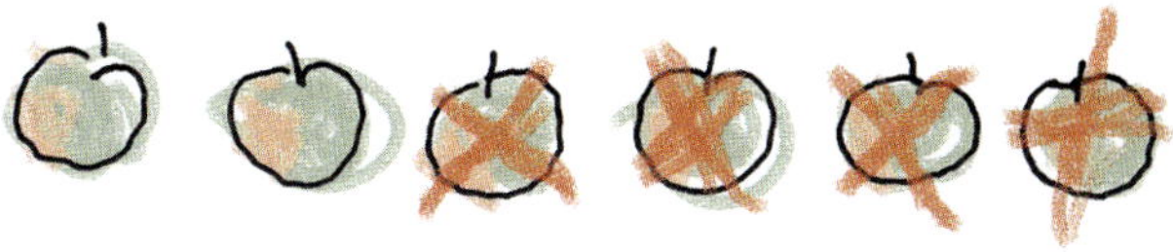

★ **RESPUESTA** $6 - 4 = 2$

Puedes dibujar puntos o rayas. Luego tacha para restar.

EJEMPLO $9 - 6 = \blacksquare$

★ **RESPUESTA** $9 - 6 = 3$

Mira bien los dibujos

A veces tienes que pensar bien qué muestra el dibujo.

Este dibujo muestra una suma.
$5 + 3 = 8$

Este dibujo muestra una resta.
$8 - 3 = 5$

Estrategias con operaciones de resta

Hay muchas **estrategias** que puedes usar para encontrar una diferencia.

Cuenta hacia atrás para restar

Una forma Guarda el primer número en tu cabeza. Cuenta hacia atrás.

Es bueno saber contar hacia atrás desde cualquier número.
10, 9, 8, 7, 6, 5, 4, 3, 2, 1

EJEMPLO 1 7 − 2 = ■

★ **RESPUESTA** 7 − 2 = 5

Otra forma Busca el primer número en una recta numérica. Cuenta hacia atrás.

EJEMPLO 2 8 − 3 = ■

Muévete hacia atrás tres espacios.

Más Ayuda
ver 60–61

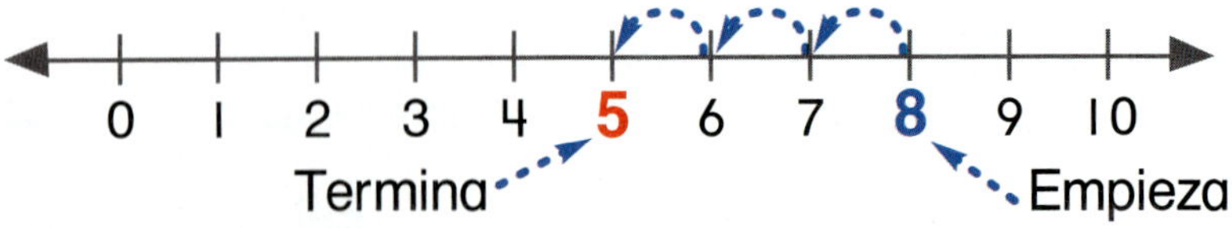

★ **RESPUESTA** 8 − 3 = 5

Cuenta hacia adelante para restar

A veces puedes contar hacia adelante desde el número que vas a restar.

EJEMPLO 1 8 − 5 = ■

Piensa ¿8 es *cuánto más* que 5?
Empieza en 5. Cuenta hasta 8.
Son 3 saltos.

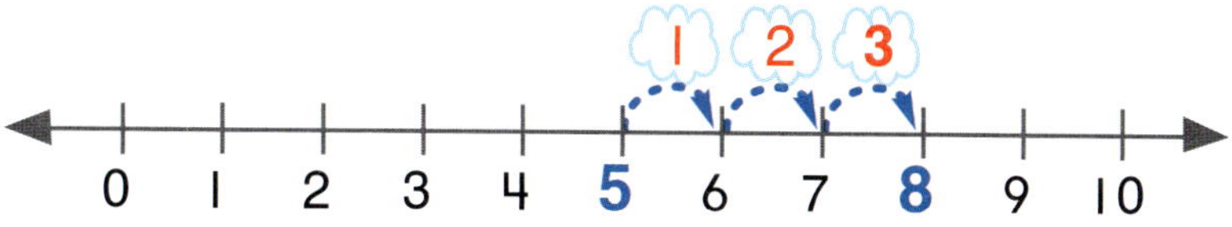

★ **RESPUESTA** 8 − 5 = 3

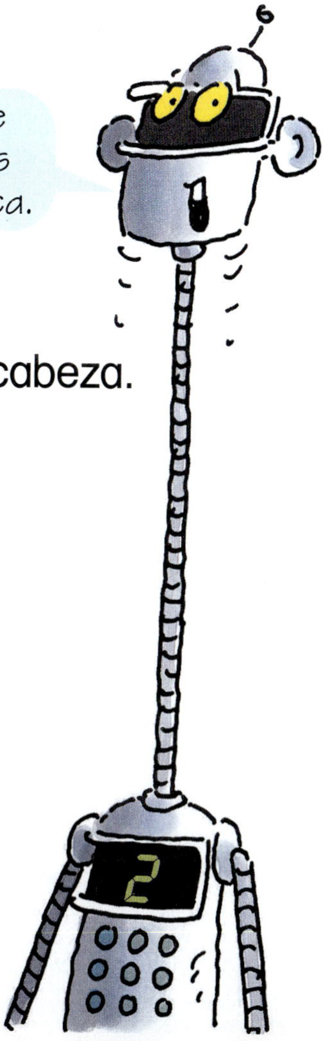

EJEMPLO 2 11 − 9 = ■

Empieza en 9. Cuenta hasta 11 en tu cabeza.

9 10 11

Cuentas 2.

★ **RESPUESTA** 11 − 9 = 2

El cero en la resta

- Cuando le restas cero a un número, la diferencia es el mismo número.

3 bolas. No quitas ninguna. Siguen siendo 3 bolas.

$3 - 0 = 3$

- Cuando restas un número de sí mismo, la diferencia es cero.

3 bolas. Quitas 3. No quedan bolas.

$3 - 3 = 0$

Ahora sabes todas estas operaciones.

Ninguno se quita.

$1 - 0 = 1$	$1 - 1 = 0$
$2 - 0 = 2$	$2 - 2 = 0$
$3 - 0 = 3$	$3 - 3 = 0$
$4 - 0 = 4$	$4 - 4 = 0$
$5 - 0 = 5$	$5 - 5 = 0$
$6 - 0 = 6$	$6 - 6 = 0$
$7 - 0 = 7$	$7 - 7 = 0$
$8 - 0 = 8$	$8 - 8 = 0$
$9 - 0 = 9$	$9 - 9 = 0$

Se quitan todos. La diferencia es 0.

Resta 1 ó 2

- Cuando tienes un número y le restas 1, la diferencia es 1 menos que el número.

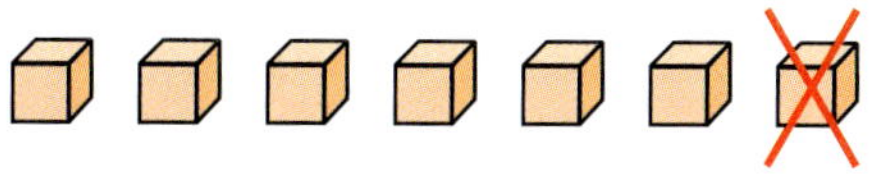

6 es menos que 7.

$7 - 1 = 6$

- Cuando tienes un número y le restas 2, la diferencia es 2 menos que el número.

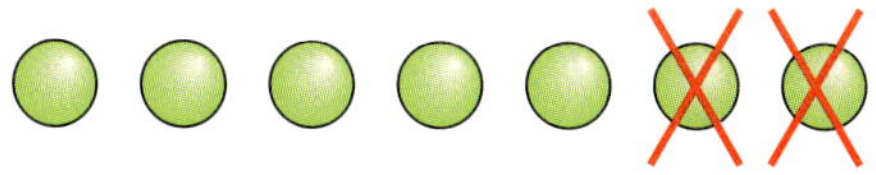

5 es 2 menos que 7.

$7 - 2 = 5$

Ahora sabes estas operaciones.

$2 - 1 = 1$	$2 - 2 = 0$
$3 - 1 = 2$	$3 - 2 = 1$
$4 - 1 = 3$	$4 - 2 = 2$
$5 - 1 = 4$	$5 - 2 = 3$
$6 - 1 = 5$	$6 - 2 = 4$
$7 - 1 = 6$	$7 - 2 = 5$
$8 - 1 = 7$	$8 - 2 = 6$
$9 - 1 = 8$	$9 - 2 = 7$
$10 - 1 = 9$	$10 - 2 = 8$

Usar resta para comparar

Puedes restar para comparar dos cantidades.

EJEMPLO 1 ¿Cuántas fichas rojas hay más que amarillas?

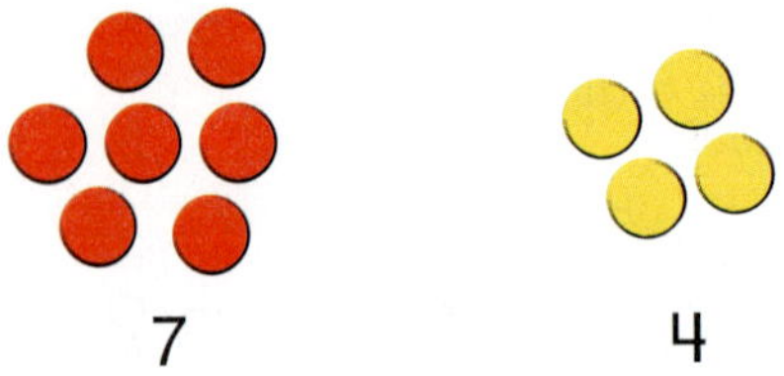

Pon los grupos en fila para compararlos.

Mira

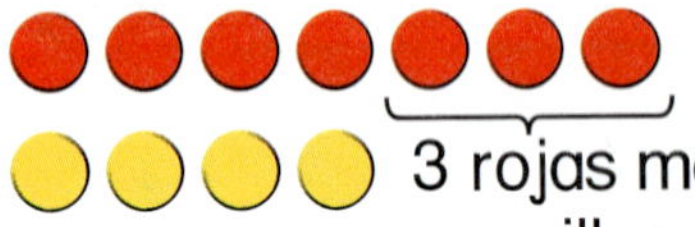

Escribe $7 - 4 = 3$

★ **RESPUESTA** Hay 3 fichas rojas más que amarillas.

EJEMPLO 2 ¿Cuántos cubos más baja es la torre verde?

Mira

Escribe

$$\begin{array}{r} 5 \\ -\ 3 \\ \hline 2 \end{array}$$

★ **RESPUESTA** La torre verde es 2 cubos más baja que la torre amarilla.

También puedes decir que la torre amarilla tiene 2 cubos más que la verde.

EJEMPLO 3 En la orquesta de la escuela de Andrés, hay 11 alumnos que tocan clarinete y 6 que tocan trompeta. ¿Cuántos alumnos más tocan clarinete que trompeta?

Resta para comparar 11 con 6.

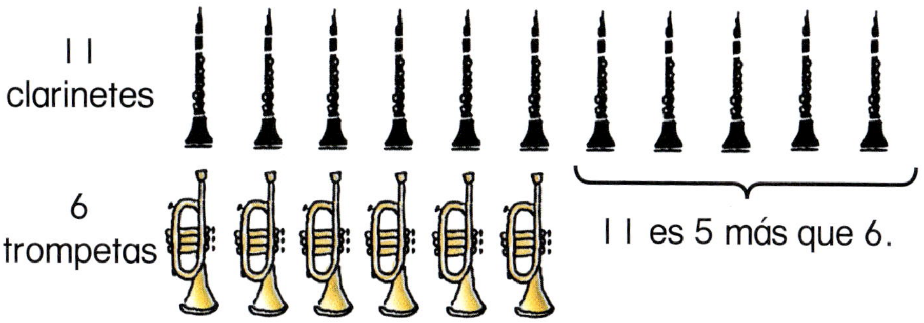

Escribe 11 − 6 = 5

★ **RESPUESTA** 5 alumnos más tocan clarinete.

¿Lo sabias?

Los músicos que tocan instrumentos parecidos se sientan juntos en la orquesta. Así se mezclan mejor los sonidos.

82 Relacionar la suma y la resta

A veces es más fácil hacer una operación de resta cuando sabes una operación de suma que se relaciona.

$4 + 5 = 9$ $9 - 5 = 4$

Familias de operaciones

Las **familias de operaciones** tienen los mismos tres números.

$6 + 2 = 8$
$2 + 6 = 8$
$8 - 2 = 6$
$8 - 6 = 2$

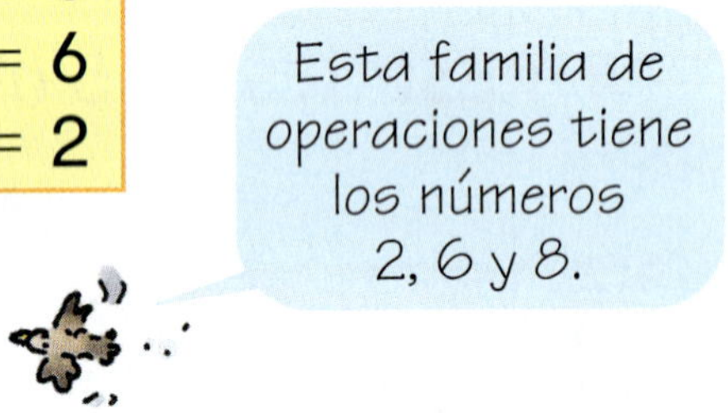

Los dobles sólo tienen dos operaciones en su familia.

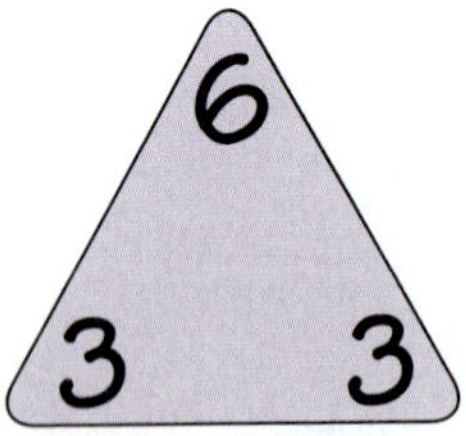

$3 + 3 = 6$
$6 - 3 = 3$

A veces tienes que buscar todas las operaciones en una familia.

EJEMPLO 1 Completa la familia de operaciones.

$5 + 1 = \blacksquare$ $\quad$ $1 + 5 = \blacksquare$

$\blacksquare - 5 = 1$ $\quad$ $\blacksquare - 1 = 5$

Completa primero la operación más fácil. Usa ese número para completar la familia de operaciones.

Piensa $5 + 1 = 6$

El 6 también sirve para las otras tres operaciones.

★ **RESPUESTA**

$5 + 1 = 6$ $\quad$ $1 + 5 = 6$

$6 - 5 = 1$ $\quad$ $6 - 1 = 5$

EJEMPLO 2 Usa estos números par escribir una familia de operaciones.

9 2 7

Usa el número mayor como resultado.

Piensa $\blacksquare + \blacksquare = 9$

$2 + 7 = 9$

Luego escribe las otras operaciones.

RESPUESTA

$2 + 7 = 9$ $\quad$ $7 + 2 = 9$

$9 - 7 = 2$ $\quad$ $9 - 2 = 7$

Sumandos que faltan

EJEMPLO 1 David vendió 11 globos. 8 globos eran anaranjados. Los demás eran amarillos. ¿Cuántos globos amarillos vendió David?

Tienes que encontrar el **sumando que falta.**

Más Ayuda
ver 73

Piensa 8 + ■ = 11

- 8: globos anarajados
- ■: globos amarillos
- 11: globos vendidos

Una forma Usa fichas y una tabla de partes y todo.

1. Muestra el total, 11.
2. Forma la parte 8.
3. Forma la otra parte.

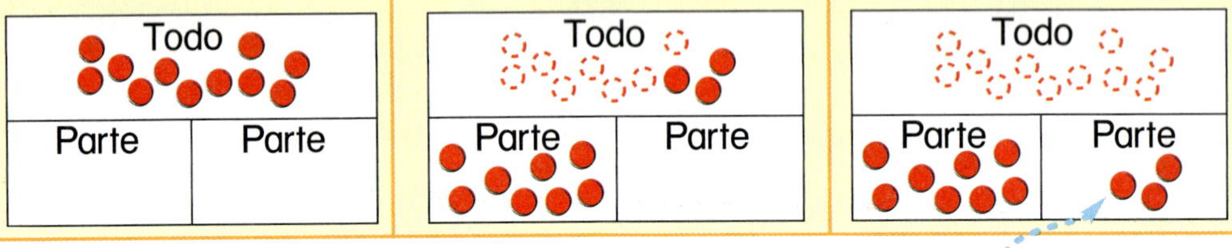

El sumando que falta es 3.

Otra forma Usa una operación que ya conoces.

Piensa ¿*Qué número* más 8 es igual a 11?

8 + ■ = 11

Más Ayuda
ver 77, 82–83

Puedes usar la operación de suma 8 + 3 = 11.

Puedes usar la operación de resta 11 − 8 = 3.

★ **RESPUESTA** David vendió 3 globos amarillos.

EJEMPLO 2 Tania tenía unos globos. Paco le dio 9 más. Ahora tiene 13 globos. ¿Cuántos globos tenía primero?

Piensa ■ + 9 = 13

Más Ayuda ver 74

Una forma Usa cubos y una tabla de partes y todo.

1 Muestra el total, 13.	2 Forma la parte con 9.	3 Forma la otra parte.

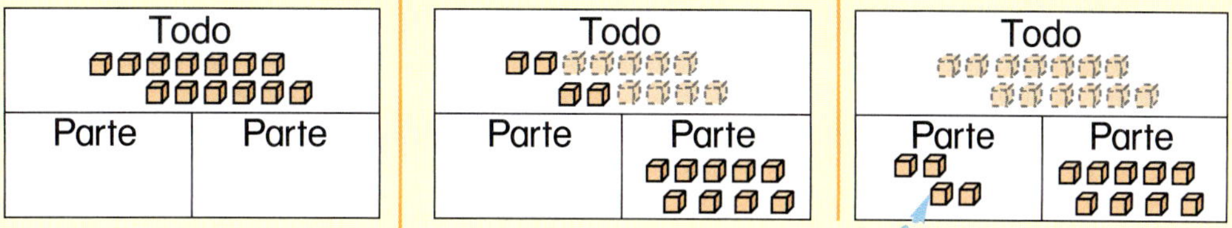

El sumando que falta es 4.

Otra forma Usa una operación que ya conoces.

Piensa ¿*Qué número* más 9 es igual a 13?

Puedes usar la operación de suma 4 + 9 = 13.

Puedes usar la operación de resta 13 − 9 = 4.

Más Ayuda ver 77, 82–83

★ **RESPUESTA** Tania tenía 4 globos primero.

Usar dobles para restar

Más Ayuda
ver 62, 82–83

Suma dobles para restar.

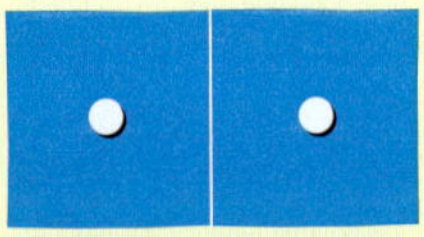 $1 + 1 = 2$ $2 - 1 = 1$	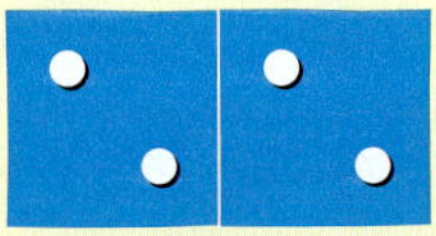 $2 + 2 = 4$ $4 - 2 = 2$	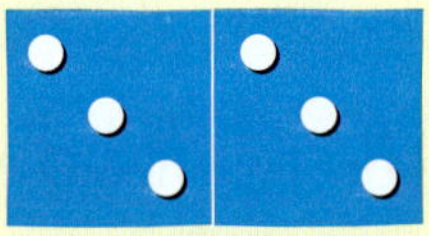 $3 + 3 = 6$ $6 - 3 = 3$
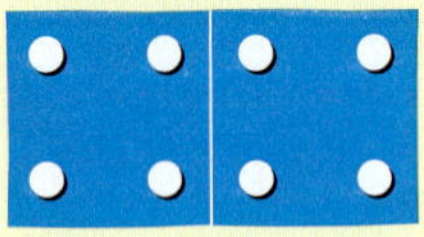 $4 + 4 = 8$ $8 - 4 = 4$	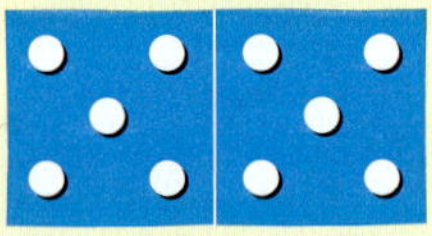 $5 + 5 = 10$ $10 - 5 = 5$	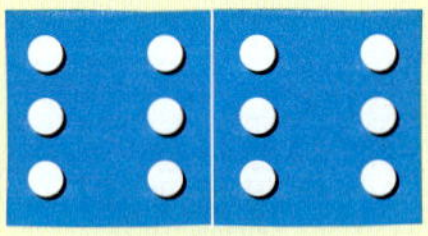 $6 + 6 = 12$ $12 - 6 = 6$
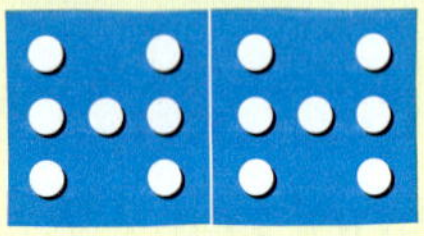 $7 + 7 = 14$ $14 - 7 = 7$	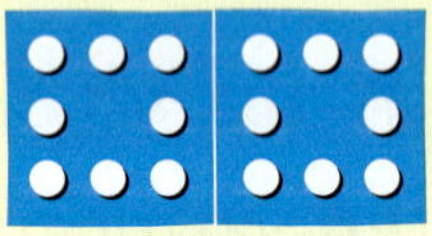 $8 + 8 = 16$ $16 - 8 = 8$	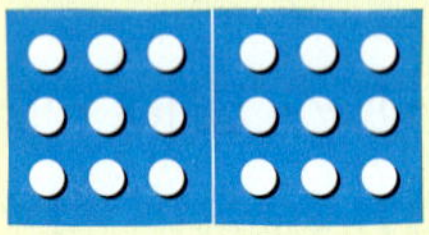 $9 + 9 = 18$ $18 - 9 = 9$

Restarle a diez

Las sumas que dan 10 te ayudan a restarle un número a 10.

Más Ayuda
ver 67, 82–83

Si sabes	Entonces también sabes	
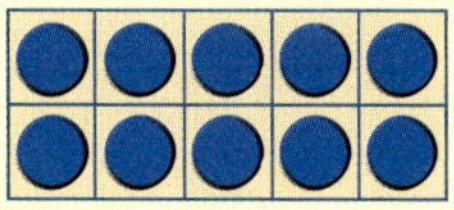 $10 + 0 = 10$	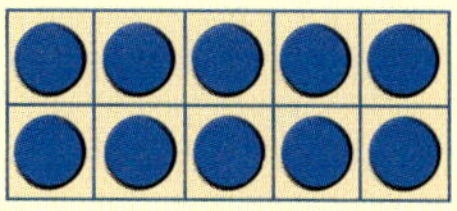 $10 - 0 = 10$	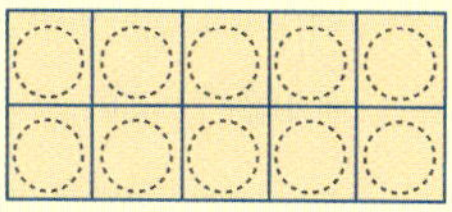 $10 - 10 = 0$
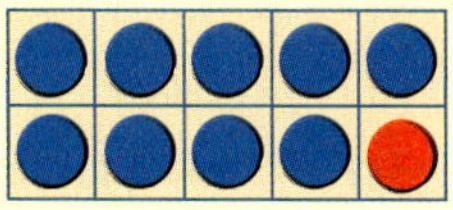 $9 + 1 = 10$	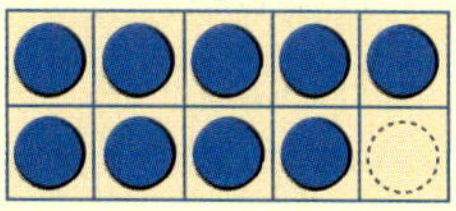 $10 - 1 = 9$	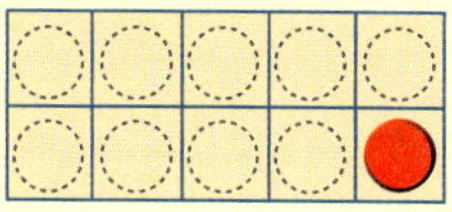 $10 - 9 = 1$
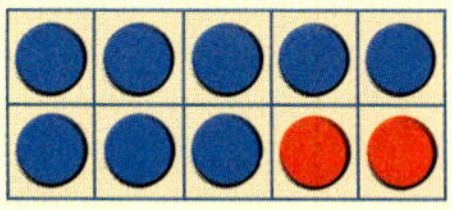 $8 + 2 = 10$	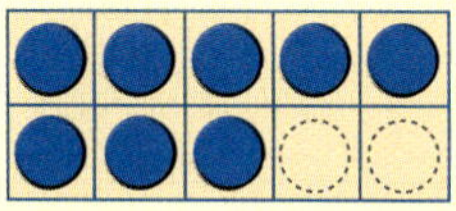 $10 - 2 = 8$	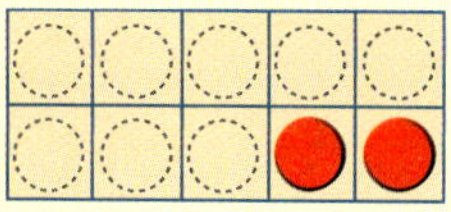 $10 - 8 = 2$
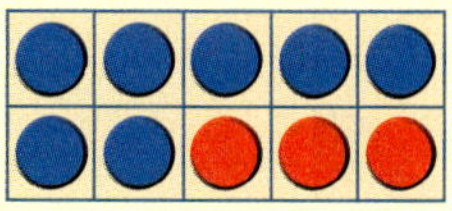 $7 + 3 = 10$	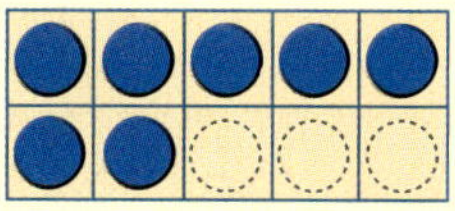 $10 - 3 = 7$	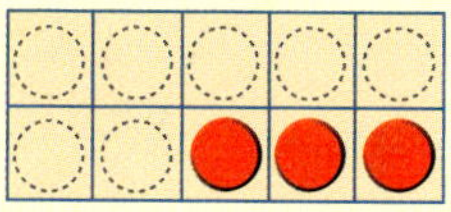 $10 - 7 = 3$
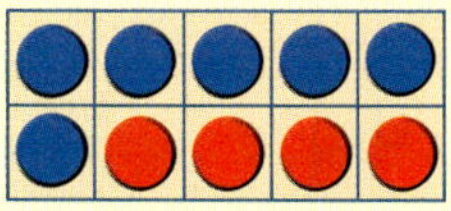 $6 + 4 = 10$	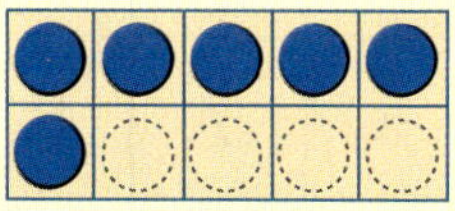 $10 - 4 = 6$	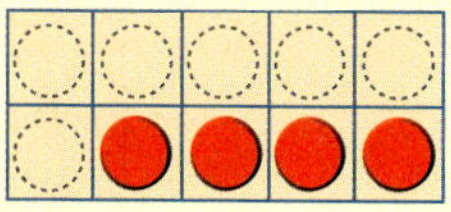 $10 - 6 = 4$
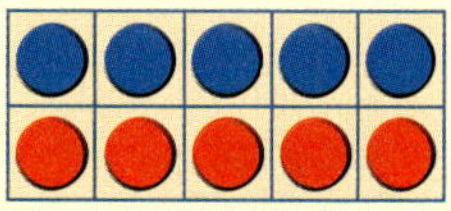 $5 + 5 = 10$	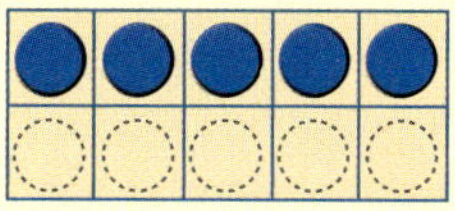 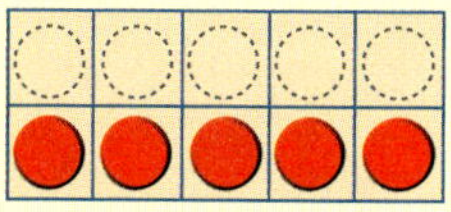 $10 - 5 = 5$	

Usar una tabla de sumar para restar

Más Ayuda
ver 67, 82–84

Para restar, piensa en una operación de suma que esté relacionada.

EJEMPLO 1 7 − 3 = ■

Piensa 3 + ■ = 7

❶ Busca la hilera del 3.	❷ Busca el 7 en esa hilera.	❸ La diferencia es el primer número de esa columna.

+	0	1	2	3	4	5
0	0	1	2	3	4	5
1	1	2	3	4	5	6
2	2	3	4	5	6	7
3	3	4	5	6	7	8
4	4	5	6	7	8	9
5	5	6	7	8	9	10

★ **RESPUESTA** 7 − 3 = 4

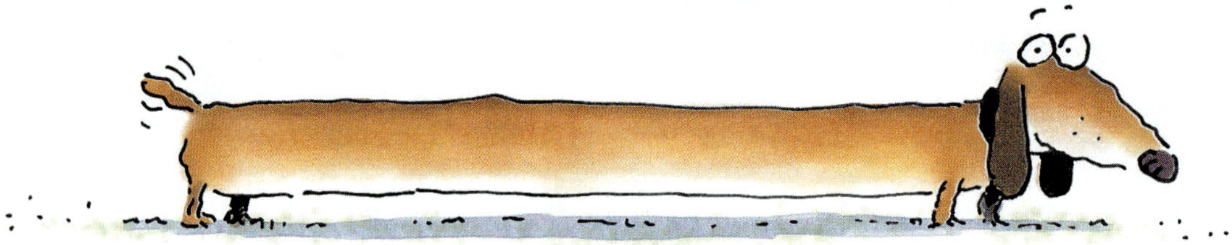

EJEMPLO 2 Luis tenía 13 galletas. Regaló 5. ¿Cuántas galletas le quedaron?

Escribe 13 − 5 = ■ **Piensa** 5 + ■ = 13

1 Busca la hilera del 5.	2 Busca el 13 en esa hilera.	3 La diferencia es el primer número de esa columna.

+	0	1	2	3	4	5	6	7	8	9
0	0	1	2	3	4	5	6	7	8	9
1	1	2	3	4	5	6	7	8	9	10
2	2	3	4	5	6	7	8	9	10	11
3	3	4	5	6	7	8	9	10	11	12
4	4	5	6	7	8	9	10	11	12	13
5	5	6	7	8	9	10	11	12	13	14
6	6	7	8	9	10	11	12	13	14	15
7	7	8	9	10	11	12	13	14	15	16
8	8	9	10	11	12	13	14	15	16	17
9	9	10	11	12	13	14	15	16	17	18

13 − 5 = 8

★ **RESPUESTA** A Luis le quedan 8 galletas.

Conceptos de multiplicación y división

La multiplicación es una forma más corta de sumar. La puedes usar cuando todos los sumandos son iguales.

Cuando tienes grupos iguales, puedes **multiplicar** para averiguar cuánto hay en total. Esto se llama **multiplicación.**

Estas son algunas razones para usar la multiplicación,

- Quieres unir grupos iguales.
  Multiplica para averiguar cuántos.

3 nidos. **2** huevos en cada uno.
Multiplica **2** por **3.**
Hay **6** huevos en total.

- Hay cosas en hileras iguales.
  Multiplica para saber cuántas.

2 hileras. **5** gorros en cada una.
Multiplica **5** por **2.**
Hay **10** gorros.

Más Ayuda
ver 98

Palabras y signos para multiplicar

Los números de **multiplicar** se llaman **factores.**

El número total es el **producto.**

El **signo de multiplicación** te pide multiplicar.

Piensa 3 grupos. 2 en cada grupo.

Escribe $3 \times 2 = 6$ ó $\begin{array}{r} 2 \\ \times\ 3 \\ \hline 6 \end{array}$

factores: 3 y 2 — producto: 6 — signo de multiplicación: $\times$

Di *Tres por dos igual seis.*

¡Atención!

Para multiplicar necesitas grupos iguales

A veces tienes que sumar y a veces multiplicar para encontrar el total. ¡Ten cuidado! Para multiplicar, necesitas grupos iguales.

Más Ayuda ver 96

- Estos grupos **son iguales.**

Puedes **sumar.**
$3 + 3 + 3 + 3 + 3 = 15$

Puedes **multiplicar.**
$5 \times 3 = 15$

- Estos grupos **no son iguales.**

Tienes que **sumar.**
$3 + 1 + 5 + 2 + 4 = 15$

Aquí no puedes multiplicar.

Aprender a multiplicar

Más Ayuda ver 93

Hay muchas formas de encontrar un producto.

Usa fichas para multiplicar

Las fichas te ayudan a multiplicar.

EJEMPLO 1 $2 \times 3 = $ ■

Piensa 2×3 significa 2 grupos de 3.

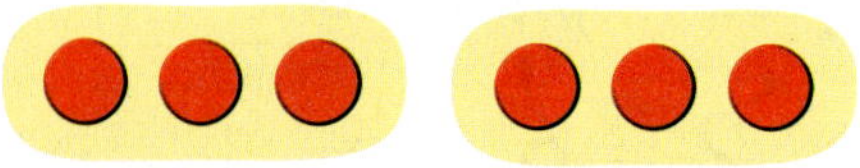

Cuenta para saber cuántas hay en total. Hay 6 en total.

Di *Dos por tres igual seis.*

★ **RESPUESTA** $2 \times 3 = 6$

EJEMPLO 2 $5 \times 2 = $ ■

Piensa 5×2 significa 5 grupos de 2.

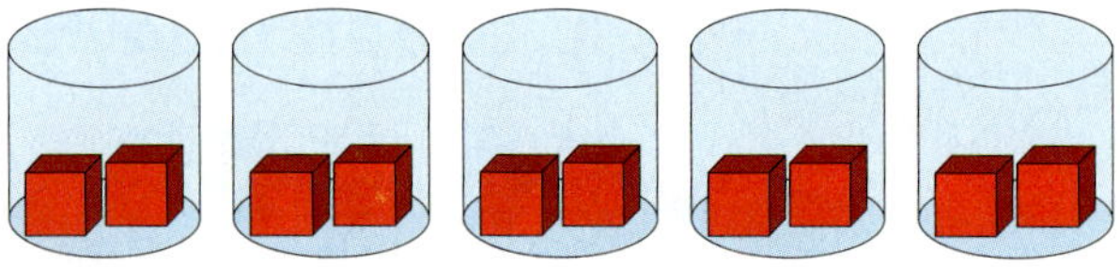

Cuenta. Hay 10 en total.

Di *Cinco por dos igual diez.*

★ **RESPUESTA** $5 \times 2 = 10$

Haz un dibujo para multiplicar

Puedes hacer un dibujo para hallar el producto.

Más Ayuda ver 93

EJEMPLO 3 $3 \times 5 = ■$

Una forma Empieza con el número de grupos.

① Muestra cuántos grupos con un dibujo.	② Muestra cuántos en cada grupo con un dibujo.	③ Cuenta para averiguar el total.
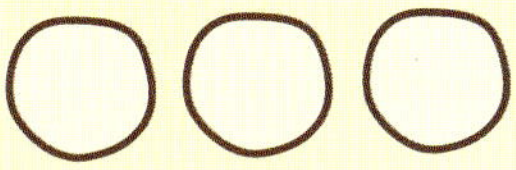 3 grupos	 5 en cada grupo	 15 en total

Otra forma Empieza con un grupo.

① Muestra cuántos en un grupo con un dibujo.	② Dibuja los demás grupos.	③ Suma para averiguar el total.
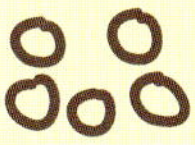 1 grupo de 5	 2 grupos más de 5	 15 en total

★ **RESPUESTA** $3 \times 5 = 15$

Sumas repetidas

Más Ayuda ver 93

Puedes sumar los números de grupos iguales para hallar el producto.

> La multiplicación es una forma más corta de sumar grupos iguales.

EJEMPLO 1 $4 \times 5 = ■$

Más Ayuda ver 62, 67, 70

Escribe $5 + 5 + 5 + 5$

$10 + 10 = 20$

> Usa estrategias para sumar. Piensa en dobles.

★ **RESPUESTA** $4 \times 5 = 20$

EJEMPLO 2 $3 \times 6 = ■$

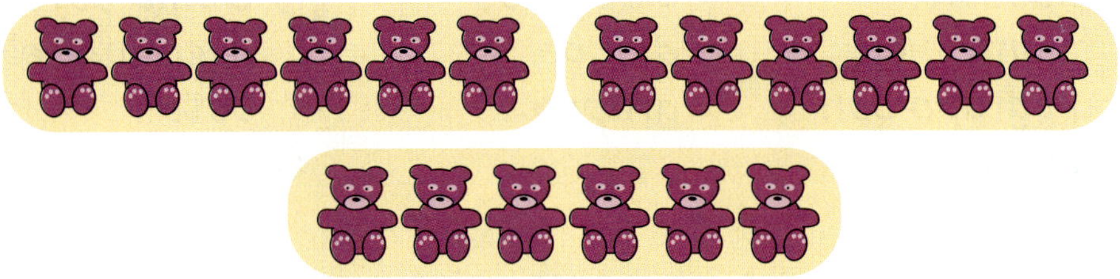

Escribe $6 + 6 + 6$

$12 + 6 = 18$

★ **RESPUESTA** $3 \times 6 = 18$

Cuenta saltado para multiplicar

Puedes contar saltado para hallar un producto.

EJEMPLO 1 $4 \times 2 = \blacksquare$

Piensa 4×2 son 4 doses. Cuenta de dos en dos.

Una forma Usa fichas.

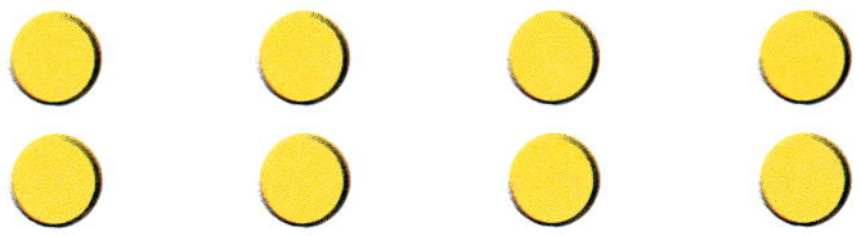

2 4 6 8

Otra forma Usa una recta numérica.

★ **RESPUESTA** $4 \times 2 = 8$

EJEMPLO 2 $3 \times 5 = \blacksquare$

Piensa 3×5 son 3 cincos. Cuenta de cinco en cinco.

Más Ayuda ver 166

5 10 15

★ **RESPUESTA** $3 \times 5 = 15$

Matrices

Puedes formar una **matriz** para hallar un producto.

EJEMPLO 1 $3 \times 5 = \blacksquare$

> Una matriz tiene hileras iguales.

Piensa 3 × 5 significa 3 grupos de 5.

Muestra 3 de 5.

Más Ayuda ver 10, 12

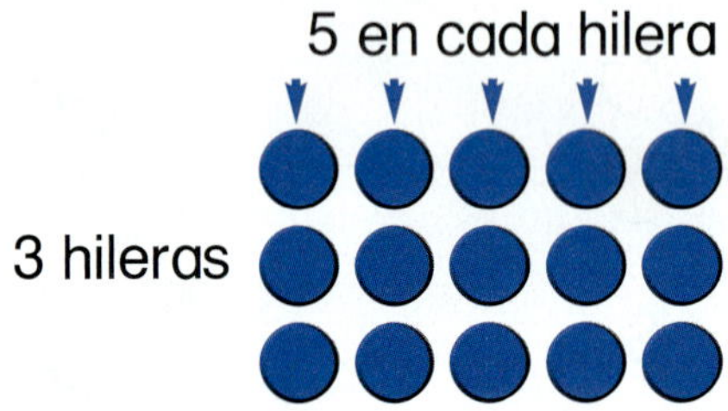

> Esta es una matriz de 3 por 5.

$3 \times 5 = 15$

3 = hileras, 5 = en cada hilera, 15 = en total

★ **RESPUESTA** $3 \times 5 = 15$

EJEMPLO 2 $2 \times 4 = \blacksquare$

Piensa 2 × 4 significa 2 grupos de 4.

Muestra 2 hileras de 4.

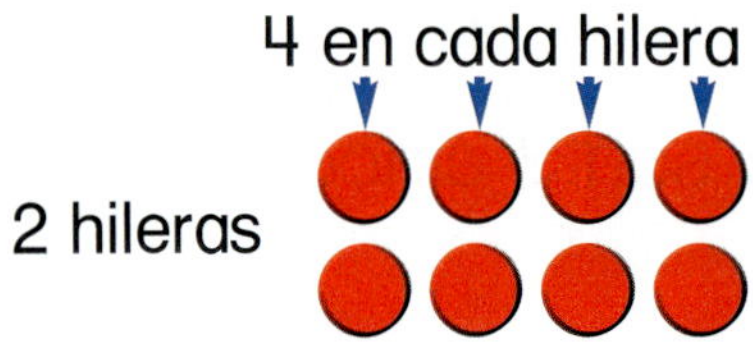

$2 \times 4 = 8$

2 = hileras, 4 = en cada hilera, 8 = en total

★ **RESPUESTA** $2 \times 4 = 8$

Puedes colorear en papel cuadriculado para hacer matrices.

1 hilera
3 en la hilera
3 en total
$1 \times 3 = 3$

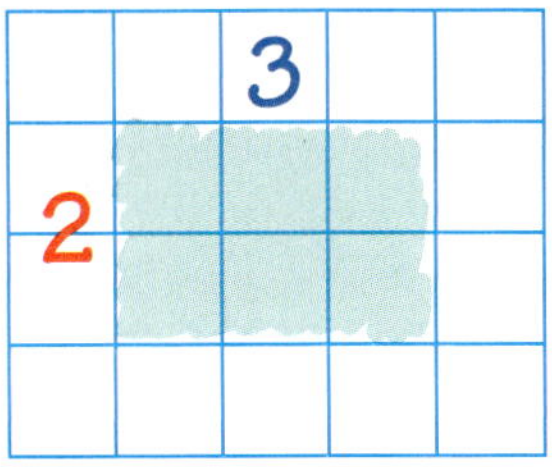

2 hileras
3 en cada hilera
6 en total
$2 \times 3 = 6$

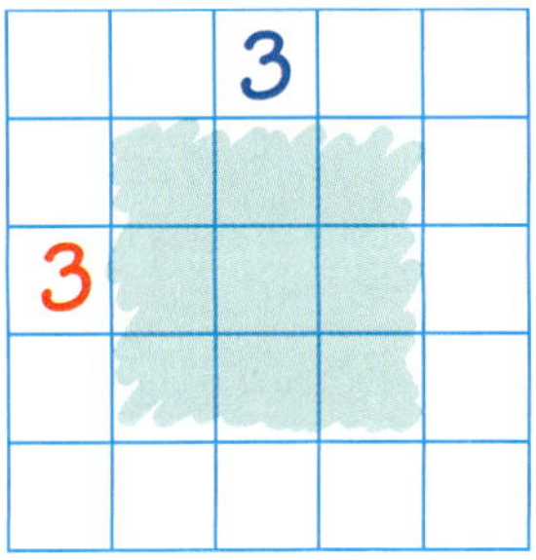

3 hileras
3 en cada hilera
9 en total
$3 \times 3 = 9$

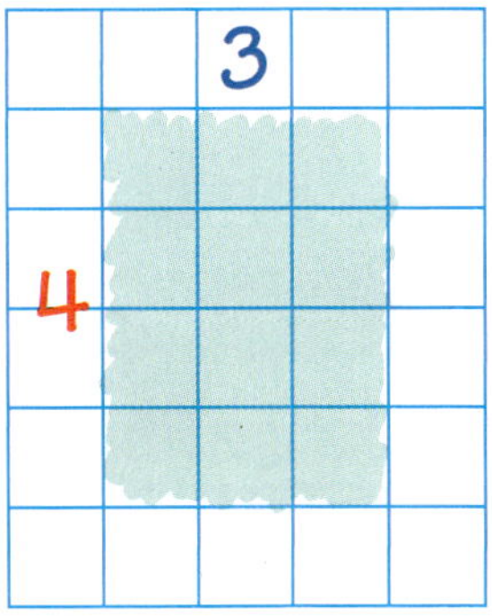

4 hileras
3 en cada hilera
12 en total
$4 \times 3 = 12$

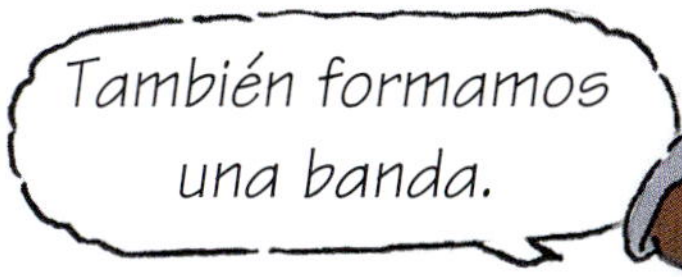

Haz una tabla de multiplicar

Puedes hacer una tabla para hallar un producto.

EJEMPLO 1 ¿Cuántos títeres puedes hacer con seis pares de calcetines?

Más Ayuda
ver 97

Recuerda que en un par hay 2 calcetines. Entonces, puedes contar de dos en dos.

Con 1 par de calcetines hago 2 títeres.

Pares de calcetines	1	2	3	4
Títeres	2	4	6	8

La tabla te ayuda a llevar la cuenta mientras cuentas de dos en dos.

Con 1 par hago 2 títeres.
Con 2 pares hago 4 títeres.
Con 3 pares hago 6 títeres.
Con 4 pares hago 8 títeres.

★ **RESPUESTA** Puedes hacer 8 títeres con 4 pares de calcetines.

¿Lo sabías?

Shari Lewis hizo el primer títere de *Lamb Chop* con un calcetín viejo. Luego, *Lamb Chop* se convirtió en estrella de televisión y vídeos.
Fuente: cnn.com/showbiz

EJEMPLO 2 ¿Con cuántos títeres de dedo puedes llenar 4 manos?

Una forma Haz una tabla.

Manos	1	2	3	**4**
Títeres	5	10	15	**20**

Cuenta de cinco en cinco en esta hilera..

Más Ayuda ver 257

Otra forma Haz una tabla de entradas y salidas

También se llama tabla de **funciones**.

Entran es el número de manos. Salen es el número de títeres.

Regla: × 5	
Entran	**Salen**
1	5
2	10
3	15
4	**20**

Para hallar el número, usa la *regla*. Multiplica el número de entrada por 5.

★ **RESPUESTA** Necesitas 20 títeres de dedo para llenar 4 manos.

Estrategias de multiplicación

Más Ayuda ver 93, 263

Hay muchas **estrategias**, o métodos, que puedes usar para hallar un producto.

Invierte el orden de la multiplicación

Puedes multiplicar en cualquier orden.
El producto es el mismo

Los dos niños tienen razón.

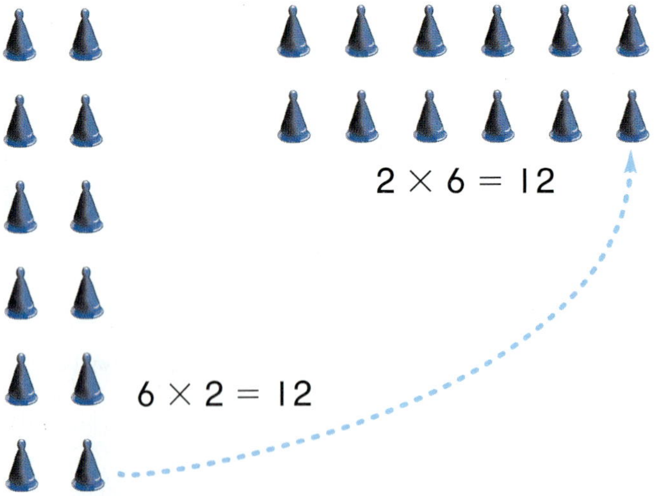

El número total de fichas es el mismo.

Si puedes hacer una multiplicación, también puedes hacerla invirtiendo el orden.

Más Ayuda
ver 93

Si puedes	Entonces también puedes
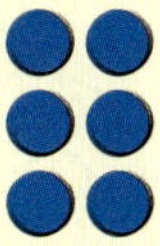 $3 \times 2 = 6$	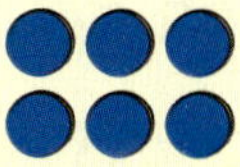 $2 \times 3 = 6$
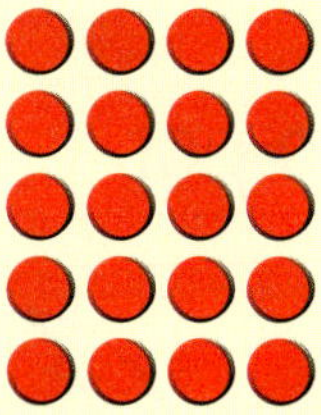 $5 \times 4 = 20$	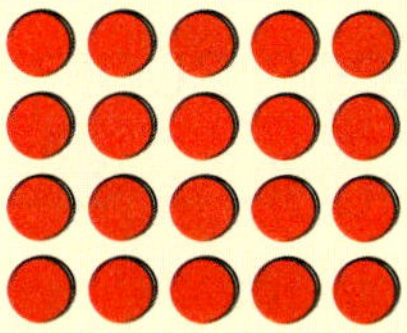 $4 \times 5 = 20$

Los dobles no cambian de orden.

$2 \times 2 = 4$

$3 \times 3 = 9$

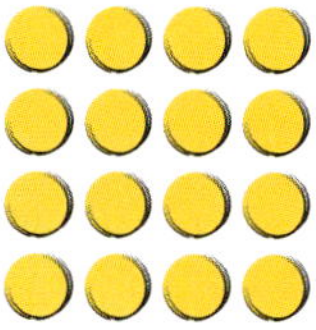

$4 \times 4 = 16$

La matriz de un doble siempre es un cuadrado.

Multiplica por 1

- Cuando multiplicas 1 por cualquier número, el número sigue igual.

Más Ayuda ver 263

$$3 \times 1 = ■$$

Piensa 3 grupos de 1 pajarito

Escribe $3 \times 1 = 3$

Di *Tres por uno igual tres.*

- Cuando multiplicas cualquier número por 1, el número sigue igual.

$$1 \times 3 = ■$$

Piensa 1 grupo de 3 pajaritos

Escribe $1 \times 3 = 3$

Di *Uno por tres igual tres.*

Multiplica por 0

Más Ayuda ver 263

- Cuando multiplicas 0 por cualquier número, el producto es 0.

$3 \times 0 =$ ■

Piensa 3 grupos de 0 pajaritos

Escribe $3 \times 0 = 0$

Di *Tres por cero igual cero.*

- Cuando multiplicas cualquier número por 0, el producto es 0.

$0 \times 3 =$ ■

Piensa 0 grupos de 3 pajaritos

Escribe $0 \times 3 = 0$

Di *Cero por tres igual cero.*

Usar una tabla de multiplicar

Puedes buscar productos en una tabla de multiplicar. Esta tabla también te muestra un dibujo de cada operación.

Más Ayuda
ver 93

El segundo factor es el número de la columna.

El primer factor es el número de la hilera.

X	1	2	3
1	1 × 1 = 1	1 × 2 = 2	1 × 3 = 3
2	2 × 1 = 2	2 × 2 = 4	2 × 3 = 6
3	3 × 1 = 3	3 × 2 = 6	3 × 3 = 9

EJEMPLO 4 × 6 = ■

1. Busca la hilera del 4.
2. Busca la columna del 6.
3. El producto es el número que está donde se encuentran la hilera y la columna.

×	1	2	3	4	5	6	7
1	1	2	3	4	5	6	7
2	2	4	6	8	10	12	14
3	3	6	9	12	15	18	21
4	4	8	12	16	20	24	28
5	5	10	15	20	25	30	35

★ **RESPUESTA** 4 × 6 = 24

División

Cuando tienes un grupo de cosas, puedes **dividirlo** en grupos más pequeños. Esto se llama **división.**

Estas son algunas razones para hacer una **división.**

- Puedes dividir para hallar el número en cada grupo.

6 juguetes.

2 niños se los reparten por igual.

Divide **6** por **2**.

A cada niño le corresponden **3** juguetes.

- Puedes dividir para hallar el número de grupos.

12 flores.

Pon **4** flores en cada ramo.

Divide **12** por **4**.

Hay **3** ramos de **4** flores.

¿Cuántos en cada grupo?

Puedes usar fichas o hacer un dibujo para averiguar cuántos hay en cada grupo.

EJEMPLO Hay 8 bolitas para repartir entre 4 niños. ¿Cuántas bolitas le corresponden a cada niño?

Una forma Representa el problema con fichas.

Otra forma Haz un dibujo.

★ **RESPUESTA** A cada niño le corresponden 2 bolitas.

¿Cuántos grupos?

Puedes usar fichas o hacer un dibujo para averiguar cuántos grupos.

EJEMPLO Tienes 12 globos. ¿Cuántos grupos de 3 puedes formar?

Una forma Usa fichas.

Muestra 12 fichas. Colócalas en grupos de 3.

Otra forma Haz un dibujo.

Dibuja 12 globos.

Dibuja las cuerdas para formar grupos de 3.

★ **RESPUESTA** Puedes formar 4 grupos de 3 globos.

Enunciados de división

EJEMPLO Hay 15 fichas. Divídelas en grupos de 3. ¿Cuántos grupos puedes formar?

Puedes escribir una división de dos formas.

Escribe $15 \div 3 = 5$ ó $\begin{array}{r}5\\3\overline{)15}\end{array}$

Di *Quince dividido por tres igual cinco.*

★ **RESPUESTA** Puedes formar 5 grupos de 3.

¡Atención!

Tienes que dividir en grupos iguales.

Cada grupo tiene que tener el mismo número.

- Divide 8 fichas en 4 grupos.

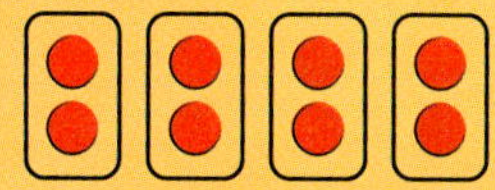

Cada grupo tiene 2 fichas.

A veces sobran.

- Divide 9 fichas en 4 grupos.

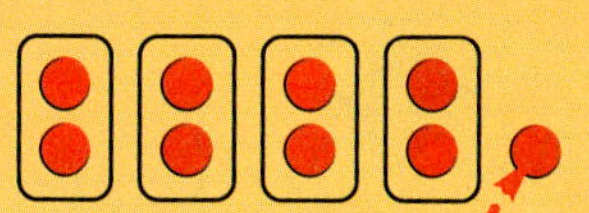

Cada grupo tiene 2 fichas

Sobra 1 ficha.

Suma y resta con números grandes

Puedes hacer ejercicios como 49 + 9 y 80 + 10 mentalmente. Para ejercicios más difíciles, puedes usar una calculadora. Pero si no tienes calculadora, necesitas alguna manera de sumar y restar números.

114 Matemáticas mentales

Hay muchas formas de sumar y restar mentalmente. Ensaya estas estrategias de **matemáticas mentales.** Luego, usa la que funcione mejor.

Sumar mentalmente

Ya sabes sumar números mentalmente como 2 + 2. También puedes aprender a sumar números más grandes.

Suma decenas

EJEMPLO 40 + 20 = ■

Una forma Piensa en operaciones de suma.

Más Ayuda ver 56

Si sabes	Entonces también sabes
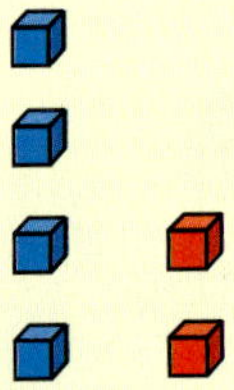	
4 + 2 = 6	4 decenas + 2 decenas = 6 decenas

6 decenas es 60.

Otra forma

Usa una tabla de cien.

Empieza en 40

Baja dos hileras para *sumar* dos decenas.

1	2	3	4	5	6	7	8	9	10
11	12	13	14	15	16	17	18	19	20
21	22	23	24	25	26	27	28	29	30
31	32	33	34	35	36	37	38	39	40
41	42	43	44	45	46	47	48	49	50
51	52	53	54	55	56	57	58	59	60
61	62	63	64	65	66	67	68	69	70
71	72	73	74	75	76	77	78	79	80

+ 1 decena

+ 2 decenas

Más Ayuda ver 8, 61

Cuando bajas 1 hilera, sumas 1 decena: 10.
Cuando bajas 2 hileras, sumas 2 decenas: 20.
Lo puedes mostrar con flechas.
40 ↓ significa 40 + 10, ó 50.
40 ↓ ↓ significa 40 + 20, ó 60.

Otra forma

No siempre necesitas usar un tabla.
Sólo cuenta decenas.

Empieza en 40. Cuenta 2 decenas más.
40 50, 60

★ **RESPUESTA** 40 + 20 = 60

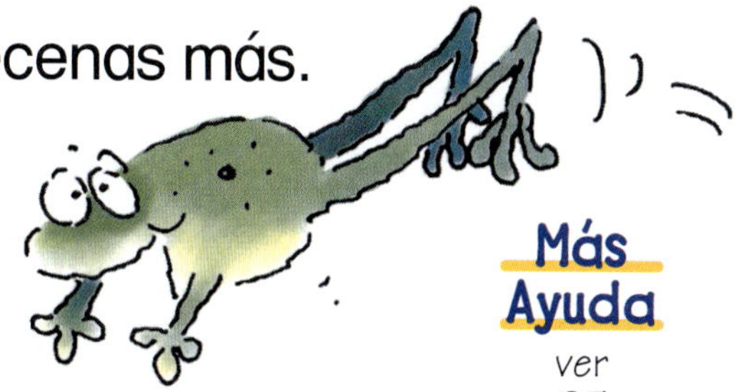

Más Ayuda ver 97

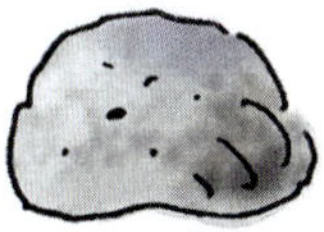

Suma decenas con decenas y unidades

EJEMPLO 14 + 30 = ■

Una forma Cuenta por decenas.

Más Ayuda ver 60–61

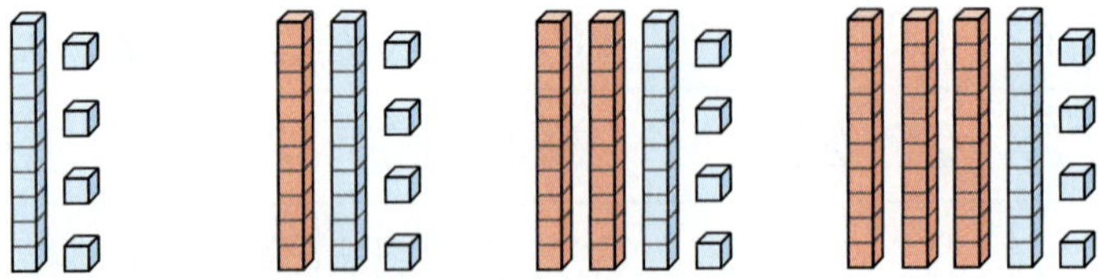

Piensa 14 → 24 → 34 → 44

+ 10 + 10 + 10

Otra forma Cuenta en una tabla de cien.

11	12	13	14
21	22	23	24
31	32	33	34
41	42	43	44

+ 1 decena

+ 2 decenas

+ 3 decenas

Otra forma Descompón los sumandos.

Piensa 14 es 1 decena 4 unidades.

30 es 3 decenas.

Suma las decenas. 10 + 30 = 40

Suma las unidades y las decenas.

40 + 4 = 44

★ **RESPUESTA** 14 + 30 = 44

Suma unidades con decenas y unidades

Más Ayuda ver 60–61

Para sumar números pequeños, puedes contar por unidades.

EJEMPLO Beth tenía 38 escarabajos. Luego encontró 3 más. ¿Cuántos escarabajos tiene ahora?

Piensa 38 + 3 = ■

Una forma Cuenta por unidades

Piensa 38 39 40 41

+ 1 + 1 + 1

Otra forma Usa una tabla de cien.

Comienza en 38

Muévete tres pasos a la *derecha* para *sumar* 3 unidades.

31	32	33	34	35	36	37	38	39	40
41	42	43	44	45	46	47	48	49	50

Cuando te mueves 3 pasos a la derecha, sumas 3. Puedes usar flechas para mostrarlo. 38 → → → significa 38 + 3, ó 41.

Cuando te mueves de 40 a 41, tienes que pasar a la siguiente hilera. Sigues moviéndote a la derecha, pero comenzaste otra decena.

★ **RESPUESTA** Ahora Beth tiene 41 escarabajos.

Suma centenas

Puedes sumar centenas.

EJEMPLO 200 + 300 = ■

Si sabes	Entonces también sabes
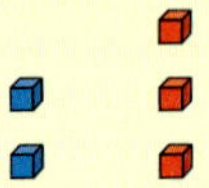 2 + 3 = 5	 2 centenas + 3 centenas = 5 centenas

★ **RESPUESTA** 200 + 300 = 500

Más Ayuda ver 20–21, 116

Suma centenas con centenas, decenas y unidades

Cuando sumas centenas, piensa en modelos.

EJEMPLO 1 132 + 200 = ■

Cuenta hacia adelante por centenas desde 132.

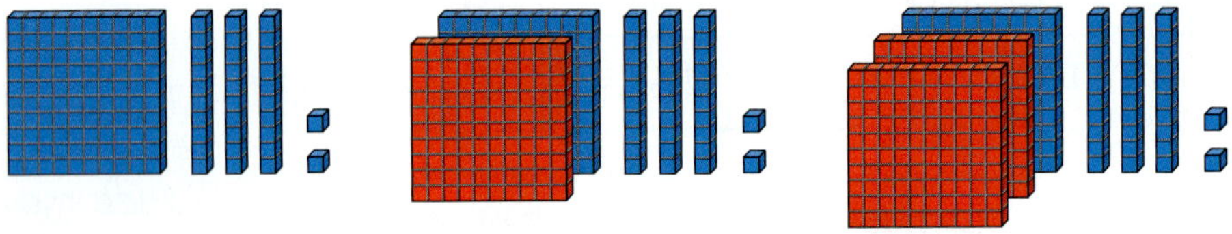

Piensa 132 → 232 → 332

(+ 100, + 100)

★ **RESPUESTA** 132 + 200 = 332

EJEMPLO 2 400 + 539 = ■

Más Ayuda ver 58

400 + 539 y 539 + 400
suman lo mismo.

Cuenta hacia adelante por centenas desde 539.

Piensa 539 → 639 → 739 → 839 → 939
(+ 100, + 100, + 100, + 100)

★ **RESPUESTA** 400 + 539 = 939

EJEMPLO 3 300 + 46 = ■

Más Ayuda ver 21

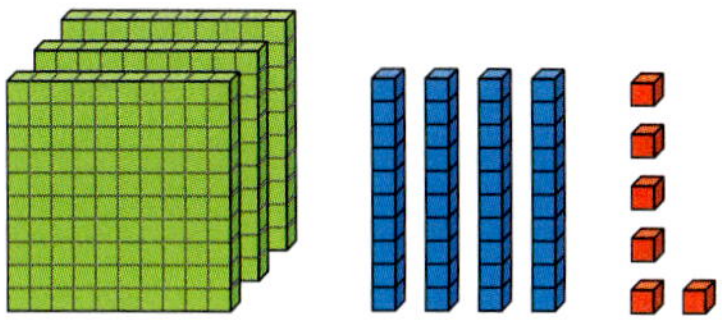

Piensa 300 + 40 + 6 = 346

A veces puedes "leer" la suma
en los sumandos:
300 + 46
trescientos cuarenta y seis

★ **RESPUESTA** 300 + 46 = 346

Restar mentalmente

Puedes restar 4 − 2 mentalmente. También puedes restar números más grandes mentalmente.

Resta decenas

EJEMPLO 50 − 20 = ■

Una forma Piensa en operaciones de resta.

Más Ayuda ver 74

Si sabes	Entonces también sabes
 5 − 2 = 3	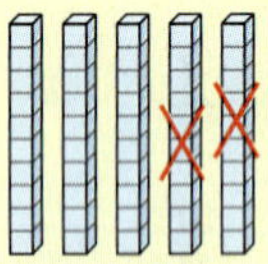 5 decenas − 2 decenas = 3 decenas

Otra forma Usa una tabla de cien.

Empieza en 50

Sube 2 hileras para *restar* 2 decenas.

Más Ayuda ver 8, 61

21	22	23	24	25	26	27	28	29	30
31	32	33	34	35	36	37	38	39	40
41	42	43	44	45	46	47	48	49	50

−2 decenas

−1 decena

★ **RESPUESTA** 50 − 20 = 30

Resta decenas de decenas y unidades

EJEMPLO 47 − 30 = ■

Una forma Cuenta hacia atrás por decenas.

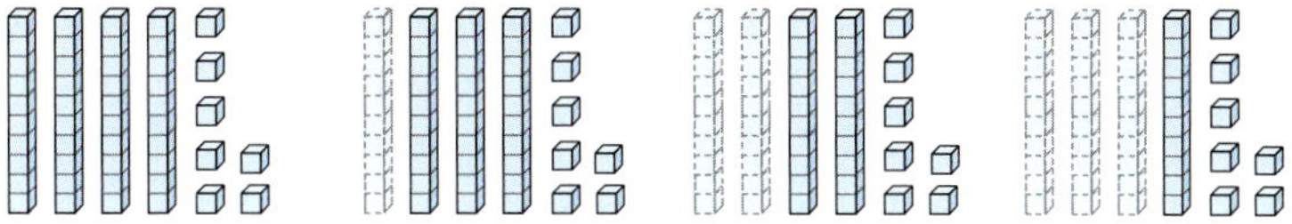

Piensa 47 → 37 → 27 → 17

−10 −10 −10

Otra forma Usa una tabla de cien.

Empieza en 47

Sube 3 hileras para *restar* 3 decenas.

Más Ayuda ver 76

11	12	13	14	15	16	17
21	22	23	24	25	26	27
31	32	33	34	35	36	37
41	42	43	44	45	46	47

−3 decenas
−2 decenas
−1 decena

Cuando subes 1 bloque, restas 1 decena: 10.
Cuando subes 3 bloques, restas 3 decenas: 30.
Puedes usar flechas para mostrarla.
47↑ significa 47 − 10, ó 37.
47 ↑↑↑ significa 47 − 30, ó 17.

★ **RESPUESTA** 47 − 30 = 17

Resta centenas

Puedes restar centenas.

EJEMPLO 1 400 − 300 = ■

Si sabes	Entonces también sabes
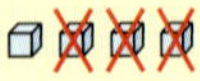 4 − 3 = 1	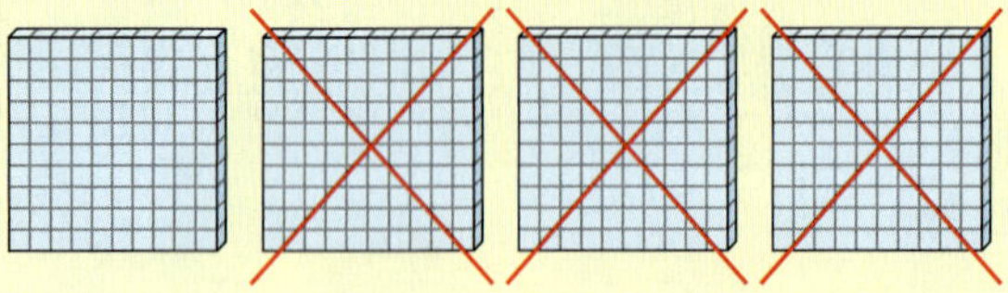 4 centenas − 3 centenas = 1 centena

★ **RESPUESTA** 400 − 300 = 100

EJEMPLO 2 ¿Cuántas latas más de maní vendió Lake School que Valley School?

Latas de maní vendidas

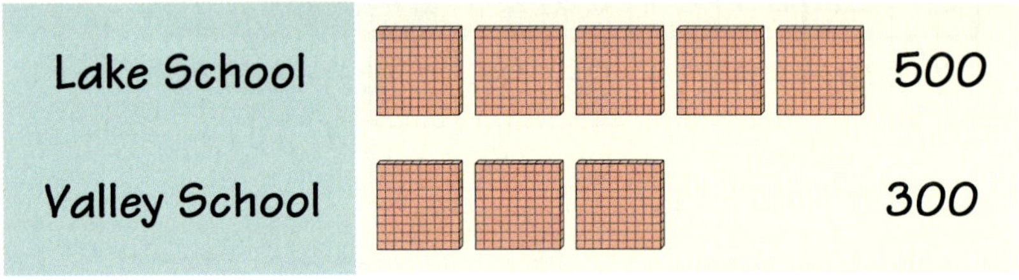

Recuerda que puedes restar para comparar.

Escribe 500 − 300 = ■

Piensa 5 − 3 = 2

5 centenas − 3 centenas = 2 centenas

500 − 300 = 200

Más Ayuda
ver 80–81

★ **RESPUESTA** Lake School vendió 200 latas más.

Resta centenas de centenas, decenas y unidades

EJEMPLO 1 432 − 200 = ■

Puedes contar hacia atrás por centenas.

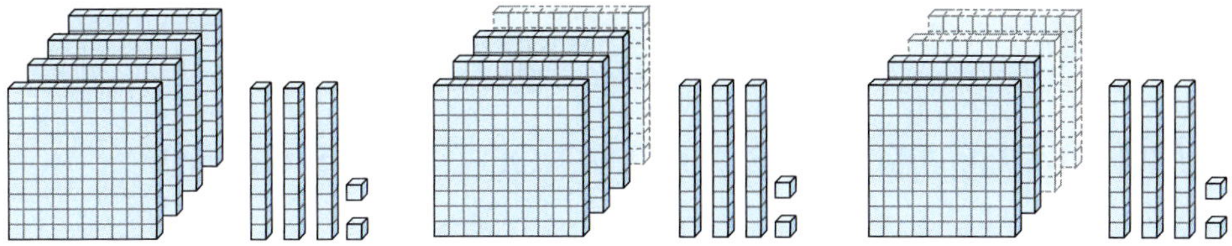

Piensa 432 → 332 → 232
− 100 − 100

★ **RESPUESTA** 432 − 200 = 232

EJEMPLO 2 Los estudiantes de Estabrook School vendieron tarjetas de felicitación. ¿Cuántas tarjetas más vendieron los alumnos de primer grado que los de segundo grado?

Venta de tarjetas en Estabrook School

Grado	Número de cajas
Primer grado	548
Segundo grado	200

Escribe 548 − 200 = ■

Puedes contar hacia atrás por centenas.

548 448, 348 Entonces, 548 − 200 = 348

★ **RESPUESTA** El grado 1 vendió 348 cajas más.

Sumar números de dos y tres dígitos

Puedes seguir un plan paso a paso para sumar números que tienen dos o más dígitos.

Suma decenas y unidades sin reagrupar

Usa lo que sabes sobre valor de posición y operaciones de suma con dos dígitos.

EJEMPLO Amber hizo 24 pastelillos pequeños y 12 pastelillos grandes. ¿Cuántos pastelillos hizo en total?

Para solucionar este problema, suma 24 y 12.

Más Ayuda
ver 12–13

24 es 2 decenas 4 unidades. 12 es 1 decena 2 unidades.

Decenas	Unidades
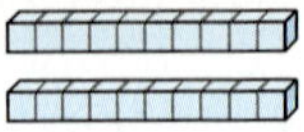	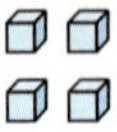

Decenas	Unidades
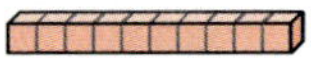	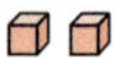

Una forma Usa modelos para hallar la suma

1 Muestra cada sumando.

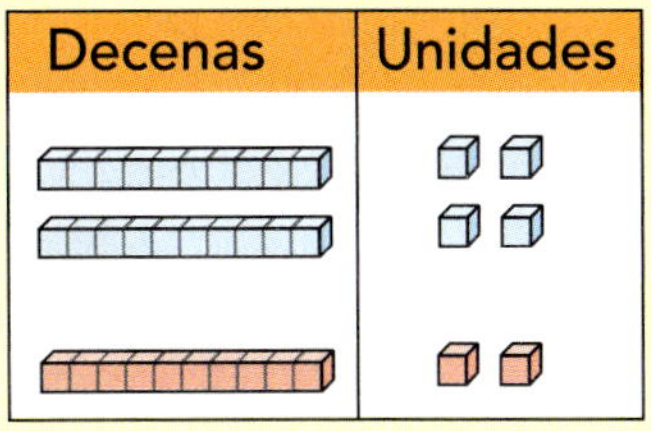

2 Junta las unidades.

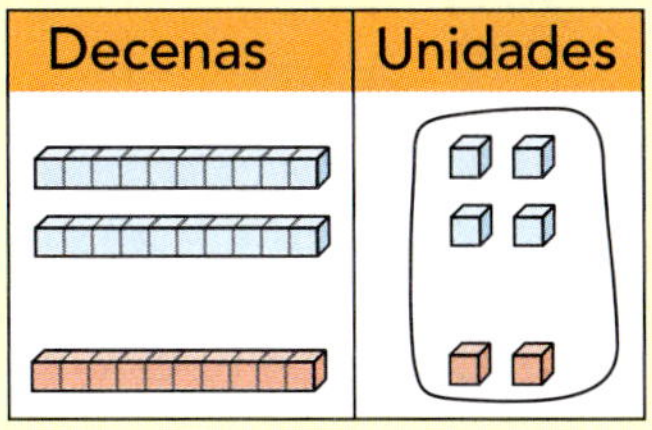

6 unidades

3 Junta las decenas.

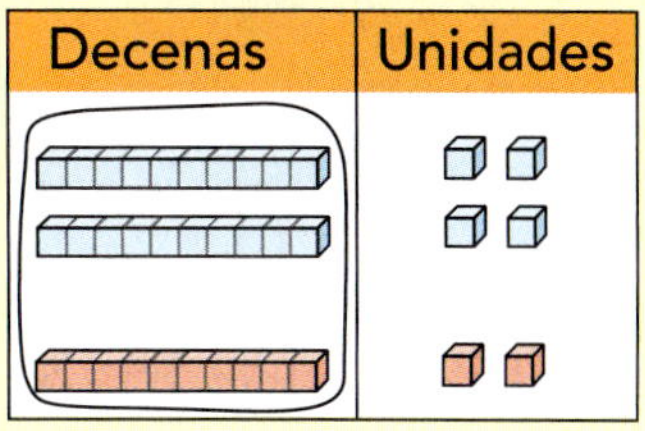

3 decenas

3 decenas 6 unidades = 36

Otra forma Suma los números, una posición a la vez. Empieza con las unidades.

1 Alinea los dígitos.

Decenas	Unidades
2	4
+ 1	2

2 Suma las unidades.

Decenas	Unidades
2	4
+ 1	2
	6

6 unidades

3 Suma las decenas.

Decenas	Unidades
2	4
+ 1	2
3	6

3 decenas

★ **RESPUESTA** Amber hizo 36 pastelillos.

¡Atención!

Alinea las unidades para sumar.

	3	4
+		5
	3	9

Más Ayuda ver 15

Reagrupar unidades como decenas

Más Ayuda
ver 137

A veces cuando sumas unidades, obtienes 10 o más.

Reagrupa 10 unidades como 1 decena.

EJEMPLO 1 Tienes 15 unidades. Reagrupa para obtener menos de 10 unidades.

15 unidades

Regrupa 10 unidades como 1 decena

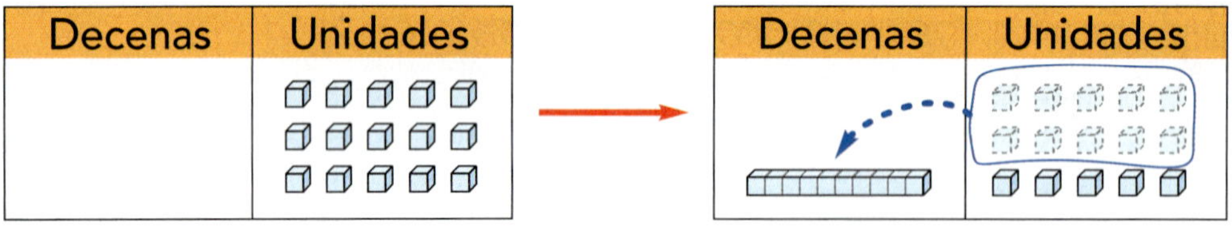

1 decena 5 unidades

★ **RESPUESTA** 1 decena 5 unidades

EJEMPLO 2 Tienes 1 decena 18 unidades. Reagrupa para obtener menos de 10 unidades.

1 decena 18 unidades

Regrupa 10 unidades como 1 decena.

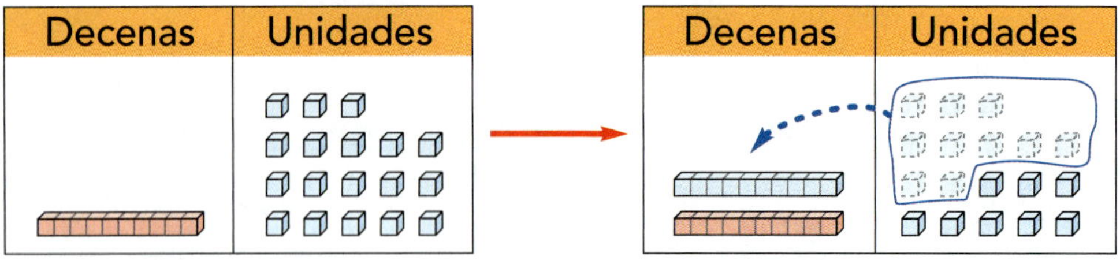

2 decenas 8 unidades

★ **RESPUESTA** 2 decenas 8 unidades.

Sumar decenas y unidades reagrupando unidades

Cuando tienes 10 unidades o más, reagrupa 10 unidades como 1 decena.

Más Ayuda
ver 139

EJEMPLO 1

$$\begin{array}{r} 27 \\ +\,18 \\ \hline \end{array}$$

27 son 2 decenas 7 unidades.
18 son 1 decena 8 unidades.

1 Muestra cada sumando. Junta las unidades.

Tienes más de 10 unidades. Debes reagrupar.

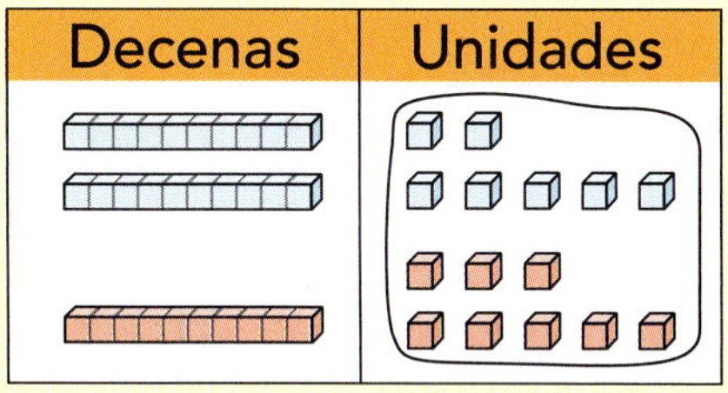

15 unidades

2 Reagrupa.

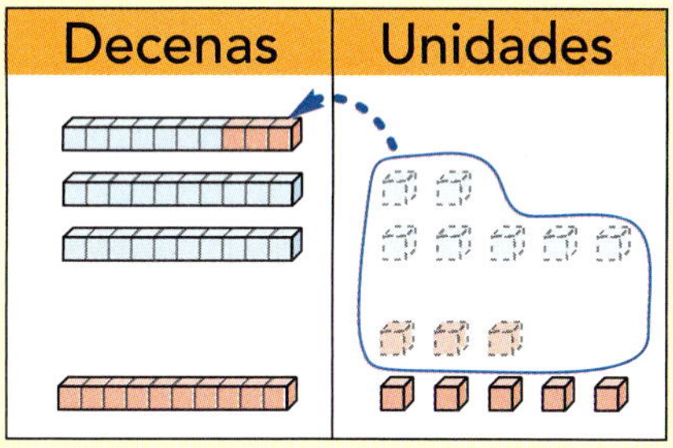

15 unidades = 1 decena 5 unidades

3 Junta las decenas.

Suma la decena nueva con las 3 decenas de los sumandos.

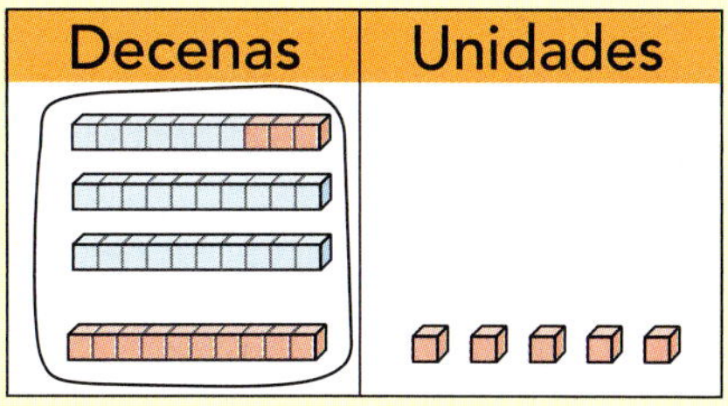

4 decenas

4 decenas 5 unidades = 45

$$\begin{array}{r} 27 \\ +\,18 \\ \hline 45 \end{array}$$

★ **RESPUESTA**

MÁS ▶

MÁS

Sumar decenas y unidades reagrupando unidades

EJEMPLO 2 Clara usó 16 cuentas para hacer una pulsera. Usó 27 cuentas para hacer un collar. ¿Cuántas cuentas usó?

Para solucionar este problema, suma 16 y 27.

1 Alinea los dígitos. Suma las unidades.

Más de 10 unidades. Debes reagrupar.

Decenas	Unidades
1	6
+ 2	7

2 Reagrupa.

Escribe 1 para indicar 1 decena arriba de la columna de las decenas. Escribe 3 para indicar 3 unidades en la suma.

Decenas	Unidades
1	
1	6
+ 2	7
	3

3 Suma las decenas.

Escribe 4 para indicar 4 decenas en la suma.

Decenas	Unidades
1	
1	6
+ 2	7
4	3

★ **RESPUESTA** Clara usó 43 cuentas.

EJEMPLO 3 89 + 9 = ■

1 Alinea los dígitos. Suma las unidades.

Decenas	Unidades
8	9
+	9

18 unidades

Más de 10 unidades. Debes reagrupar.

2 Reagrupa.

Decenas	Unidades
1	
8	9
+	9
	8

1 decena 8 unidades

3 Suma las decenas.

Decenas	Unidades
1	
8	9
+	9
9	8

9 decenas

★ **RESPUESTA** 89 + 9 = 98

¿Lo sabías?

Puedes inventar tus propias reglas para sumar números de dos dígitos. Pero tienen que ser reglas que siempre funcionen.

Más Ayuda ver 114–116

Ensaya este método para sumar 37 + 28. Descompón los sumandos.

- Suma las decenas 30 + 20 = 50
- Suma las unidades. 7 + 8 = 15
- Suma los resultados. 50 + 15 = 65

Por lo tanto, 37 + 28 = 65.

Sumar centenas, decenas y unidades sin reagrupar

EJEMPLO 243 + 105 = ■

Una forma Usa modelos para hallar la suma.

1 Muestra cada sumando.

2 Junta las unidades.

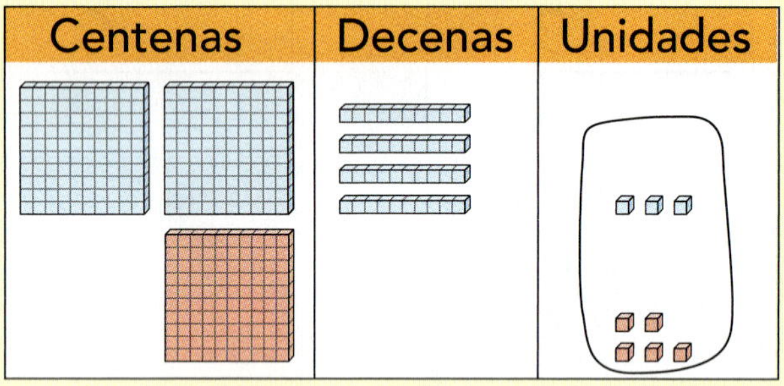

8 unidades

3 Junta las decenas.

No hay decenas en 105. 4 decenas y 0 decenas son 4 decenas.

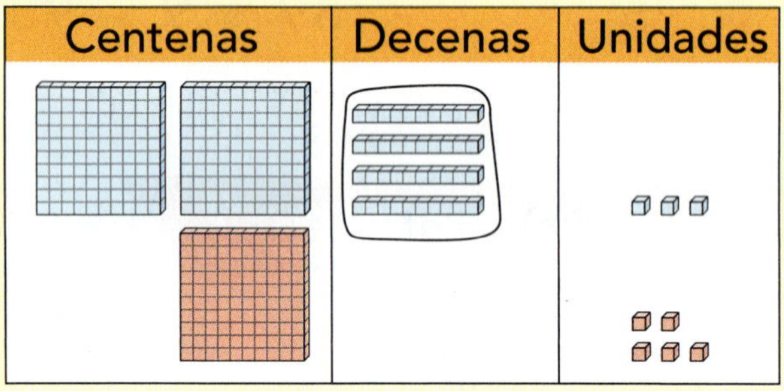

4 decenas

4 Junta las centenas.

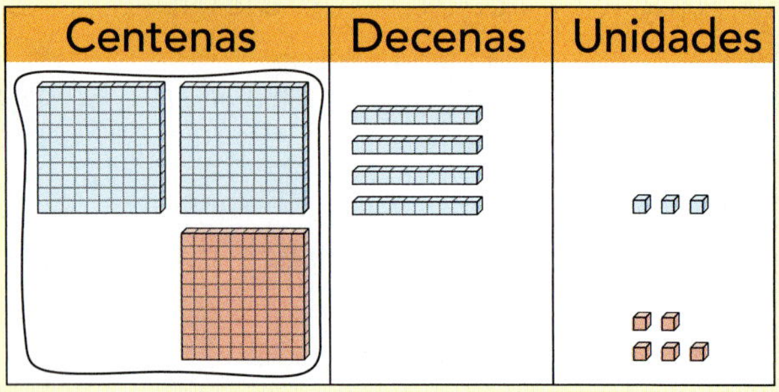

3 centenas

3 centenas 4 decenas 8 unidades = 348

Otra forma Suma los números, una posición a la vez. Empieza con las unidades.

1 Alinea los dígitos.

Centenas	Decenas	Unidades
2	4	3
+ 1	0	5

Alinea las unidades.
Alinea las decenas.
Alinea las centenas.

2 Suma las unidades.

Centenas	Decenas	Unidades
2	4	3
+ 1	0	5
		8

8 unidades

3 Suma las decenas.

Centenas	Decenas	Unidades
2	4	3
+1	0	5
	4	8

4 decenas

4 decenas + 0 decenas siguen siendo 4 decenas.

4 Suma las centenas.

Centenas	Decenas	Unidades
2	4	3
+ 1	0	5
3	4	8

3 centenas

★ **RESPUESTA** 243 + 105 = 348

Sumar centenas, decenas y unidades reagrupando unidades

Más Ayuda
ver 126, 139

A veces obtienes 10 ó más cuando sumas unidades.

EJEMPLO Raz y sus compañeros contaron el número de pajaritos que llegaron al comedero de la escuela el lunes y el martes. ¿Cuántos pajaritos contaron?

Número de pajaritos que llegaron

Lunes	108
Martes	374

Suma 108 y 374.

1 Suma las unidades.

Centenas	Decenas	Unidades
	1	
1	0	8
+ 3	7	4
		2

12 unidades

2 Suma las decenas.

Centenas	Decenas	Unidades
	1	
1	0	8
+ 3	7	4
	8	2

8 decenas

3 Suma las centenas.

Centenas	Decenas	Unidades
	1	
1	0	8
+ 3	7	4
4	8	2

4 centenas

Tienes más de 10 unidades.
Debes reagrupar.
12 unidades = 1 decena 2 unidades

★ **RESPUESTA** Contaron 482 pajaritos.

Reagrupar decenas como centenas

Cuando tienes 10 unidades o más, puedes **reagrupar** 10 *unidades* como 1 *decena*.

Cuando tienes 10 decenas o más, puedes **reagrupar** 10 *decenas* como 1 *centena*.

Más Ayuda ver 126

EJEMPLO Tienes 1 centena 13 decenas 4 unidades. Reagrupa para obtener menos de 10 decenas.

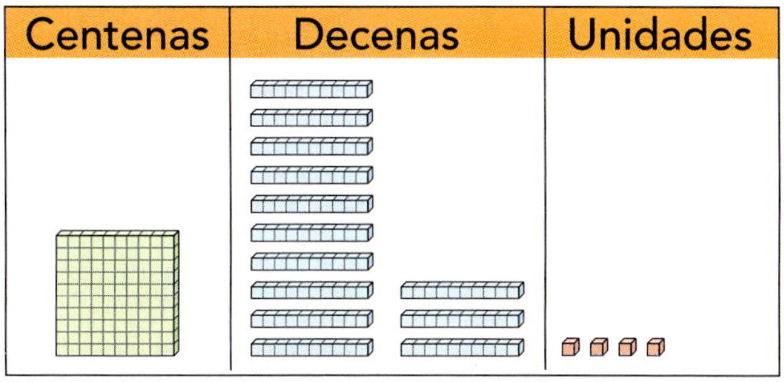

1 centena 13 decenas 4 unidades

Reagrupa 10 decenas como una centena.

Ahora tienes 2 centenas.

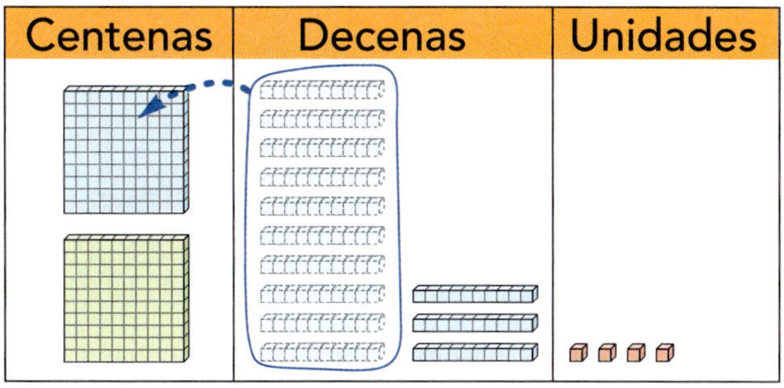

2 centenas 3 decenas 4 unidades

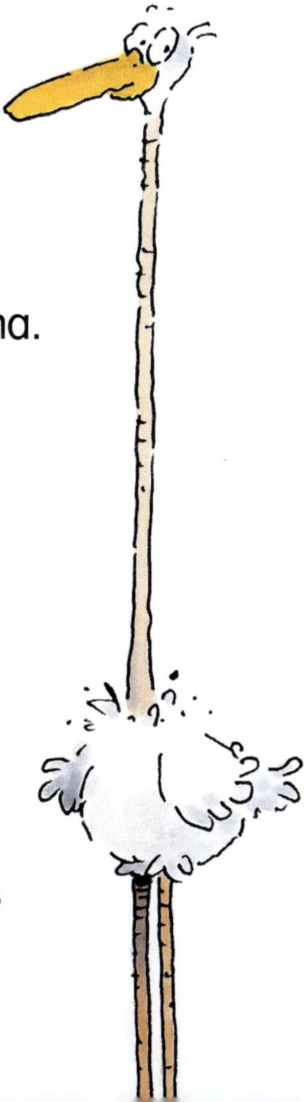

★ **RESPUESTA** 2 centenas 3 decenas 4 unidades.

Sumar reagrupando decenas

Cuando las decenas suman 10 o más, debes reagrupar las decenas como centenas.

EJEMPLO 1 La Asociación de Padres de Bridge School organizó una cena con espagueti. Vendieron boletos para 275 niños y 164 adultos. ¿Cuántos boletos vendieron?

Más Ayuda ver 127, 133

Para solucionar el problema, suma 275 y 164.

275 son 2 centenas 7 decenas 5 unidades.

164 es 1 centena 6 decenas 4 unidades.

1 Muestra cada sumando.

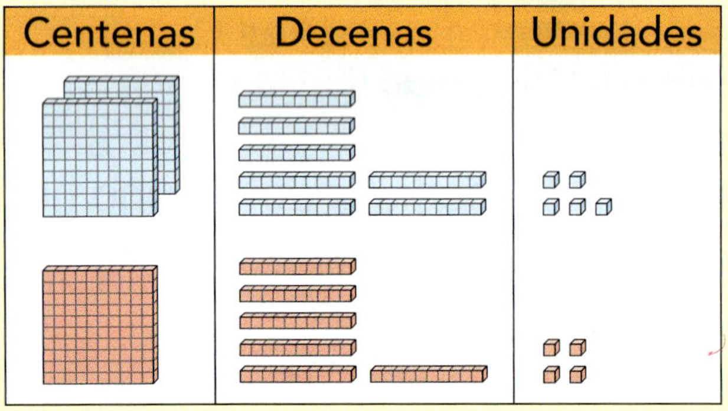

2 Junta las unidades.

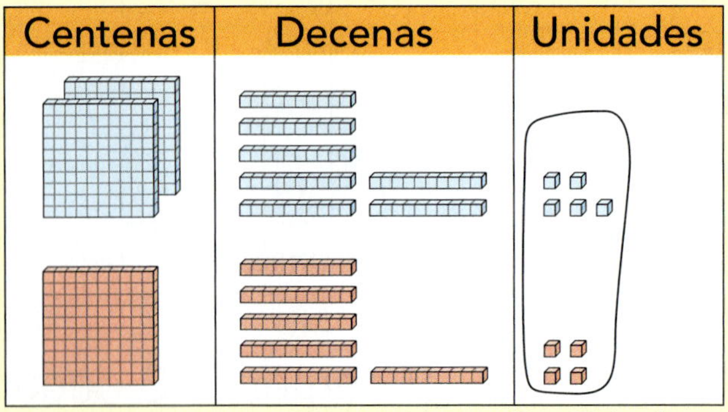

9 unidades

3 Junta las decenas.

Más de 10 decenas. Debes reagrupar.

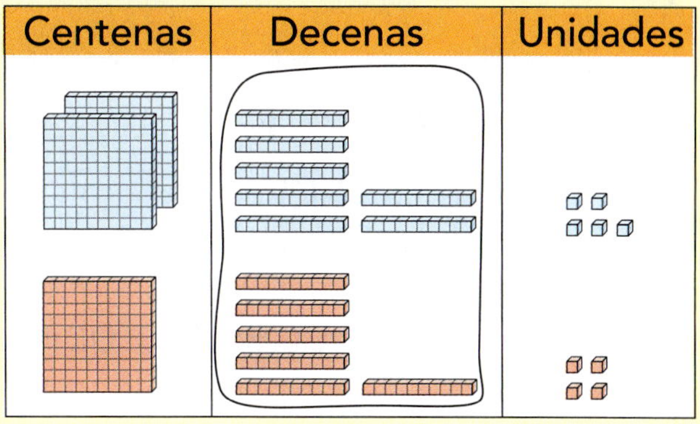

13 decenas

4 Reagrupa.

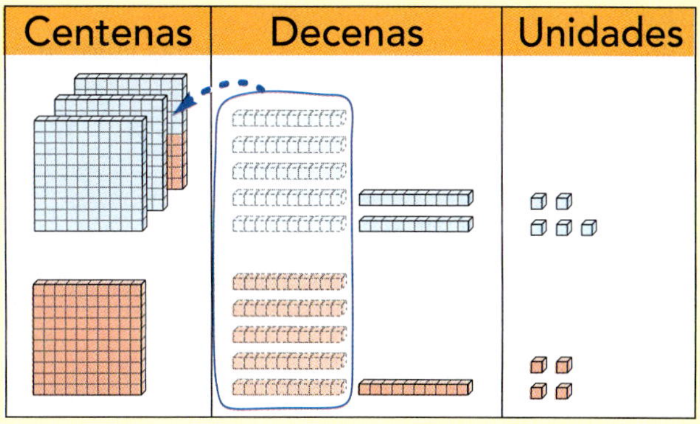

13 decenas = 1 centena 3 decenas

5 Junta las centenas.

Suma la centena nueva con las 3 centenas del sumando.

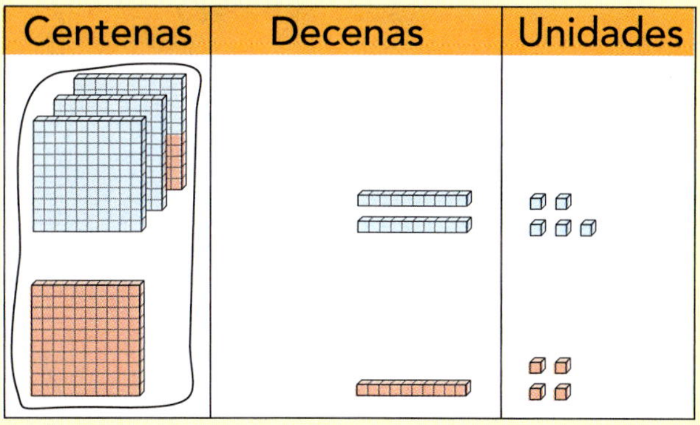

4 centenas

4 centenas 3 decenas 9 unidades = 439

★ **RESPUESTA** La Asociación de Padres vendió 439 boletos.

MÁS ▶

MÁS

Sumar reagrupando decenas

EJEMPLO 2 Chen ayuda en la biblioteca. La semana pasada guardó 571 libros. Esta semana guardó 387 libros. ¿Cuántos libros guardó?

Para solucionar este problema, suma 571 y 387.

1 Alinea los dígitos. Suma las unidades.

Menos de 10 unidades. No necesitas reagrupar.

Centenas	Decenas	Unidades
5	7	1
+ 3	8	7
		8

8 unidades

2 Suma las decenas.

Más de 10 decenas. Debes reagrupar. 15 decenas = 1 centena 5 decenas.

Centenas	Decenas	Unidades
1		
5	7	1
+ 3	8	7
	5	8

15 decenas

3 Suma las centenas.

Centenas	Decenas	Unidades
1		
5	7	1
+ 3	8	7
9	5	8

9 centenas

★ **RESPUESTA** Chen guardó 958 libros.

EJEMPLO 3 84 + 153 = ■

Centenas	Decenas	Unidades
1		
	8	4
+ 1	5	3
2	3	7

El número más pequeño puede estar arriba.

★ **RESPUESTA** 84 + 153 = 237

A veces, los sumandos sólo tienen dos dígitos, ¡pero la suma tiene tres dígitos!

```
  95
+ 31
----
 126
```

9 decenas + 3 decenas = 12 decenas
Reagrupa.
12 decenas = 1 centena 2 decenas

No hay centenas para sumar. Puedes escribir el 1 en la posición de las centenas en la suma.

¿Lo sabías?

Antes, reagrupar en matemáticas se llamaba “llevar.” Llevas el dígito a la siguiente columna.

Sumar reagrupando dos veces

EJEMPLO 1 75 + 78 = ■

Más Ayuda ver 126, 133, 137

1 Suma las unidades.

Decenas	Unidades
1	
7	5
+ 7	8
	3

Reagrupa.

13 unidades = 1 decena 3 unidades

2 Suma las decenas.

Centenas	Decenas	Unidades
	1	
	7	5
+	7	8
1	5	3

Reagrupa.

15 decenas = 1 centena 5 decenas

★ **RESPUESTA** 75 + 78 = 153

EJEMPLO 2 109 + 596 = ■

No dejes que los ceros te engañen.

1 Suma las unidades.

Centenas	Decenas	Unidades
	1	
1	0	9
+ 5	9	6
		5

Reagrupa.

15 unidades = 1 decena 5 unidades

2 Suma las decenas.

Centenas	Decenas	Unidades
1	1	
1	0	9
+ 5	9	6
	0	5

Reagrupa.

10 decenas = 1 centena 0 decenas

3 Suma las centenas.

Centenas	Decenas	Unidades
1	1	
1	0	9
+ 5	9	6
7	0	5

7 centenas

★ **RESPUESTA** 109 + 596 = 705

¡Atención!

Al sumar, reagrupa sólo cuando sea necesario.

Reagrupa sólo cuando los dígitos en una columna suman 10 ó más.

Aquí reagrupas una vez.	Aquí reagrupas dos veces.	Aquí no reagrupas.
$\begin{array}{r} ^{1} \\ 183 \\ +\,245 \\ \hline 428 \end{array}$	$\begin{array}{r} ^{1\,1} \\ 365 \\ +\,238 \\ \hline 603 \end{array}$	$\begin{array}{r} 406 \\ +\,152 \\ \hline 558 \end{array}$
12 decenas	13 unidades 10 decenas	

Verificar la suma.

Es bueno verificar tus sumas para ver si están correctas.

EJEMPLO ¿Está correcta la suma de Eduardo?

Una forma Cambia el orden

Más Ayuda ver 58

$$\begin{array}{r} ^{1} \\ 201 \\ +\ 549 \\ \hline 750 \end{array}$$

1 + 9 = 10 unidades → Reagrupa.
1 + 4 = 5 decenas → No reagrupes.
2 + 5 = 7 centenas

Otra forma Descompón los sumandos.

Más Ayuda ver 116

$$\begin{array}{r} 549 \\ +\ 201 \\ \hline 750 \end{array}$$

Suma las centenas. 500 + 200 = 700
Suma las decenas y las unidades. 49 + 1 = 50
Suma los dos resultados. 700 + 50 = 750

★ **RESPUESTA** La suma de Eduardo, 850, *no* es correcta. Debe ser 750.

¿Ves el error en la suma? Eduardo reagrupó 5 decenas como 1 centena 5 decenas.

Sumar en columnas

Más Ayuda
ver 70, 262

Recuerda que puedes sumar en cualquier orden. Busca dobles y otras operaciones fáciles.

EJEMPLO 38 + 4 + 42 = ■

① Alinea los dígitos.	② Suma las unidades.	③ Suma las decenas.
$\begin{array}{r} 38 \\ 4 \\ +\ 42 \\ \hline \end{array}$	$\begin{array}{r} {}^{1} \\ 38 \\ 4 \\ +\ 42 \\ \hline 4 \end{array}$	$\begin{array}{r} {}^{1} \\ 38 \\ 4 \\ +\ 42 \\ \hline 84 \end{array}$

Busca decenas.
8 + 2 = 10
10 + 4 = 14 unidades
Reagrupa.

Piensa.
1 + 3 = 4
4 + 4 = 8

★ **RESPUESTA** 38 + 4 + 42 = 84

¡Atención!

Cuando sumes, ten cuidado al reagrupar.

Puede haber más de una decena cuando reagrupas unidades.

$$\begin{array}{r} {}^{2} \\ 29 \\ 18 \\ +\ 37 \\ \hline 84 \end{array}$$

Suma las unidades.
9 + 8 + 7 = 24

Reagrupa 24 unidades como 2 decenas 4 unidades.

Restar números de dos y tres dígitos

Puedes seguir un plan paso a paso para restar números que tienen dos o más dígitos.

Resta decenas y unidades sin reagrupar

Usa lo que sabes sobre valor de posición y operaciones de resta para restar números de dos dígitos.

EJEMPLO Nicole infló 27 globos. 14 globos se reventaron. ¿Cuántos globos le quedaron?

Para solucionar este problema, resta 14 de 27.

Empieza con 2 decenas 7 unidades.

Resta 1 decena 4 unidades

Una forma Usa modelos para hallar la diferencia

1 Muestra el primer número.

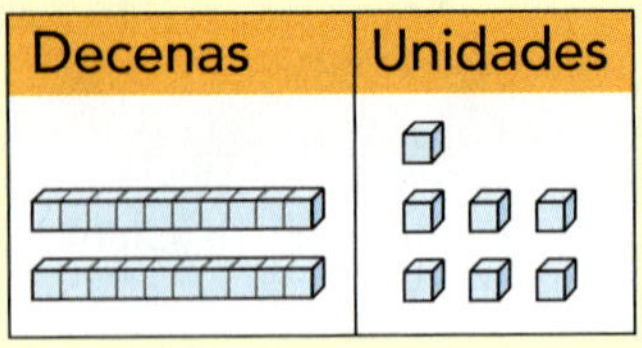

2 Resta las unidades.

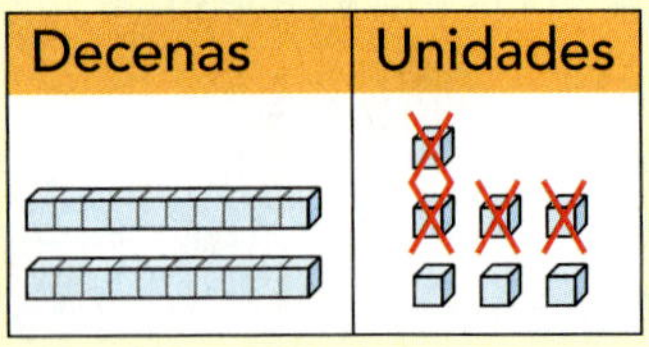

Quedan 3 unidades.

3 Resta las decenas.

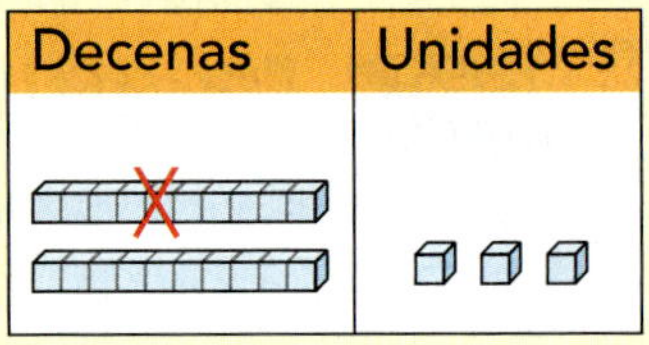

Queda una decena.

1 decena 3 unidades = 13

Otra forma Resta los números, una posición a la vez.
Empieza con las unidades.

1 Alinea los dígitos.

Decenas	Unidades
2	7
− 1	4

2 Resta las unidades.

Decenas	Unidades
2	7
− 1	4
	3

Quedan 3 unidades.

3 Resta las decenas.

Decenas	Unidades
2	7
− 1	4
1	3

Queda una decena.

★ **RESPUESTA** A Nicole le quedan 13 globos.

¡Atención!

Alínea las unidades para restar.

48 − 5 = ■

Puedes usar papel cuadriculado como ayuda.

Más Ayuda ver 15

	4	8
−		5
	4	3

4 decenas 8 unidades

ninguna decena 5 unidades.

Reagrupar decenas como unidades

Cuando no hay suficientes unidades para restar, puedes **reagrupar** 1 decena como 10 unidades.

EJEMPLO 1 Tienes 2 decenas 3 unidades. Reagrupa 1 decena para obtener más unidades.

Más Ayuda ver 126

Decenas	Unidades
2	3

Decenas	Unidades
1 ~~2~~	13 ~~3~~

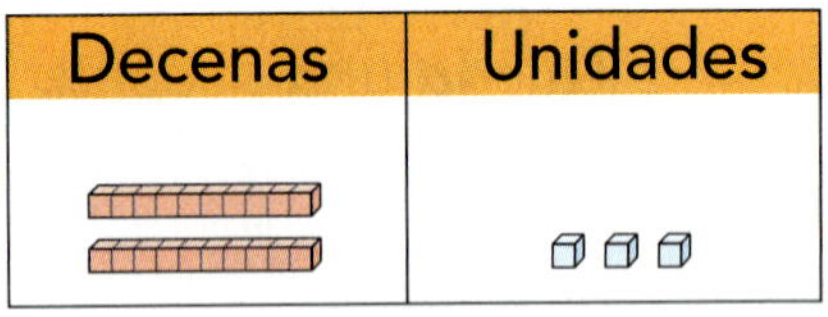

2 decenas 3 unidades

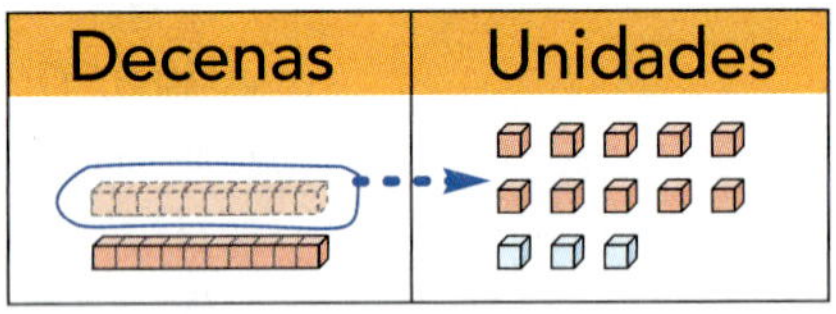

1 decena 13 unidades

★ **RESPUESTA** 1 decena 13 unidades.

EJEMPLO 2 Tienes 5 decenas 0 unidades. Reagrupa 1 decena para obtener más unidades.

Decenas	Unidades
5	0

Decenas	Unidades
4 ~~5~~	10 ~~0~~

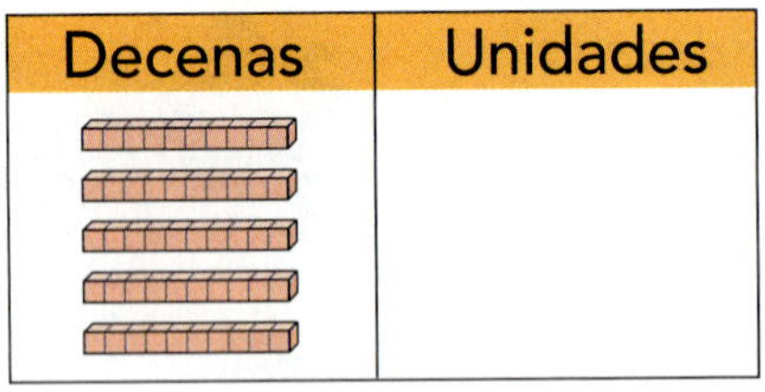

5 decenas 0 unidades

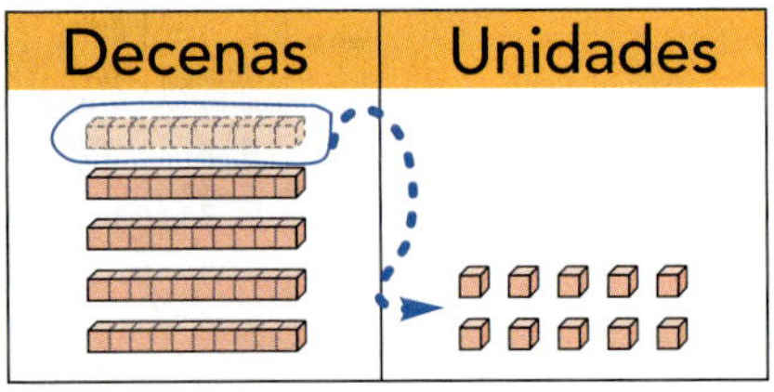

4 decenas 10 unidades

★ **RESPUESTA** 4 decenas 10 unidades

Restar decenas y unidades reagrupando decenas

A veces tienes que restar más unidades de las que tienes. Reagrupa 1 decena como 10 unidades.

EJEMPLO 1 35 − 17 = ■

Empieza con 3 decenas 5 unidades.
Resta 1 decena 7 unidades.

1 No hay suficientes unidades para restar. Reagrupa una decena.

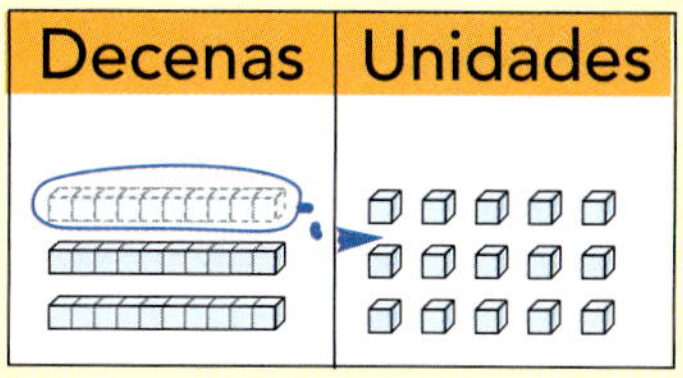

3 decenas 5 unidades = 2 decenas 15 unidades

2 Resta las unidades.

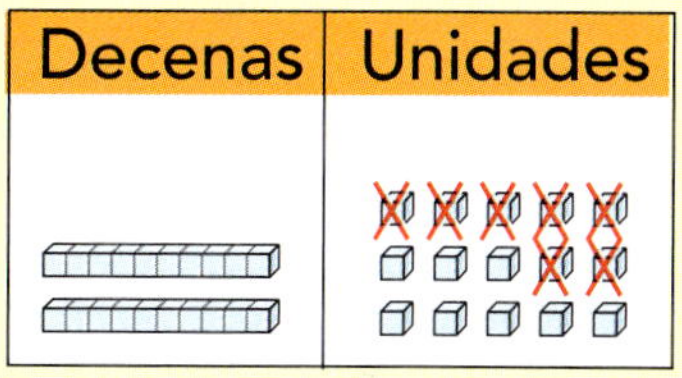

Quedan 8 unidades

3 Resta las decenas.

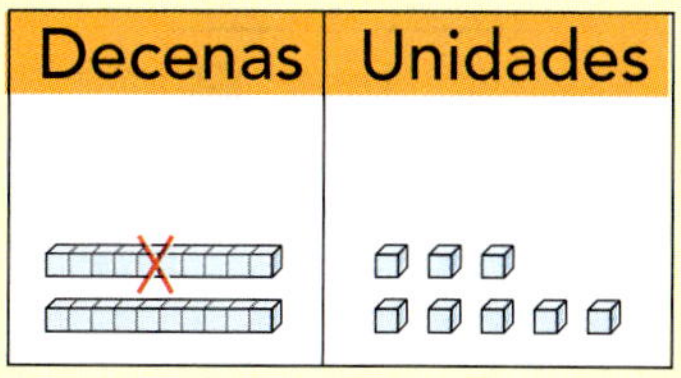

Queda 1 decena

1 decena 8 unidades = 18

★ **RESPUESTA** 35 − 17 = 18.

MÁS ▶

MÁS

Restar decenas y unidades reagrupando decenas

EJEMPLO 2 34 − 16 = ■

1 Alinea los dígitos. No hay suficientes unidades para restar 6. Debes reagrupar.

Decenas	Unidades
2	14
~~3~~	~~4~~
− 1	6

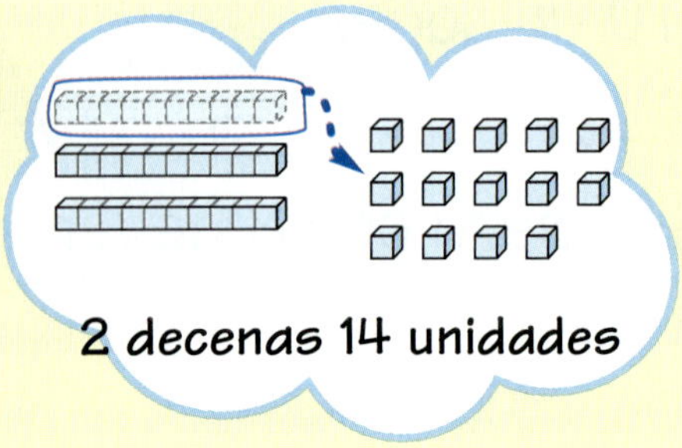

2 Resta las unidades.

Decenas	Unidades
2	14
~~3~~	~~4~~
− 1	6
	8

3 Resta las decenas.

Decenas	Unidades
2	14
~~3~~	~~4~~
− 1	6
1	8

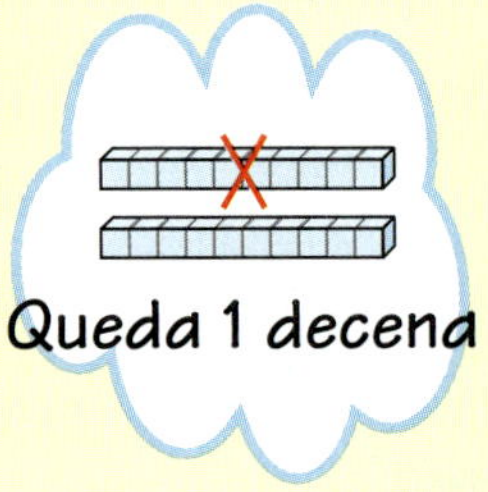

★ **RESPUESTA** 34 − 16 = 18

EJEMPLO 3 David Shannon escribió un libro que se publicó en dos idiomas. Busca los números que faltan en este cuadro.

Más Ayuda
ver 74, 84–85

Biblioteca Media Luna

Título	Prestado
Duck on a Bike Versión en inglés © 2002. Nueva York	34 veces
Pato va en Bici Versión en español © 2002. Editorial Juventud, Barcelona.	■ veces
Total para ambas versiones	62 veces

Piensa 34 + ■ = 62 ó también
62 − 34 = ■

Resta para encontrar la parte que falta.

1 No hay suficientes unidades para restar 4. Debes reagrupar.

Decenas	Unidades
5	12
~~6~~	~~2~~
− 3	4

5 decenas 12 unidades

2 Resta las unidades.

Decenas	Unidades
5	12
~~6~~	~~2~~
− 3	4
	8

8 unidades

3 Resta las decenas.

Decenas	Unidades
5	12
~~6~~	~~2~~
− 3	4
2	8

2 decenas

★ **RESPUESTA** El número que falta es 28.

Restar centenas, decenas y unidades sin reagrupar

EJEMPLO 428 − 103 = ■

Más Ayuda
ver 114–116

1 Muestra el primer número.

2 Resta las unidades.

103 tiene 3 unidades.

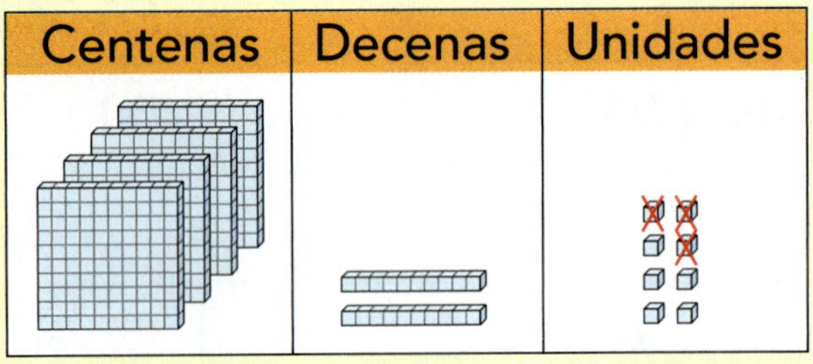

Quedan 5 unidades

3 Resta las decenas.

103 tiene 0 decenas. No hay decenas para restar.

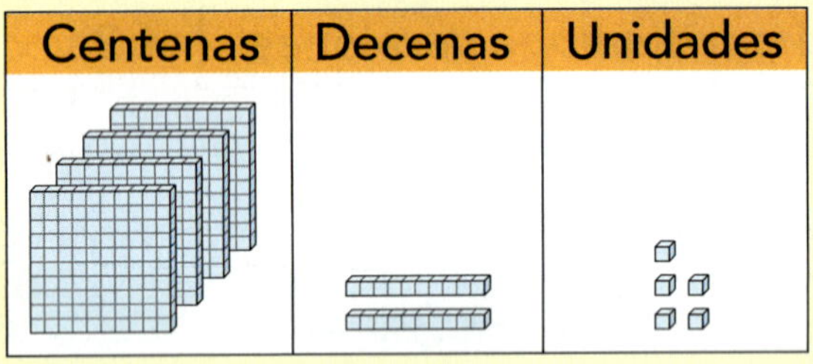

2 decenas

4 Resta las centenas.

103 tiene 1 centena.

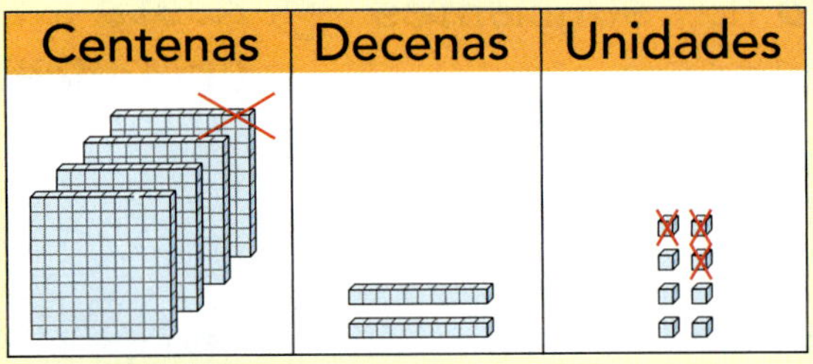

Quedan 3 centenas

3 centenas 2 decenas 5 unidades = 325

★ **RESPUESTA** 428 − 103 = 325

EJEMPLO 2 Los niños de segundo grado hicieron 297 tarjetas para vender. El primer día vendieron 65 tarjetas. ¿Cuántas tarjetas quedaron?

Resta. 297 − 65 = ■

1 Alinea los dígitos.

2 Resta las unidades.

Centenas	Decenas	Unidades
2	9	7
−	6	5
		2

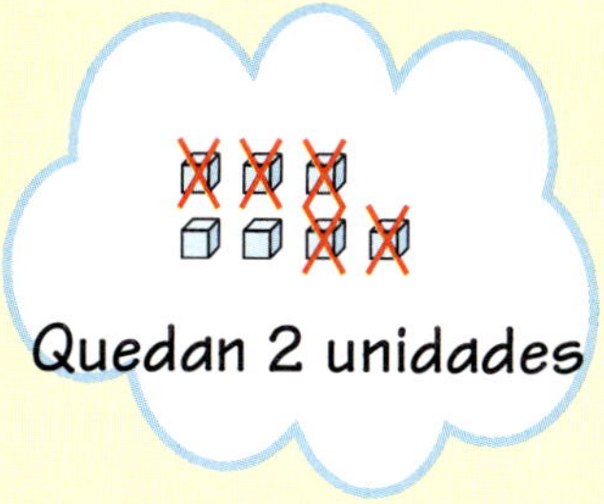

3 Resta las decenas.

Centenas	Decenas	Unidades
2	9	7
−	6	5
	3	2

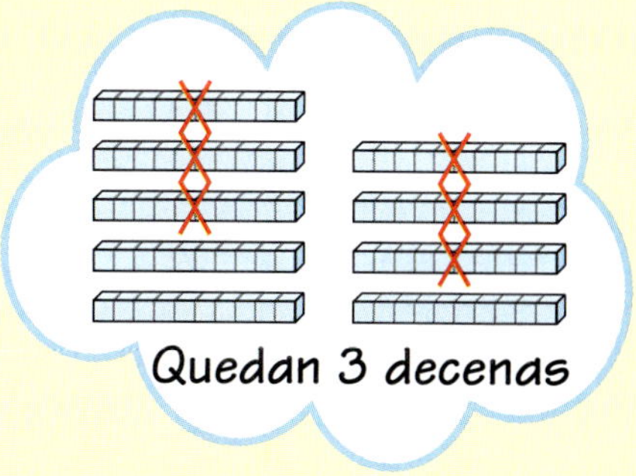

4 Resta las centenas.

No hay centenas para restar.
2 − 0 = 2

Centenas	Decenas	Unidades
2	9	7
−	6	5
2	3	2

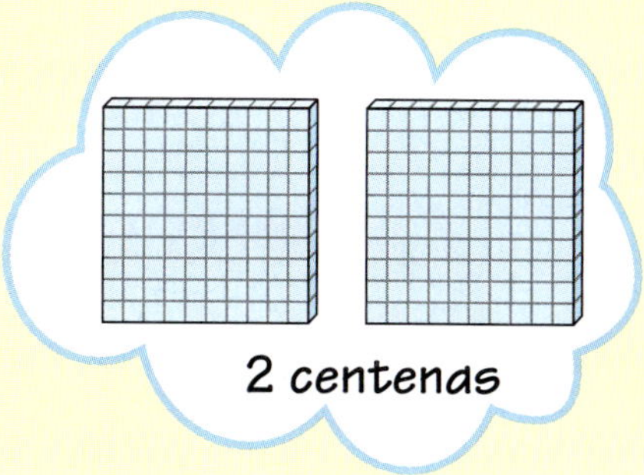

★ **RESPUESTA** Les quedaron 232 tarjetas.

¡Es más rápido restar que contar todas las tarjetas que quedan!

Restar centenas, decenas y unidades reagrupando decenas.

Más Ayuda
ver 144, 155

A veces tienes que restar más unidades de las que tienes. Reagrupa 1 decena como 10 unidades.

EJEMPLO 1 481 − 157 = ■

1 No hay suficientes unidades. Reagrupa una decena. Resta las unidades.

Centenas	Decenas	Unidades
	7	11
4	~~8~~	~~1~~
− 1	5	7
		4

4 unidades

2 Resta las decenas.

Centenas	Decenas	Unidades
	7	11
4	~~8~~	~~1~~
− 1	5	7
	2	4

2 decenas

3 Resta las centenas.

Centenas	Decenas	Unidades
	7	11
4	~~8~~	~~1~~
− 1	5	7
3	2	4

3 centenas

★ **RESPUESTA** 481 − 157 = 324

EJEMPLO 2 540 − 231 = ■

Más Ayuda
ver 22

Centenas	Decenas	Unidades
	3	10
5	~~4~~	~~0~~
− 2	3	1
3	0	9

★ **RESPUESTA** 540 − 231 = 309

Reagrupar centenas como decenas

Más Ayuda
ver 144

Cuando necesites más *unidades*, puedes **reagrupar** 1 *decena* como 10 *unidades*.

Cuando necesites más *decenas*, puedes **reagrupar** 1 *centena* como 10 *decenas*.

EJEMPLO Tienes 2 centenas 6 decenas 4 unidades.
Reagrupa 1 centena para formar más decenas.

Centenas	Decenas	Unidades
2	6	4

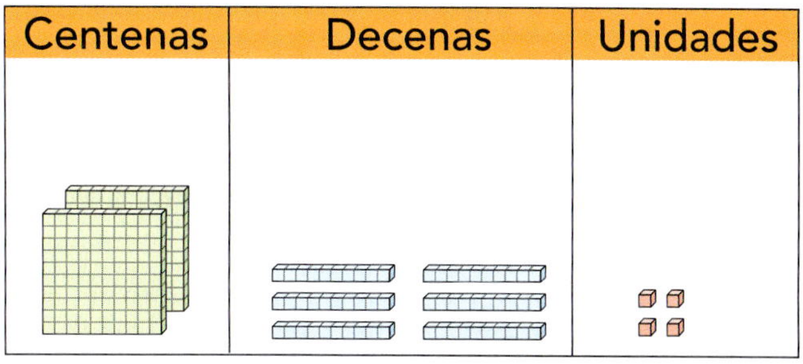

2 centenas 6 decenas 4 unidades

Centenas	Decenas	Unidades
1 ~~2~~	16 ~~6~~	4

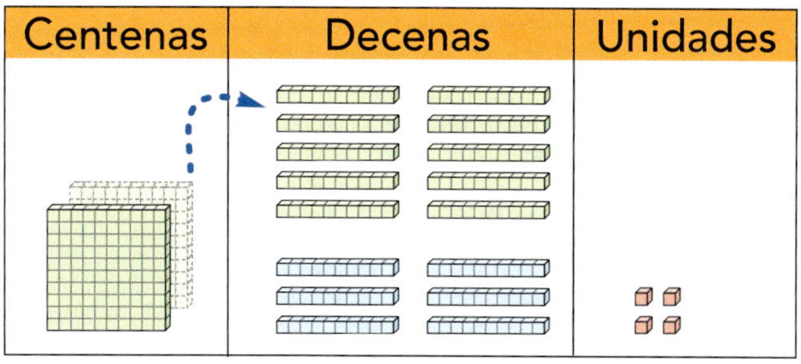

1 centena 16 decenas 4 unidades

★ **RESPUESTA** 1 centena 16 decenas 4 unidades.

Más Ayuda
ver 145, 151

Restar reagrupando centenas

A veces necesitas reagrupar una centena como 10 decenas.

EJEMPLO 428 − 253 = ■

1. Muestra el primer número.
2. Resta las unidades.

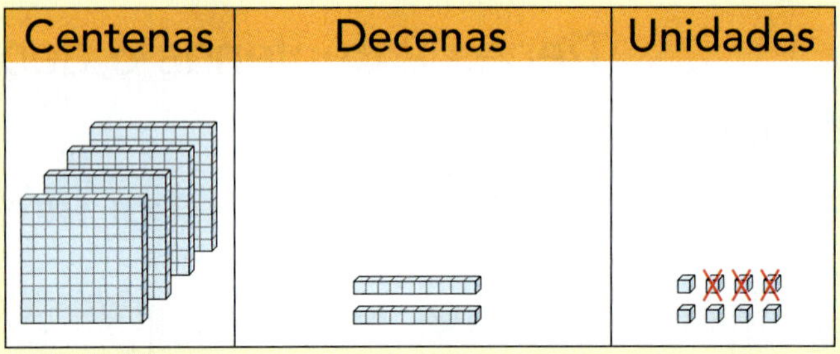

Quedan 5 unidades

3. No hay suficientes decenas.

Reagrupa 1 centena.

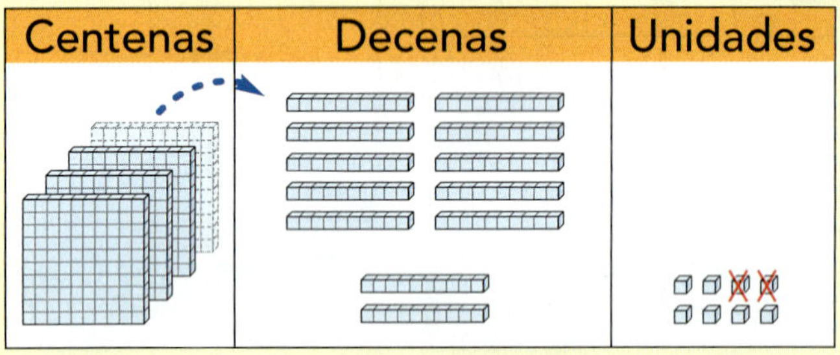

10 decenas y 2 decenas = 12 decenas

4. Resta las decenas.
5. Resta las centenas.

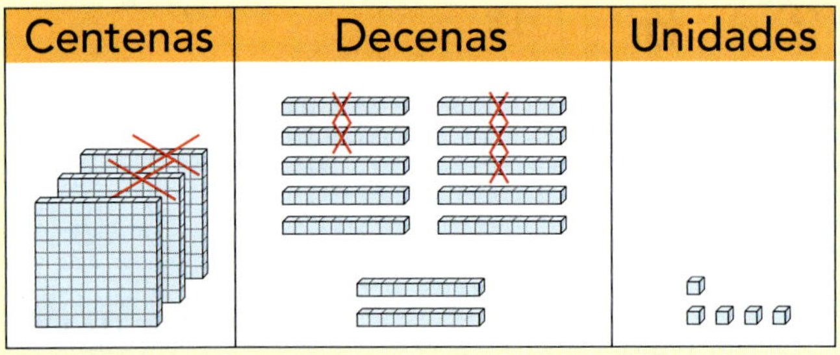

Queda 1 centena   Quedan 7 decenas

1 centena 7 decenas 5 unidades = 175

★ **RESPUESTA** 428 − 253 = 175

EJEMPLO 2 Hua Mei, una panda gigante, pesaba 73 libras en su primer cumpleaños. Ese día, su madre Bai Yun pesaba 249 libras. ¿Cuántas libras menos pesaba Hua Mei que su madre?

Resta para comparar.

249 − 73 = ■

1 Alinea los dígitos. Resta las unidades.	**2** No hay suficientes decenas. Reagrupa 1 centena. Resta las decenas.	**3** Resta las centenas. Puedes bajar la centena.

1

Centenas	Decenas	Unidades
2	4	9
−	7	3
		6

6 unidades

2

Centenas	Decenas	Unidades
1	14	
~~2~~	~~4~~	9
−	7	3
	7	6

7 decenas

3

Centenas	Decenas	Unidades
1	14	
~~2~~	~~4~~	9
−	7	3
1	7	6

1 centena

★ **RESPUESTA** Hua Mei pesaba 176 libras menos que su madre.

Más Ayuda ver 218–219

¿Lo sabías?

Hua Mei pesaba unas 4 onzas cuando nació en el Zoológico de San Diego.

Fuente:sandiegozoo.org/specialo/pandas

Restar reagrupando dos veces

A veces necesitas reagrupar centenas y decenas en el mismo ejercicio.

EJEMPLO 645 − 248 = ■

1 No hay suficientes unidades para restar 8. Reagrupa 1 decena. Resta las unidades.

Centenas	Decenas	Unidades
	3	15
6	~~4~~	~~5~~
− 2	4	8
		7

2 No hay suficientes decenas para restar 4. Reagrupa 1 centena. Resta las decenas.

Centenas	Decenas	Unidades
	13	
5	~~3~~	15
~~6~~	~~4~~	~~5~~
− 2	4	8
	9	7

3 Resta las centenas.

Centenas	Decenas	Unidades
	13	
5	~~3~~	15
~~6~~	~~4~~	~~5~~
− 2	4	8
3	9	7

★ **RESPUESTA** 645 − 248 = 397

¡Atención!

Al restar, debes reagrupar sólo cuando sea necesario.

A veces hay que reagrupar y a veces no.

Al restar, mira los dos dígitos en cada columna. Si el dígito de abajo es mayor que el dígito de arriba, debes reagrupar.

$$\begin{array}{r} {\scriptstyle 7\ 13} \\ 3\not{8}\not{3} \\ -\ 245 \\ \hline 138 \end{array}$$

Aquí reagrupas una vez.

5 es mayor que 3.

$$\begin{array}{r} {\scriptstyle 13} \\ {\scriptstyle 8\ \not{3}\ 15} \\ \not{9}\not{4}\not{5} \\ -\ 687 \\ \hline 258 \end{array}$$

Aquí reagrupas dos veces.

7 es mayor que 5.

8 es mayor que 3.

$$\begin{array}{r} 456 \\ -\ 152 \\ \hline 304 \end{array}$$

Aquí no tienes que reagrupar.

Restar con ceros

A veces necesitas reagrupar decenas, ¡pero no hay decenas! Primero tienes que reagrupar las centenas. Entonces puedes reagrupar las decenas.

EJEMPLO 1 403 − 186 = ■

1. No hay suficientes unidades para restar 6. Necesitas reagrupar 1 decena como 10 unidades. ¡Pero no hay decenas! Reagrupa 1 centena para formar 10 decenas.

Centenas	Decenas	Unidades
3	10	
~~4~~	~~0~~	3
− 1	8	6

2. Ahora reagrupa 1 decena como 10 unidades.

Centenas	Decenas	Unidades
	9	
3	~~10~~	13
~~4~~	~~0~~	~~3~~
− 1	8	6

3. Resta las centenas, las decenas y las unidades.

Centenas	Decenas	Unidades
	9	
3	~~10~~	13
~~4~~	~~0~~	~~3~~
− 1	8	6
2	1	7

★ **RESPUESTA** 403 − 186 = 217

EJEMPLO 2 600 − 359 = ■

Centenas	Decenas	Unidades
	9	
5	~~10~~	10
~~6~~	~~0~~	~~0~~
− 3	5	9
2	4	1

Reagrupa 1 centena como 10 decenas.

Reagrupa 1 decena como 10 unidades.

★ **RESPUESTA** 600 − 359 = 241

Reagrupé 60 decenas como 59 decenas y 10 unidades.

```
 59 10
 600
−359
 241
```

Verificar la resta

Puedes usar una suma para verificar la resta.

EJEMPLO ¿Está correcta la diferencia de Luis?

Lee

```
 831
−263
 568
```

Súmale a la diferencia el número que restaste. Debe salir el número que tenías al principio.

```
 831      568
−263     +263
 568      831
```

★ **RESPUESTA** Sí la diferencia 568 es correcta.

Puedes **estimar** cuando quieres averiguar *aproximadamente* cuántos.

Estimar sumas

Puedes usar lo que sabes sobre redondear para estimar sumas.

EJEMPLO 1 Hay 33 niños de primer grado en el patio. Hay 48 niños de segundo grado en el patio. ¿Aproximadamente cuántos niños hay en el patio?

Redondea para estimar la suma de 33 + 48.

Redondea cada sumando a la decena más cercana.

Más Ayuda ver 40

Puedes usar una recta numérica para redondear.

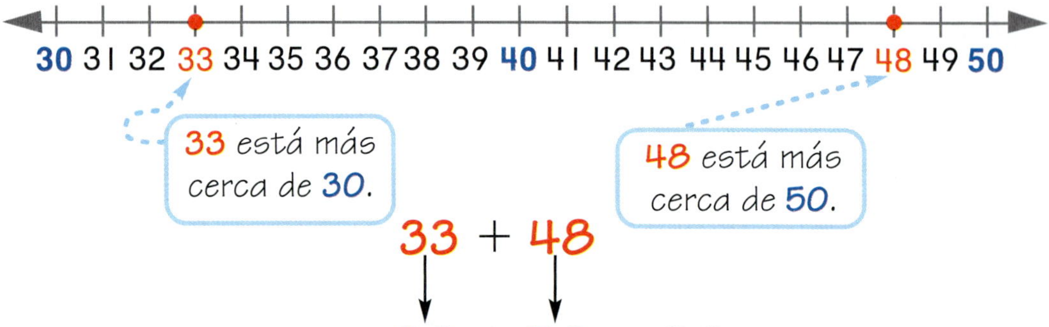

$$33 + 48$$
$$\downarrow \quad \downarrow$$
$$30 + 50 = 80$$

★ **RESPUESTA** Hay aproximadamente 80 niños en el patio.

Puedes estimar una suma de diferentes formas. No siempre obtendrás la misma **estimación.**

Más Ayuda ver 41

EJEMPLO 2 Estima la suma de 428 + 495.

Una forma Redondea cada sumando a la centena más cercana.

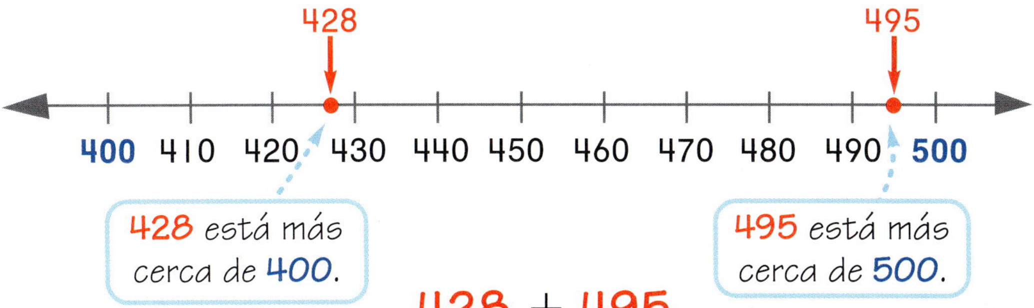

$$428 + 495$$
$$400 + 500 = 900$$

Otra forma Usa los dígitos de la izquierda para estimar.

$$428 + 495$$
$$400 + 400 = 800$$

Deja el primer dígito de la izquierda en cada sumando. Convierte los otros dígitos en ceros.

Este método se llama estimación **por la izquierda.**

Suma real: 923
Cuando redondeas obtienes una estimación más cercana. ¡Pero el método por la izquierda es más rápido!

★ **RESPUESTA** La suma es aproximadamente 800 ó 900.

Estimar diferencias

Puedes redondear para estimar diferencias.

EJEMPLO 1 Chad tenía 57 estampillas. Usó 28 estampillas. ¿Aproximadamente cuántas le quedaron?

Más Ayuda ver 40

Redondea para estimar la diferencia de 57 − 28.

Usa una recta numérica para redondear cada número a la decena más cercana.

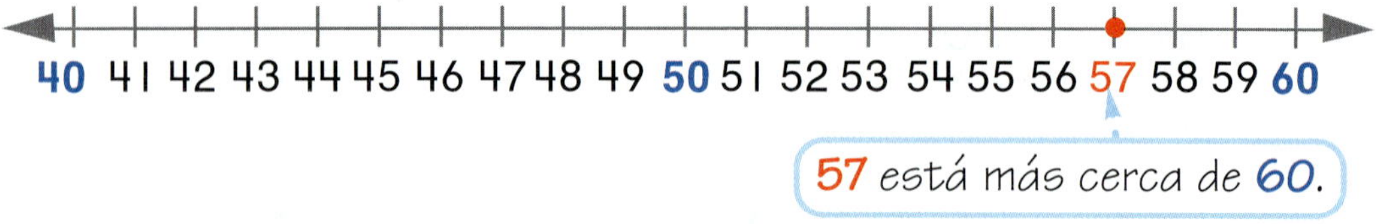

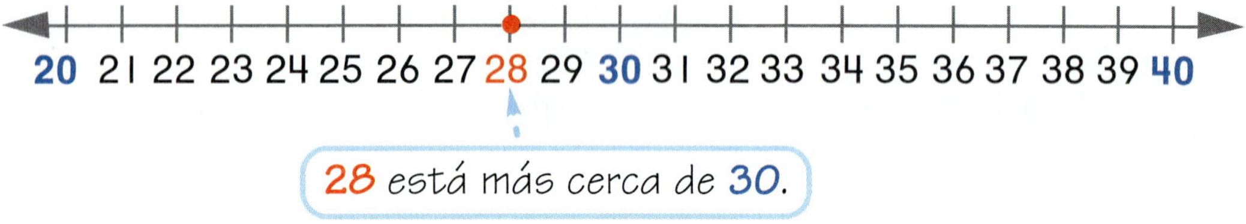

57 − 28

↓ ↓

60 − 30 = 30

★ **RESPUESTA** A Chad le quedaron aproximadamente 30 estampillas.

También puedes estimar una diferencia de otras formas. No siempre obtendrás la misma estimación.

EJEMPLO 2 Estima la diferencia de 787 − 331.

Una forma Redondea cada número a la centena más cercana.

Más Ayuda ver 41

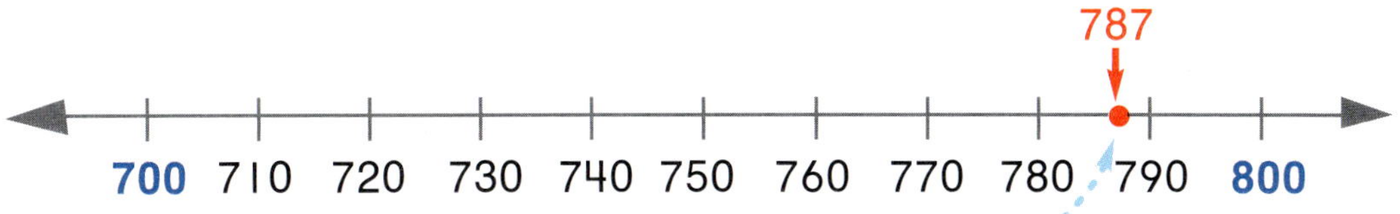

787 está más cerca de 800.

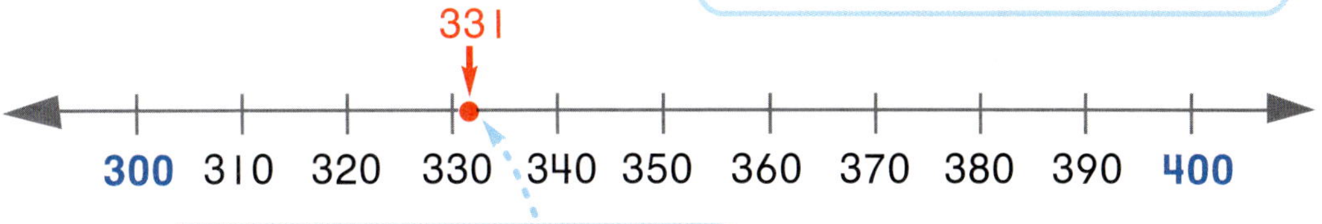

331 está más cerca de 300.

$$787 - 331$$
$$\downarrow \quad \downarrow$$
$$800 - 300 = 500$$

Otra forma Usa los dígitos de la izquierda para estimar.

$$787 - 331$$
$$\downarrow \quad \downarrow$$
$$700 - 300 = 400$$

Deja el primer dígito de la izquierda en cada sumando. Convierte los otros dígitos en ceros.

★ **RESPUESTA** La diferencia es aproximadamente 500 ó 400.

Dinero y tiempo

Usamos los números con dinero. Un juguete cuesta 2 dólares. Tú sólo tienes 75 centavos.

También usamos números para hablar de tiempo. Una película empieza a las 5. Nos demoramos 20 minutos para llegar al teatro.

A veces usamos números para hablar de dinero y de tiempo a la vez, aunque sea por accidente.

Usamos **dinero** para comprar o pagar cosas.

Valor de las monedas y billetes

Las monedas y los billetes de los Estados Unidos tienen valores en **centavos** y en **dólares.**

moneda de 1 centavo  ó  1¢ un centavo	**moneda de 5 centavos**  ó  5¢ cinco centavos

Una moneda de 5 centavos vale lo mismo que 5 monedas de 1 centavo.

moneda de diez centavos  ó  10¢ diez centavos	**moneda de 25 centavos**  ó  25¢ veinticinco centavos

medio dólar

ó

50¢

cincuenta centavos

dólar

ó

$1.00

un dólar

Un dólar vale 100¢. Vale lo mismo que 100 monedas de 1 centavo.

Escribe dólares y centavos

Escribe 28¢ o $0.28

signo centavos · signo dólares · punto decimal

Cuando uses el signo centavos, no uses el signo dólares ni el punto decimal.

Di *veintiocho centavos*

Escribe $1.35

Para el punto decimal di **con**.

Di *un dólar con treinta y cinco centavos*

Escribe $3.04

Di *tres dólares con cuatro centavos*

¿Lo sabías?

También hay una moneda que vale un dólar.

Contar dinero

Puedes **contar saltado** y **contar hacia adelante** para averiguar el valor de un grupo de monedas.

Cuenta monedas de diez, de 5 ó de 1 centavo

EJEMPLO 1 ¿Cuánto valen 6 monedas de diez centavos?

1 moneda de diez centavos = 10¢, entonces puedes contar saltado de diez en diez.

★ **RESPUESTA** 60¢ ó $0.60

EJEMPLO 2 ¿Cuánto valen 6 monedas de 5 centavos?

1 moneda de 5 centavos = 5¢, entonces puedes contar saltado de cinco en cinco.

★ **RESPUESTA** 30¢ ó $0.30

1 una moneda de 1 centavo = 1¢, entonces 6 monedas de 1 centavo = 6¢.

EJEMPLO 3 ¿Cuánto valen 6 monedas de 1 centavo?

★ **RESPUESTA** 6¢ ó $0.06

Cuenta hacia adelante con monedas de 1 centavo

Más Ayuda
ver 60, 97

EJEMPLO 1 ¿Cuánto valen estas monedas?

Cuenta saltado de cinco en cinco. Luego cuenta unidades.

5¢ 10¢ 15¢ 16¢ 17¢ 18¢

★ **RESPUESTA** 18¢ ó $0.18

EJEMPLO 2 ¿Cuánto valen estas monedas?

Cuenta saltado de diez en diez. Luego cuenta unidades.

10¢ 20¢ 30¢ 40¢ 41¢ 42¢

★ **RESPUESTA** 42¢ ó $0.42

EJEMPLO 3 ¿Cuánto valen estas monedas?

Cuenta saltado de diez en diez. Suma cinco. Luego cuenta unidades.

10¢ 20¢ 25¢ 26¢ 27¢

★ **RESPUESTA** 27¢ ó $0.27

Cuenta monedas de 25 centavos

Cuatro monedas de 25 centavos valen un dólar. Una moneda de 25 centavos es un cuarto de dólar. Dos monedas de 25 centavos valen medio dólar.

Más Ayuda ver 43, 46–47

EJEMPLO ¿Cuánto valen 6 monedas de 25 centavos?

Puedes contar saltado de 25 en 25.

100¢ = $1.00 150¢ = $1.50

Más Ayuda ver 165

Recuerda que dólares y centavos se escriben con un signo dólares y un punto decimal.

Esto es un dólar con cincuenta centavos.

★ **RESPUESTA** 6 monedas de 25 centavos valen $1.50.

¿Lo sabías?

La serie 50 Quarters™ va de 1999 a 2008. Entonces cada estado tendrá su propia moneda de 25 centavos.

Fuente: usmint.gov/mint_programs

Cuenta hacia delante desde 25 centavos

EJEMPLO 1 ¿Cuánto valen 1 moneda de 25 centavos y 2 monedas de diez centavos?

Más Ayuda ver 60, 97

Puedes contar desde 25¢ de cinco en cinco, de diez en diez o por unidades.

★ **RESPUESTA** 45¢ ó $0.45

EJEMPLO 2 ¿Cuánto valen 1 moneda de 25 centavos y 3 monedas de 5 centavos?

★ **RESPUESTA** 40¢ ó $0.40

EJEMPLO 3 ¿Cuánto valen 1 moneda de 25 centavos y 3 monedas de 1 centavo?

★ **RESPUESTA** 28¢ ó $0.28

Cuenta grupos mixtos de monedas

Cuando cuentas monedas, es más fácil empezar con las monedas que valen más.

EJEMPLO 1 ¿Cuánto valen 2 monedas de diez centavos, 1 de 25 y 2 de 5?

Más Ayuda
ver 166–167, 169

Piensa Empieza a contar con la moneda de 25 centavos.

★ **RESPUESTA** 55¢ ó $0.55

EJEMPLO 2 Carlos encontró 3 monedas de 5 centavos, 1 una moneda de 1 centavo y 2 monedas de diez centavos en un bolsillo. ¿Cuánto dinero encontró?

Piensa Empieza con las monedas de diez.

★ **RESPUESTA** Encontró 36¢ ó $0.36.

EJEMPLO 3 ¿Cuánto valen estas monedas?

Puedes poner las monedas en orden para que sea más fácil contarlas.

Más Ayuda
ver 166–167, 169

Cuenta de diez en diez. Cuenta de cinco en cinco. Cuenta por unidades.

25¢ 35¢ 40¢ 45¢ 46¢ 47¢ 48¢ 49¢ 50¢

★ **RESPUESTA** 50¢ ó $0.50

EJEMPLO 4 Un lápiz cuesta 26¢. Muestra un grupo de monedas que puedas usar para pagar el lápiz.

Una forma Usa las monedas que quieras.

También hay otros grupos de monedas. Puedes usar 5 monedas de 5 centavos y una de 1 centavo, ó 26 monedas de 1 centavo.

Otra forma Usa el menor número de monedas.

Cuenta billetes y monedas

EJEMPLO 1 ¿Cuánto dinero hay en esta billetera?

Más Ayuda ver 164–169

Piensa Cuenta los dólares. $1, $2, $3

Cuenta las monedas. 25¢ 50¢ 60¢

Escribe $3.60

Habla *tres dólares con sesenta centavos*

★ **RESPUESTA** Hay $3.60 en la billetera.

¿Lo sabías?

Hay otros billetes de los Estados Unidos.

EJEMPLO 2 ¿Cuánto dinero hay aquí?

1 Cuenta los billetes de una dólar.	\$1.00 \$1.00 \$2.00
2 Agrupa las monedas para formar dólares.	25¢ 25¢ 25¢ 25¢ 4 monedas de 25 = \$1.00 10¢ 10¢ 10¢ 10¢ 10¢ 10¢ 10¢ 10¢ 10¢ 10¢ 10 monedas de diez = \$1.00
3 Cuentas las otras monedas.	1¢ 1¢ 1¢ 3 monedas de 1 centavo = \$0.03
4 Cuenta para encontrar la cantidad total.	\$2.00 \$3.00 \$4.00 \$4.03 +\$1.00 +\$1.00 +\$0.03

★ **RESPUESTA** Hay \$4.03.

Más Ayuda
ver 127–129

Sumar dinero

Puedes sumar dinero lo mismo que sumas números de dos y tres dígitos.

EJEMPLO 1 ¿Cuál es el costo total de estos dos juguetes?

Usa monedas de diez y 1 centavo como modelos.

1 Alinea los dígitos. Suma las monedas de 1 centavo. Más de 10 monedas de 1 centavo. Debes reagrupar.	39¢ + 45¢	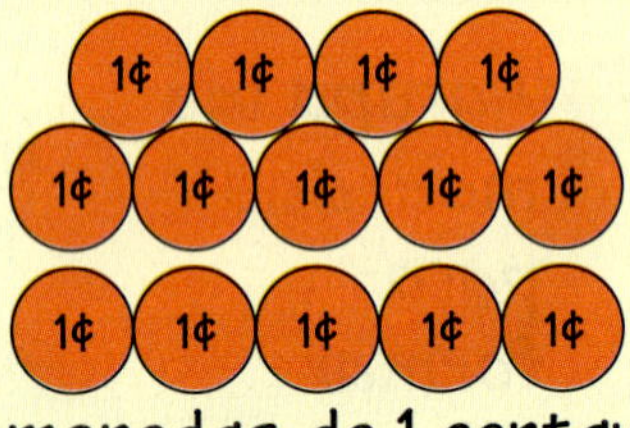 14 monedas de 1 centavo
2 Reagrupa 10 monedas de 1 centavo como una moneda de diez centavos.	1 39¢ + 45¢ 4	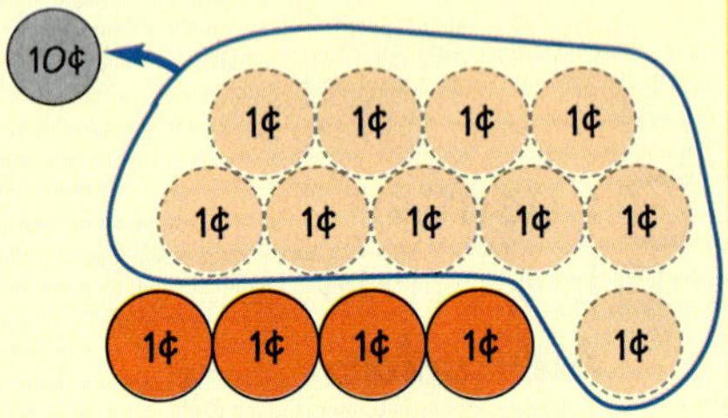 1 moneda de 10 4 monedas de 1 centavo
3 Suma las monedas de diez centavos.	1 39¢ + 45¢ 84¢	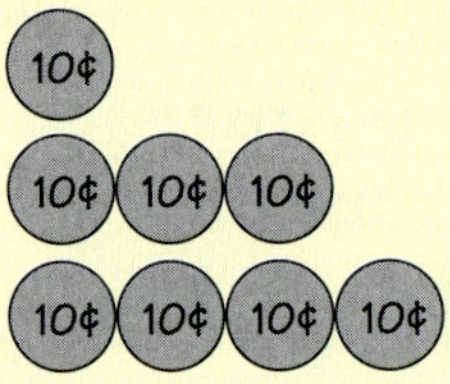 8 monedas de 10

★ **RESPUESTA** El costo total es 84¢.

EJEMPLO 2 \$1.63 + 3.72 = ■

1 Alinea los dígitos. Suma las monedas de 1 centavo.

No tienes que escribir \$ aquí.

$$\begin{array}{r} \$\,1.63 \\ +\,3.72 \\ \hline 5 \end{array}$$

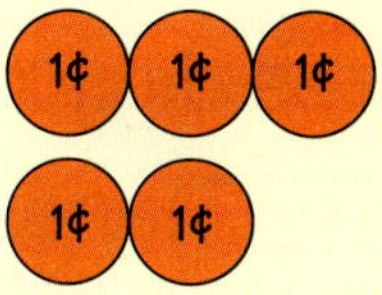

5 monedas de 1 centavo

2 Suma las monedas de diez centavos.

Más de 10 monedas de 1 centavo. Debes reagrupar.

$$\begin{array}{r} \$\,1.63 \\ +\,3.72 \\ \hline 5 \end{array}$$

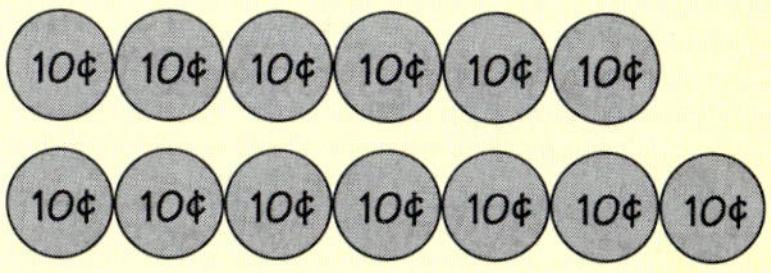

13 monedas de 10

3 Reagrupa 10 monedas de diez como 1 dólar.

$$\begin{array}{r} \overset{1}{} \\ \$\,1.63 \\ +\,3.72 \\ \hline 35 \end{array}$$

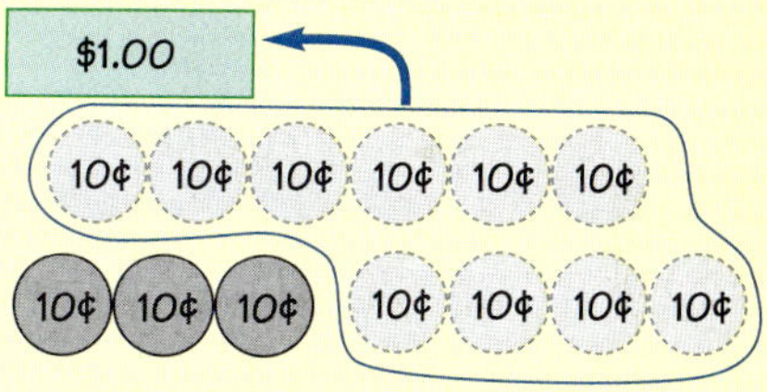

13 monedas de 10 = 1 dólar y 3 monedas de 10

4 Suma los dólares.

Acuérdate de escribir \$ y un . en la suma.

$$\begin{array}{r} \overset{1}{} \\ \$\,1.63 \\ +\,3.72 \\ \hline \$5.35 \end{array}$$

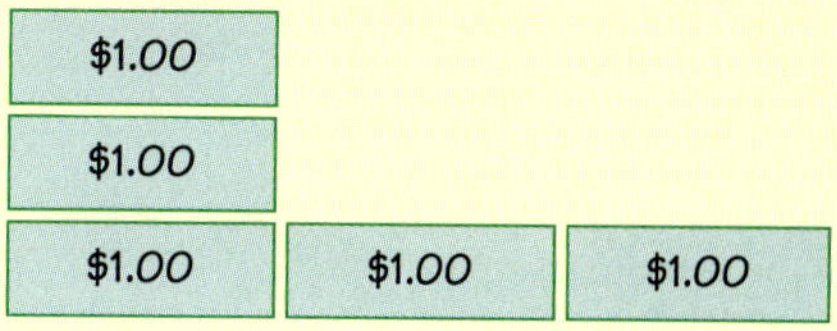

5 dólares

★ **RESPUESTA** \$1.63 + \$3.72 = \$5.35

Más Ayuda
ver 145–147

Restar dinero

Puedes restar dinero lo mismo que restas números de dos y tres dígitos.

EJEMPLO 1 Tienes 62¢. Si compras una pelota por 25¢, ¿cuánto dinero te queda?

Resta. 62¢ − 25¢ = ■

1 No hay suficientes monedas de 1 centavo para restar 5. Reagrupa 1 moneda de diez centavos como 10 monedas de 1 centavo.

$$\begin{array}{r} {\scriptstyle 5\ 12} \\ \not{6}\not{2}¢ \\ -\ 25¢ \\ \hline \end{array}$$

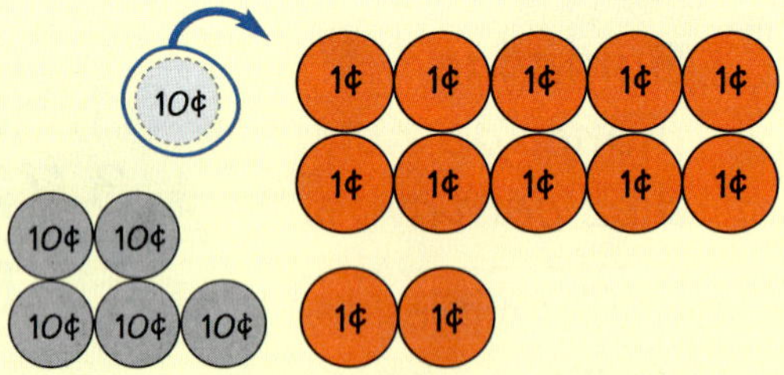

2 Resta las monedas de 1 centavo.

$$\begin{array}{r} {\scriptstyle 5\ 12} \\ \not{6}\not{2}¢ \\ -\ 25¢ \\ \hline 7 \end{array}$$

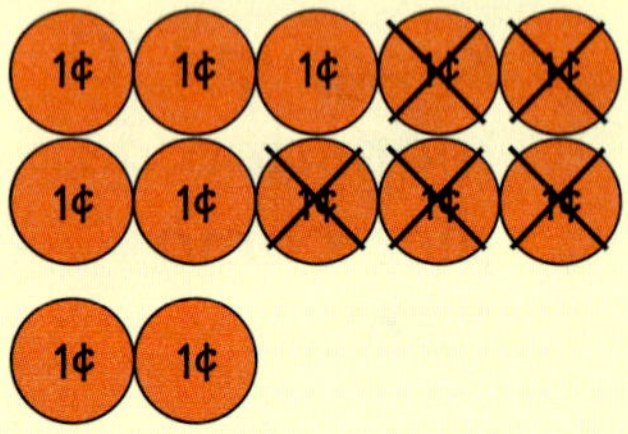

Quedan 7 monedas de 1 centavo

3 Resta las monedas de diez centavos.

$$\begin{array}{r} {\scriptstyle 5\ 12} \\ \not{6}\not{2}¢ \\ -\ 25¢ \\ \hline 37¢ \end{array}$$

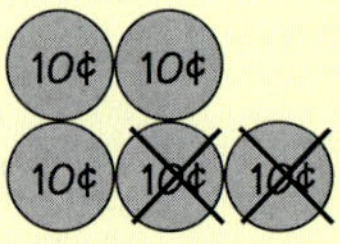

Quedan 3 monedas de 10

★ **RESPUESTA** Te quedan 37¢.

EJEMPLO 2 $4.09 − $1.23 = ■

1 Alinea los dígitos. Resta las monedas de 1 centavo

```
  $4.09
 − 1.23
 ------
      6
```

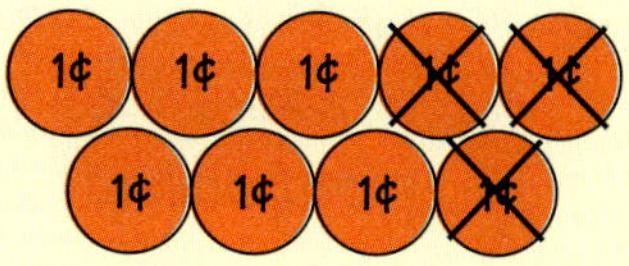

Quedan 6 monedas de 1 centavo.

2 No hay suficientes monedas de diez centavos para restar 2. Reagrupa 1 dólar como 10 monedas de diez centavos.

```
    3 10
  $4̸.0̸9
 − 1.23
 ------
      6
```

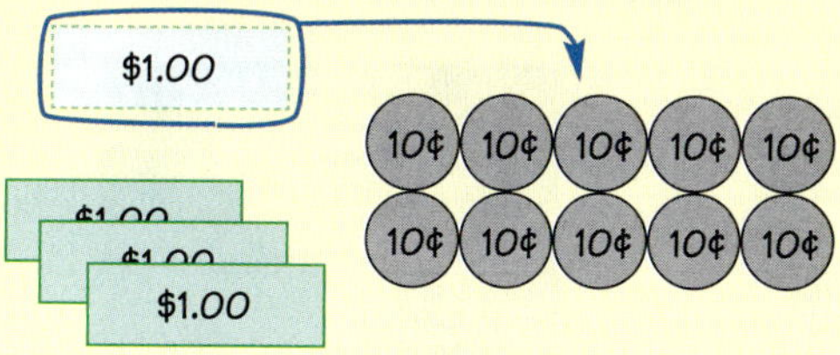

3 dólares

diez monedas de 10

3 Resta las monedas de diez centavos.

```
    3 10
  $4̸.0̸9
 − 1.23
 ------
     86
```

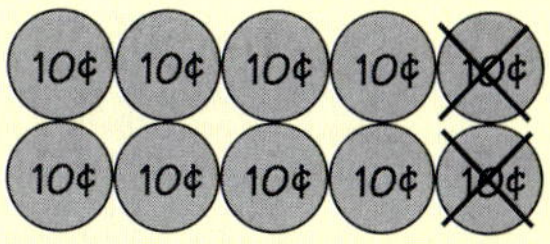

Quedan 8 monedas de 10

4 Resta los dólares.

```
    3 10
  $4̸.0̸9
 − 1.23
 ------
  $2.86
```

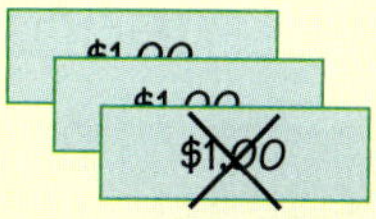

Quedan 2 dólares

★ **RESPUESTA** $4.09 − $1.23 = $2.86

Más Ayuda ver 152–153

Comparar cantidades de dinero

Más monedas no siempre significan más dinero. Una moneda de 25 centavos vale más que 3 monedas de 5 centavos.

EJEMPLO 1 ¿Quién tiene más dinero? ¿Quién tiene menos dinero?

Más Ayuda
ver 28–29, 166

Piensa 7¢ < 11¢ y 11¢ > 7¢

< significa "es menor que".

> significa "es mayor que".

★ **RESPUESTA** Juan tiene más dinero que Pat. Pat tiene menos dinero que Juan.

EJEMPLO 2 ¿Quién tiene más dinero? ¿Quién tiene menos dinero?

Más Ayuda
ver 28–29, 170

Piensa 25¢ = 25¢

★ **RESPUESTA** Mio y Lionel tienen la misma cantidad.

Cambio

Recibes **cambio** cuando le pagas al empleado de una tienda más dinero de lo que cuesta el artículo.

EJEMPLO Compras una estampilla de 34¢. Le das a la empleada 50¢. ¿Cuánto cambio tiene que darte?

Una forma Comienza con el precio. Cuenta la cantidad que le pagaste a la empleada.

Otra forma Resta.

$$\begin{array}{r} \scriptstyle 4\ 10 \\ \not{5}\not{0}¢ \\ -\ 34¢ \\ \hline 16¢ \end{array}$$

Una moneda de 1 centavo, una moneda de 5 centavos y una moneda de diez centavos. Son 16¢.

Más Ayuda
ver 145–147, 176

★ **RESPUESTA** Recibes 16¢ de cambio.

Tienes una hora para llegara la escuela, una hora para almorzar y una hora para acostarte.

Los relojes y el tiempo

Los relojes miden el **tiempo.** La cara del reloj tiene números alrededor del borde y **agujas** que se mueven.

- El **horario** es la aguja corta.

El horario muestra la hora.

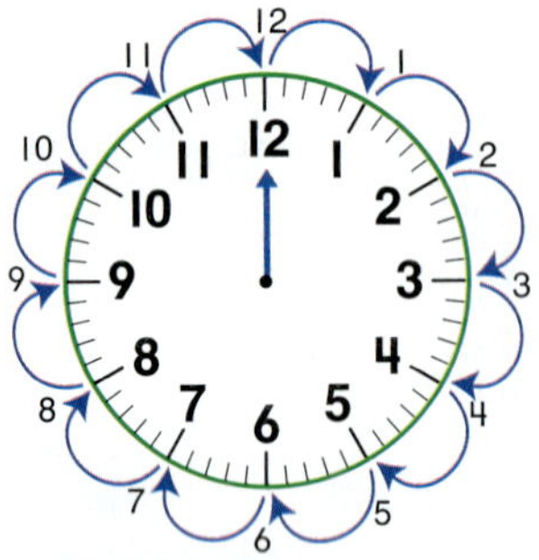

Tarda una hora en pasar de un número al siguiente.

Tarda 12 horas en dar una vuelta.

- El **minutero** es la aguja larga.

El minutero muestra los minutos antes y después de la hora.

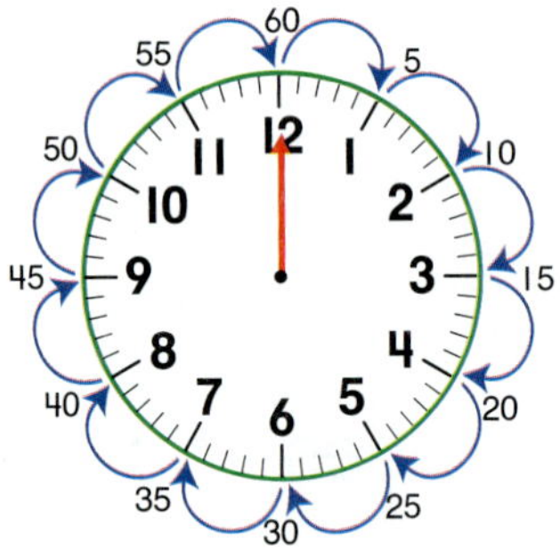

Tarda 5 minutos en pasar de un número al siguiente.

Tarda 60 minutos en dar una vuelta.

Un **reloj digital** no tiene agujas.

Te muestra horas y minutos

Las horas están separadas de los minutos por dos puntos.

Minutos y horas

60 minutos = 1 hora 24 horas = 1 día

- ¿Cuánto es un **minuto**?

- ¿Cuánto es una **hora**?

- ¿Cuánto es un día?

Dar la hora

Para saber la hora, lee el reloj.

La hora

Cuanto el minutero del reloj marca 12, decimos la hora en punto.

Escribe las 12 ó 12:00.

Di *las doce en punto*

Si es de día, las 12 son **mediodía**.
Si es de noche, las 12 son **medianoche.**

Media hora

60 minutos = 1 hora   30 minutos = media hora

Mira

El horario señala la mitad del camino entre 8 y 9.

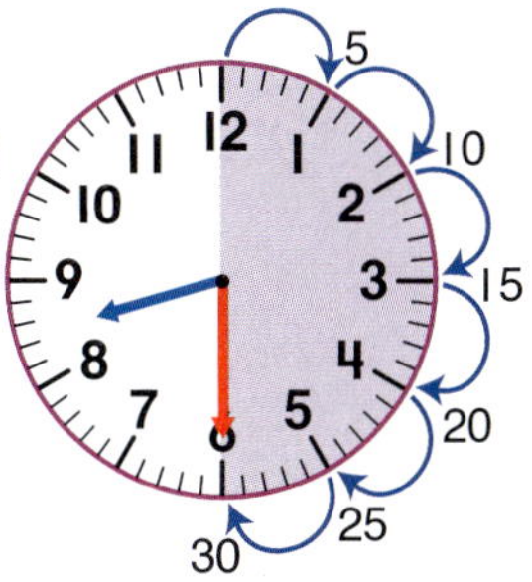

El minutero marca 6. Ha dado media vuelta al reloj.

Son las ocho.   30 minutos.

Son 30 minutos después de la hora.

Escribe 8:30

Di *las ocho y treinta*

Cinco minutos

Mira

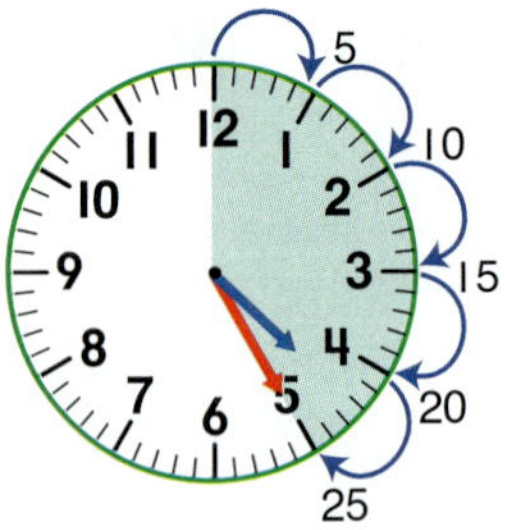

Puedes contar saltado de cinco en cinco para hallar la hora.

Escribe 4:25

Di *las cuatro y veinticinco*

Más Ayuda
ver 186

Mira

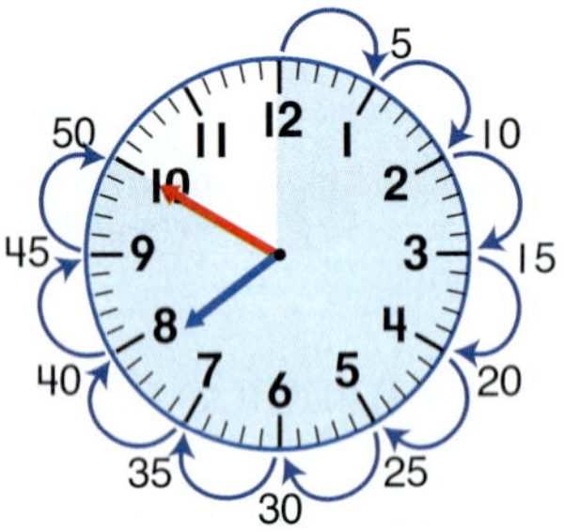

También puedes decir diez para las ocho o también las ocho menos diez.

Escribe 7:50

Di *las siete y cincuenta*

Estos relojes digitales también marcan las 4:25 y las 7:50.

¿Lo sabías?

Todos los números de un reloj digital están formados por las mismas siete lineas.

El 1 sólo usa 2 lineas.

El 8 usa todas las lineas.

Cuarto de hora

15 minutos = 1 cuarto de hora

30 minutos = media hora ó 2 cuartos de hora

45 minutos = 3 cuartos de hora

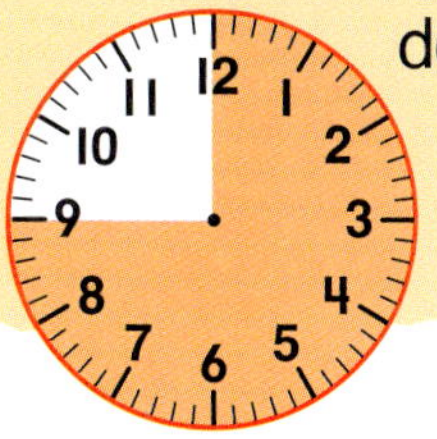

60 minutos = 1 hora

Más Ayuda ver 186

Escribe	7:15	7:30	7:45
Di	*las siete y quince*	*las siete y treinta*	*las siete y cuarenta y cinco*

También puedes decir las siete y cuarto

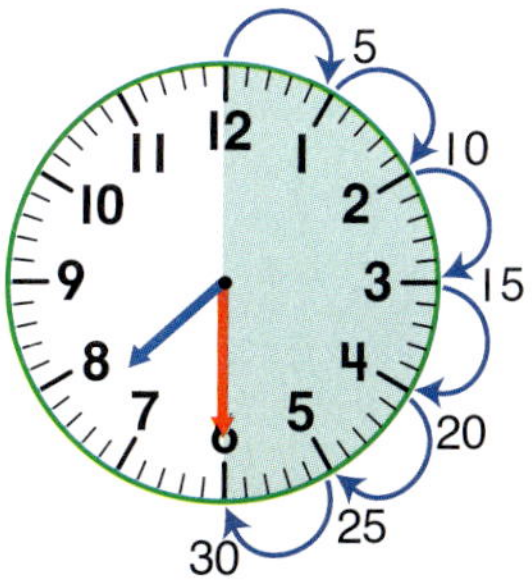

También puedes decir las siete y media

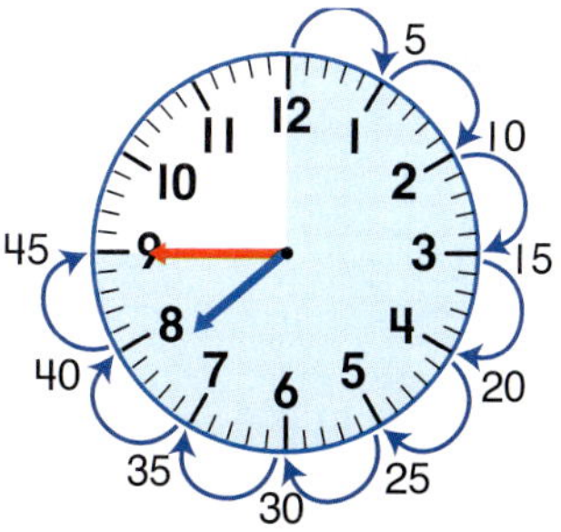

También puedes decir cuarto para las ocho

El minuto

60 minutos = 1 hora

Mira

Primero cuenta saltado de cinco en cinco todo lo que puedas.

Luego cuenta por unidades.

Escribe 1:18

Di *la una y dieciocho*

Mira

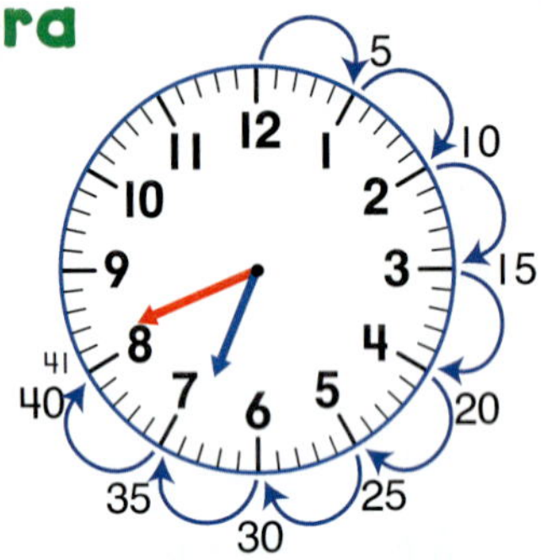

Escribe 6:41

Di *las seis y cuarenta y uno*

Lee la hora correctamente

Cuando nos vamos acercando a la hora, el horario se acerca más al siguiente número. El horario está más cerca del 4 que del 3. Pero son las **3**:45, no las **4**:45.

¿Qué hora será después?

EJEMPLO 1 Son las 3:15. ¿Qué hora será dentro de 10 minutos?

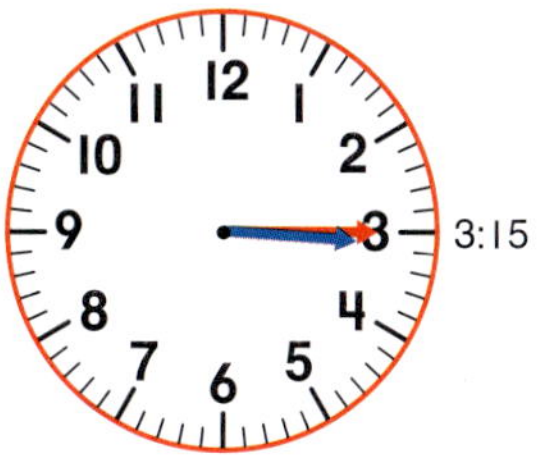

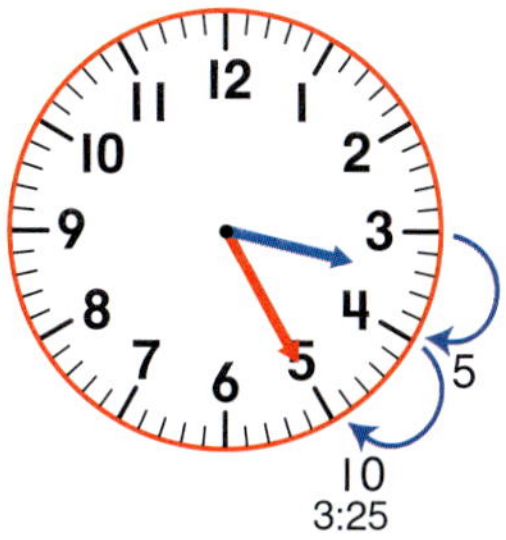

Cuenta 10 minutos hacia adelante.

★ **RESPUESTA** 3:25

EJEMPLO 2 Son las 11:45. ¿Qué hora será dentro de media hora?

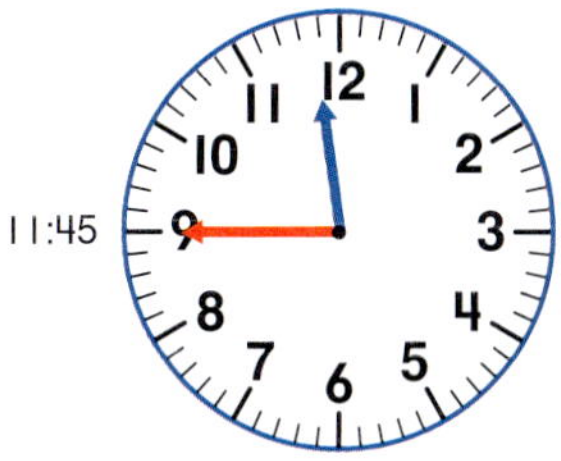

Cuenta 30 minutos hacia adelante. O puedes dar media vuelta al reloj.

★ **RESPUESTA** 12:15

A.M. y P.M.

Las horas entre medianoche y mediodía son A.M.

10:00 A.M.

Las horas entre mediodía y medianoche son P.M.

10:00 P.M.

Tiempo transcurrido

Cuenta de una hora hasta otra hora para ver cuánto tiempo pasa. El tiempo que pasa se llama **tiempo transcurrido.**

EJEMPLO 1 ¿Cuánto tiempo dura la fiesta de Nikki?

La fiesta de Nikki empieza a las 2:00.

La fiesta de Nikki termina a las 4:00.

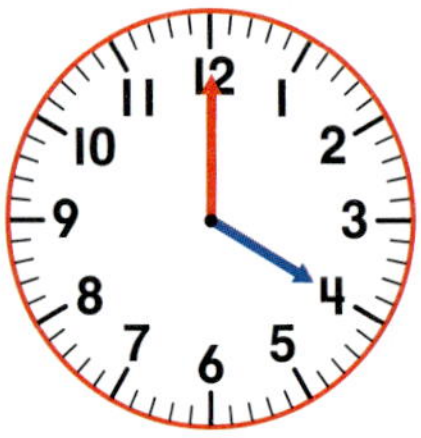

Cuenta las horas.

De 2:00 a 3:00 es una hora.

De 3:00 a 4:00 es una hora.

★ **RESPUESTA** La fiesta de Nikki dura 2 horas.

Los horarios muestran la hora en que empiezan y terminan las actividades. Puedes saber cuánto tiempo dura cada actividad por el tiempo transcurrido.

Campamento de los Pequeños Científicos

Experimentos	Empieza	Termina
Barquitos de papel	9:00 A.M.	10:30 A.M.
Burbujas y figuras	9:30 A.M.	10:30 A.M.
Vaca voladora	10:30 A.M.	1:00 P.M.
Luces y colores	1:00 P.M.	4:00 P.M.

Más Ayuda ver 187

EJEMPLO 2 ¿Cuánto tiempo dura la actividad de la vaca voladora?

La actividad de la vaca voladora empieza a las 10:30 A.M.

La actividad de la vaca voladora termina a la 1:00 P.M.

Cuenta las horas.

De 10:30 A.M. a 11:30 P.M. es una hora.

De 11:30 A.M. a 12:30 P.M. es una hora.

Luego cuenta los minutos.

De 12:30 P.M. a 1:00 P.M. son 30 minutos.

★ **RESPUESTA** La actividad de la vaca voladora dura 2 horas y 30 minutos.

También puedes decir que dura $2\frac{1}{2}$ horas.

Calendario

Un **calendario** sirve para llevar la cuenta de los días, las semanas y los meses de un año.

Más Ayuda ver 181

Los días de la semana

Una semana tiene 7 días.

Los días son domingo, lunes, martes, miércoles jueves, viernes y sábado.

EJEMPLO ¿Qué día de la semana es el 15 de enero?

Más Ayuda ver 35

Escribe 15 de enero

Di *el quince de enero*

1 Encuentra el 15.

2 Busca el comienzo de la columna para encontrar el día.

Esta es la forma corta de escribir los días de la semana.

ENERO

Dom.	Lun.	Mar.	Miér.	Jue.	Vie.	Sáb.
				1	2	3
4	5	6	7	8	9	10
11	12	13	14	15	16	17
18	19	20	21	22	23	24
25	26	27	28	29	30	31

★ **RESPUESTA** Jueves

¿Lo sabías?

Martin Luther King, Jr. Nació el 15 de enero de 1929. Se conmemora el tercer lunes de enero con su nombre.

Fuente: www.holidays.net/mlk/holiday

Los meses del año

El año tiene 12 meses.

1 Enero

D	L	M	M	J	V	S
		1	2	3	4	5
6	7	8	9	10	11	12
13	14	15	16	17	18	19
20	21	22	23	24	25	26
27	28	29	30	31		

2 Febrero

D	L	M	M	J	V	S
					1	2
3	4	5	6	7	8	9
10	11	12	13	14	15	16
17	18	19	20	21	22	23
24	25	26	27	28		

3 Marzo

D	L	M	M	J	V	S
					1	2
3	4	5	6	7	8	9
10	11	12	13	14	15	16
17	18	19	20	21	22	23
24	25	26	27	28	29	30
31						

4 Abril

D	L	M	M	J	V	S
	1	2	3	4	5	6
7	8	9	10	11	12	13
14	15	16	17	18	19	20
21	22	23	24	25	26	27
28	29	30				

5 Mayo

D	L	M	M	J	V	S
			1	2	3	4
5	6	7	8	9	10	11
12	13	14	15	16	17	18
19	20	21	22	23	24	25
26	27	28	29	30	31	

6 Junio

D	L	M	M	J	V	S
						1
2	3	4	5	6	7	8
9	10	11	12	13	14	15
16	17	18	19	20	21	22
23	24	25	26	27	28	29
30						

7 Julio

D	L	M	M	J	V	S
	1	2	3	4	5	6
7	8	9	10	11	12	13
14	15	16	17	18	19	20
21	22	23	24	25	26	27
28	29	30	31			

8 Agosto

D	L	M	M	J	V	S
				1	2	3
4	5	6	7	8	9	10
11	12	13	14	15	16	17
18	19	20	21	22	23	24
25	26	27	28	29	30	31

9 Septiembre

D	L	M	M	J	V	S
1	2	3	4	5	6	7
8	9	10	11	12	13	14
15	16	17	18	19	20	21
22	23	24	25	26	27	28
29	30					

10 Octubre

D	L	M	M	J	V	S
		1	2	3	4	5
6	7	8	9	10	11	12
13	14	15	16	17	18	19
20	21	22	23	24	25	26
27	28	29	30	31		

11 Noviembre

D	L	M	M	J	V	S
					1	2
3	4	5	6	7	8	9
10	11	12	13	14	15	16
17	18	19	20	21	22	23
24	25	26	27	28	29	30

12 Diciembre

D	L	M	M	J	V	S
1	2	3	4	5	6	7
8	9	10	11	12	13	14
15	16	17	18	19	20	21
22	23	24	25	26	27	28
29	30	31				

El calendario te muestra el número de días de cada mes. Febrero generalmente tiene 28 días; pero en un **año bisiesto** febrero tiene 29 días. Los años 2008, 2012, 2016 y 2020 son años bisiestos.

Geometría

¿Por qué son redondas las ruedas? ¿Por qué los ladrillos y los bloques tienen caras planas? Usamos estas formas porque a veces necesitamos rodar las cosas y otras veces las apilamos. Imagina cómo serían algunas cosas si tuvieran otra forma.

Rectas

Todos los días ves líneas. Cuando te paras en una fila, estás en una línea. Puedes escribir en las líneas de un cuaderno. ¡Y a veces estás en línea en tu computadora!

En geometría, una línea se llama **recta**. Una recta es un camino derecho que no tiene fin. Puedes dibujar una recta.

- Una **recta horizontal** va de lado a lado. Piensa en las líneas de tu cuaderno.

- Una **recta vertical** va de arriba abajo. Imagina cómo se ven las hojas de tu cuaderno si las pones de medio lado.

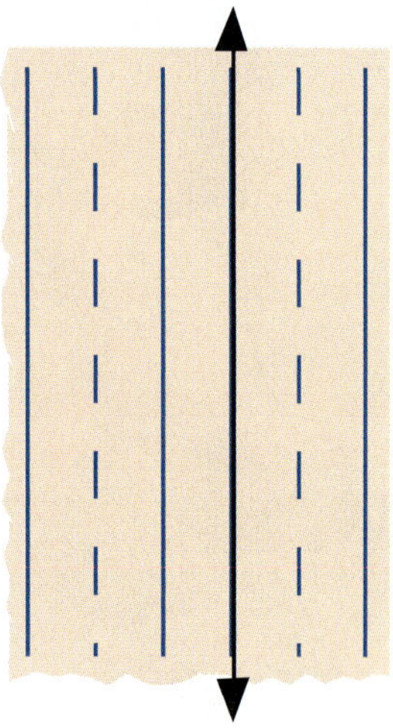

Las rectas se pueden cruzar.

Algunas rectas nunca se cruzan.

A veces, dos rectas se cruzan y forman esquinas en cuadro. Mira las esquinas de una tarjeta. Son en cuadro.

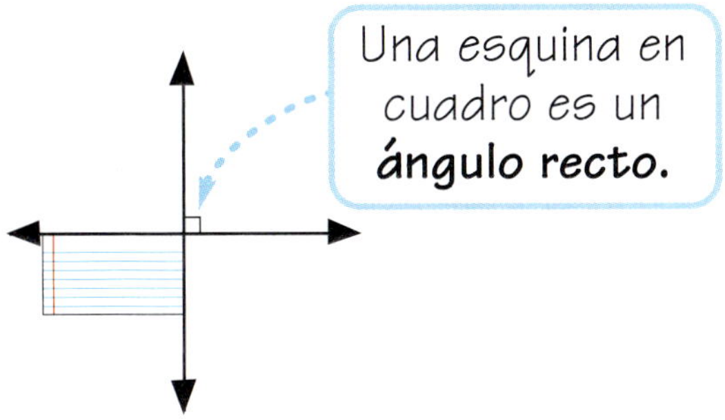

esquinas en cuadro

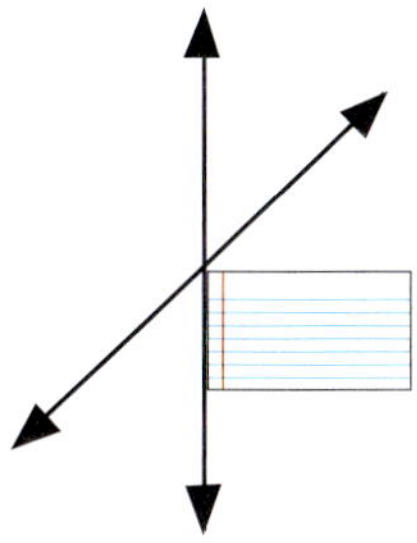

esquinas que *no* son en cuadro

Figuras planas

Las **figuras planas** son las que puedes extender sobre una superficie plana.

Nombres de figuras planas

Tal vez aprendiste los nombres de figuras planas cuando eras pequeño. Mira bien. Hay figuras planas en todas partes.

Tríangulo

Rectángulo

Los rectángulos tienen 4 esquinas en cuadro. Tienen 4 ángulos rectos.

Más Ayuda ver 195

Un **cuadrado** es un rectángulo especial. Tiene todos sus lados iguales.

Rombo

Todos los lados son iguales.

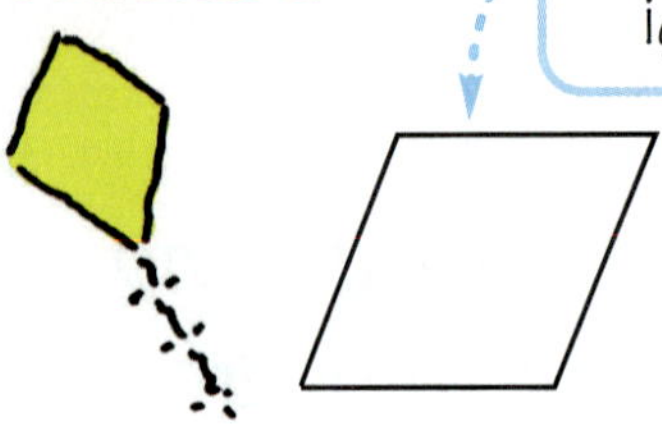

Círculo

Figuras abiertas y cerradas

Una figura plana puede ser una **figura abierta** o una **figura cerrada.**

Figuras abiertas

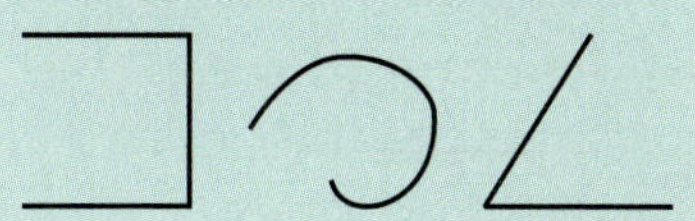

Figuras cerradas

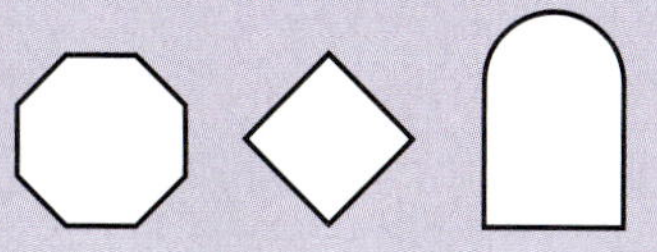

Lados y esquinas

Triángulo

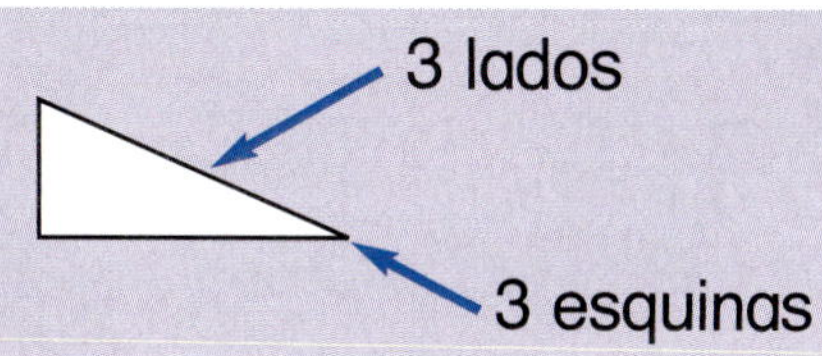

Cuadrilátero

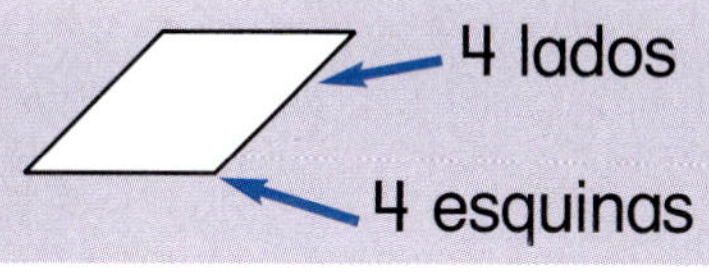

Pentágono

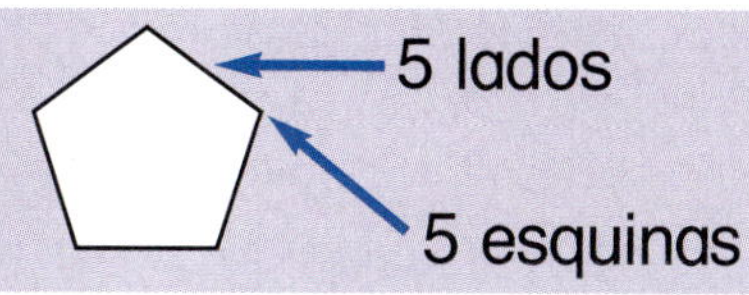

Hexágono

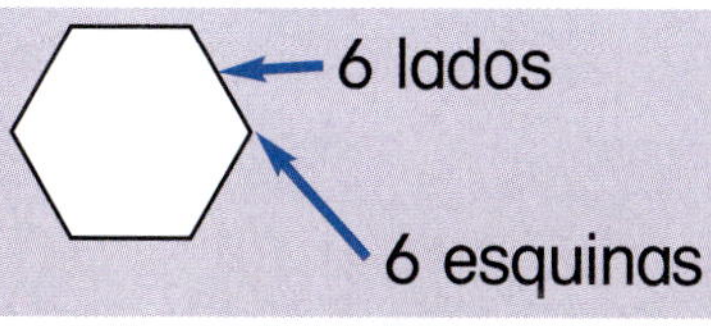

Octágono

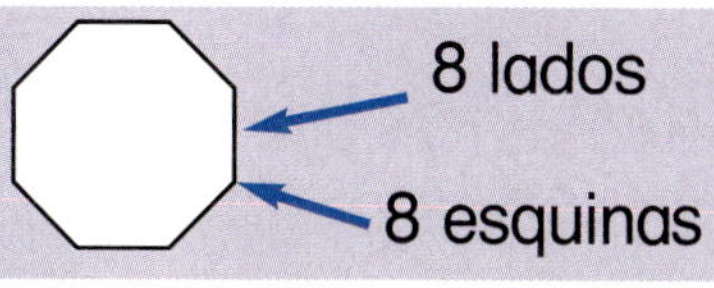

Simetría

Si doblas una figura en dos y las dos partes corresponden exactamente, la figura tiene **simetría de eje.** El **eje de simetría** es la recta por donde doblaste la figura.

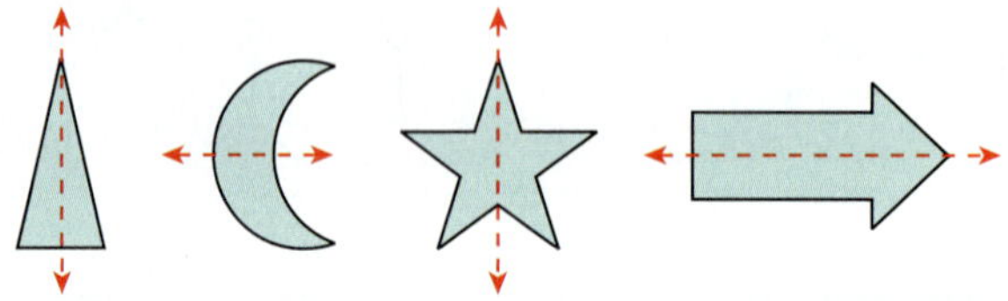

Una figura puede tener más de un eje de simetría.

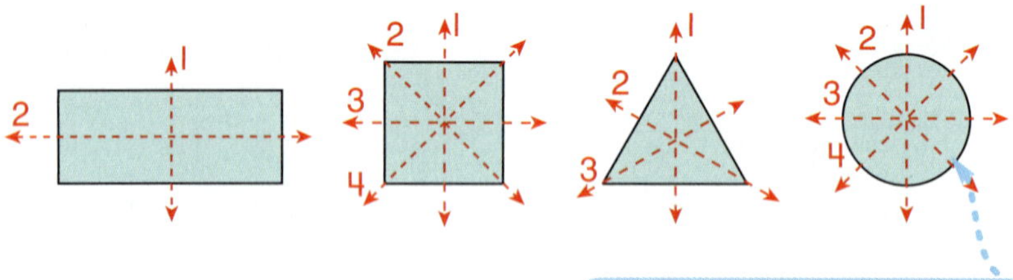

Un círculo tiene tantos ejes de simetría que no se pueden contar. Aquí puedes ver 4.

Algunas figuras no tienen simetría.

Más Ayuda
ver
43

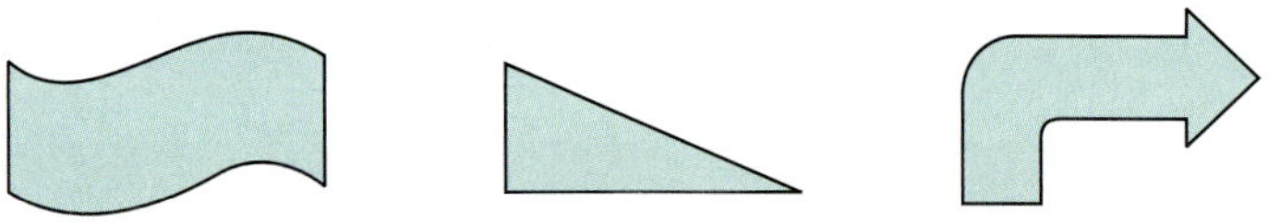

¡Atención!

Algunas rectas te pueden engañar

Esta recta corta el rectángulo por la mitad. Pero no es un eje de simetría.

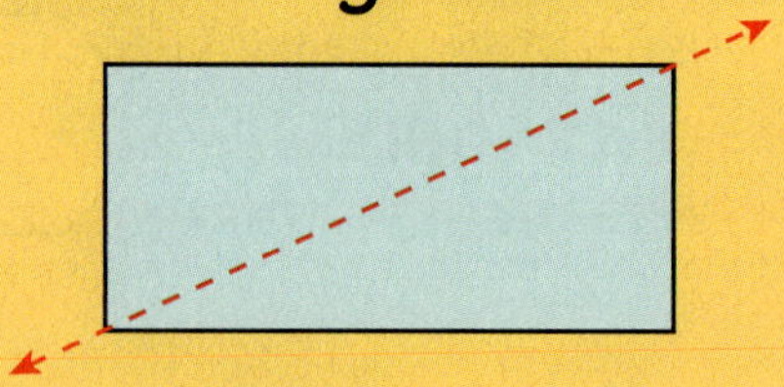

Tú puedes hacer una figura simétrica.

Una forma Dobla el papel, traza y corta.

1 Dobla una hoja de papel.	
2 Haz un dibujo en el borde doblado.	
3 Recorta la línea que dibujaste. ¡No cortes el doblez!	
4 Abre la hoja. El eje de simetría es la línea por donde doblaste la hoja.	

Otra forma Dibuja para mostrar la parte que corresponde.

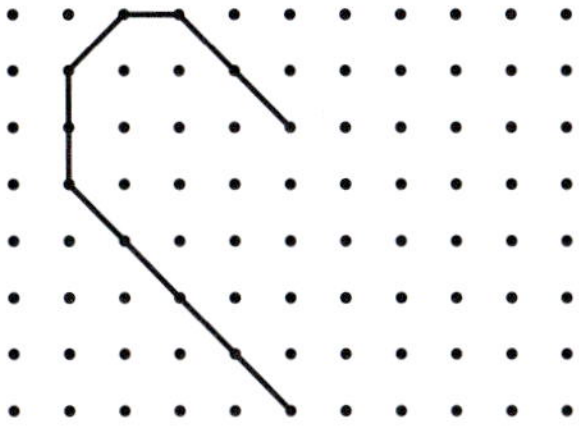

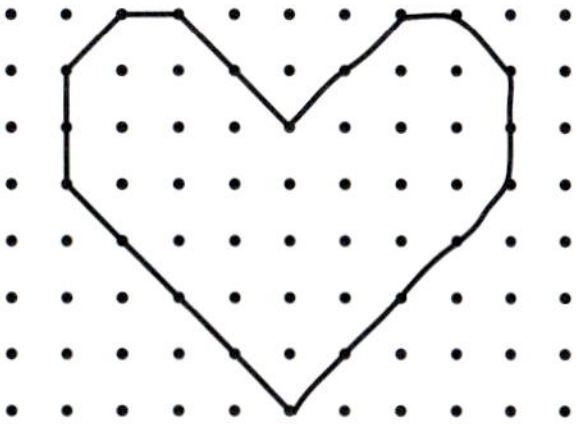

Figuras congruentes

Dos figuras son **congruentes** cuando tienen el mismo tamaño y la misma forma.

Congruentes	No congruentes
Mismo tamaño y forma 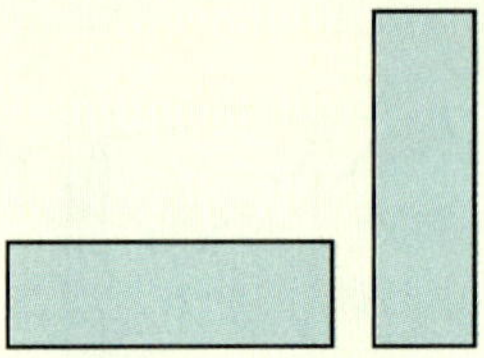	Mismo tamaño, forma *diferente* 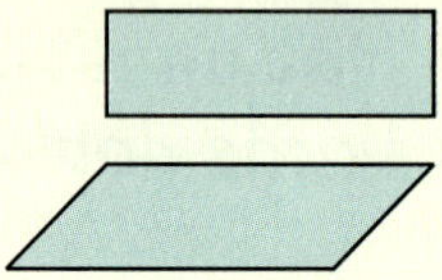
Mismo tamaño, misma forma 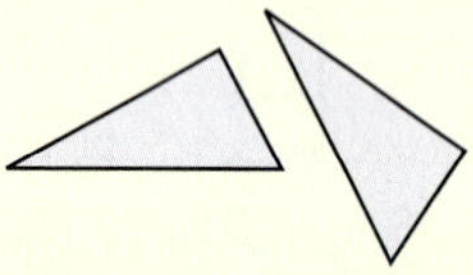	*Diferente* tamaño, misma forma 
Mismo tamaño, misma forma 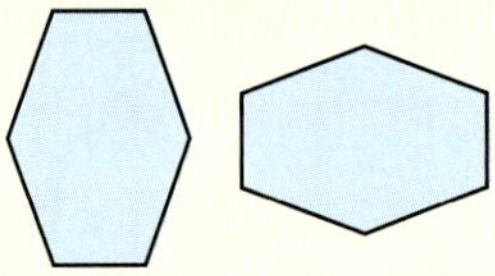	*Diferente* tamaño, forma *diferente* 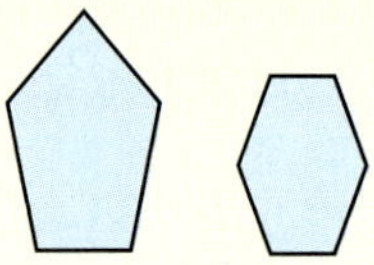

A veces es difícil ver si dos figuras son congruentes. Puedes calcar una figura y colocar el dibujo calcado encima de la figura. Si tienen el mismo tamaño y la misma forma, son congruentes. A veces tienes que voltear o girar una de las dos figuras.

Más Ayuda
ver 202–203

Puedes dibujar parejas de figuras congruentes.

EJEMPLO 1 Usa papel de calcar para dibujar una pareja de figuras congruentes.

★ **RESPUESTA**

EJEMPLO 2 Usa papel de puntos para dibujar una pareja de figuras congruentes.

★ **RESPUESTA**

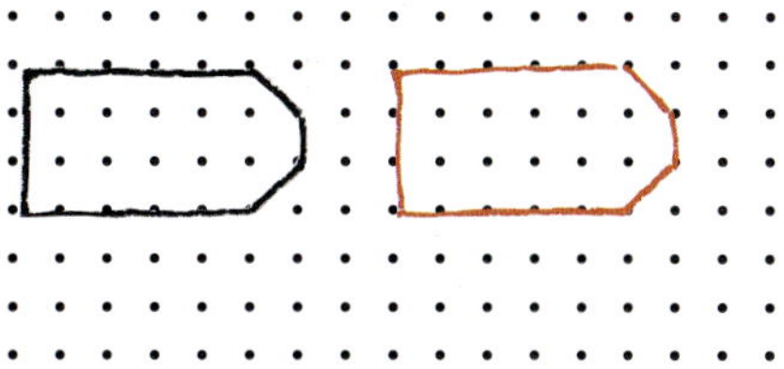

Deslizar, voltear y girar

Puedes moverte de diferentes maneras.

Las figuras también se pueden mover de varias formas.

- Puedes **deslizar** una figura.

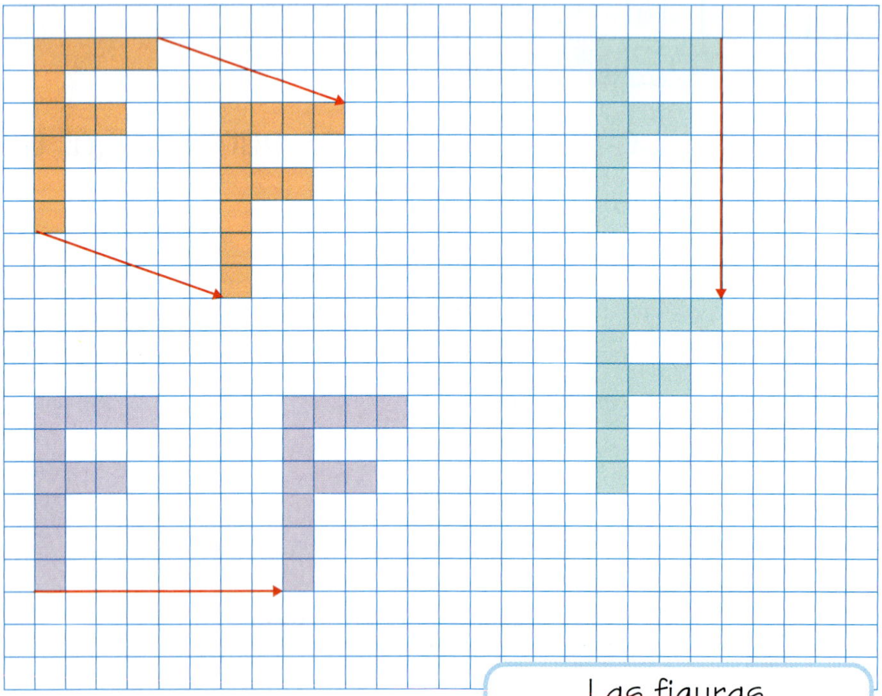

Las figuras se ven iguales. Sólo se movieron.

• Puedes **voltear** una figura sobre una recta.

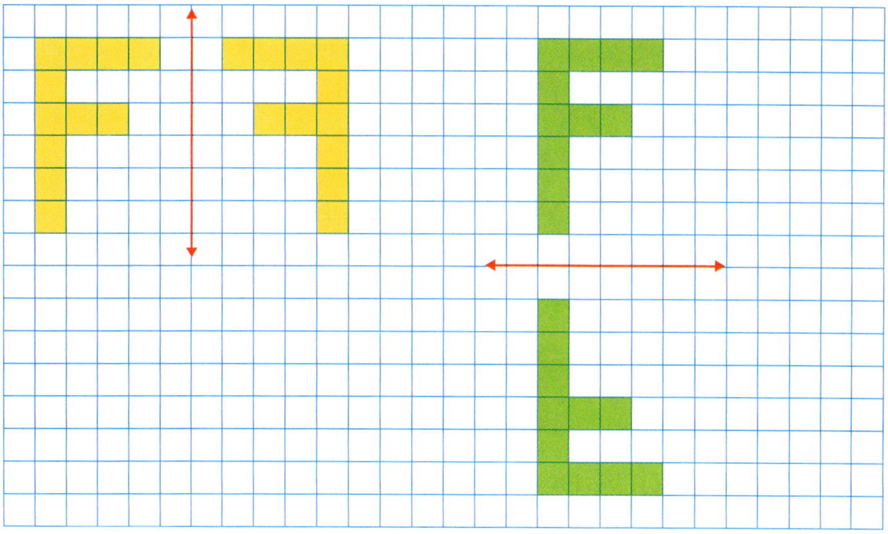

• Puedes **girar** una figura.

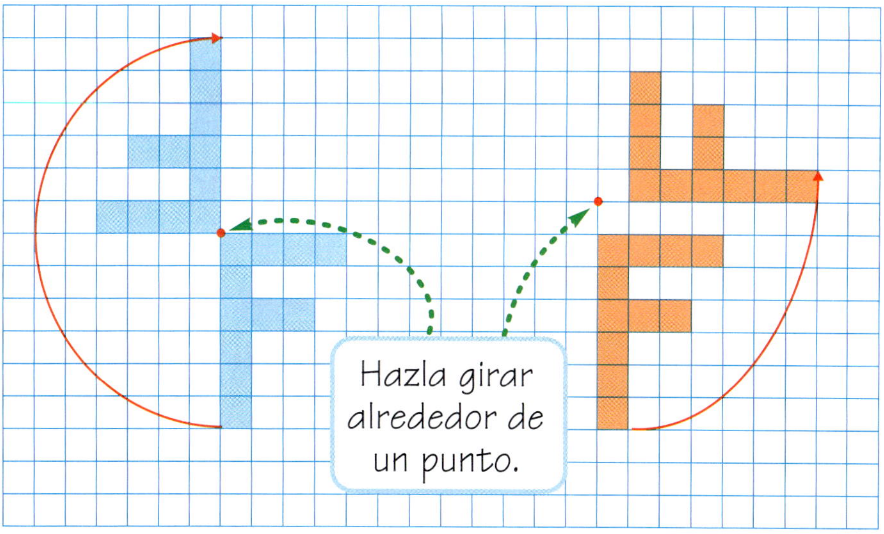

Figuras sólidas

Las **figuras sólidas** *no* son planas.

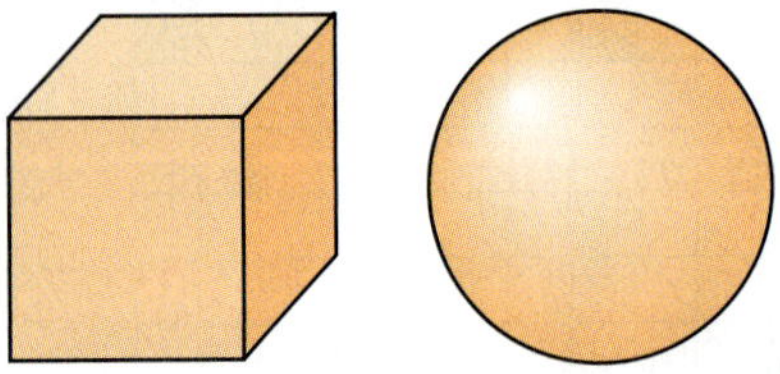

Figuras sólidas

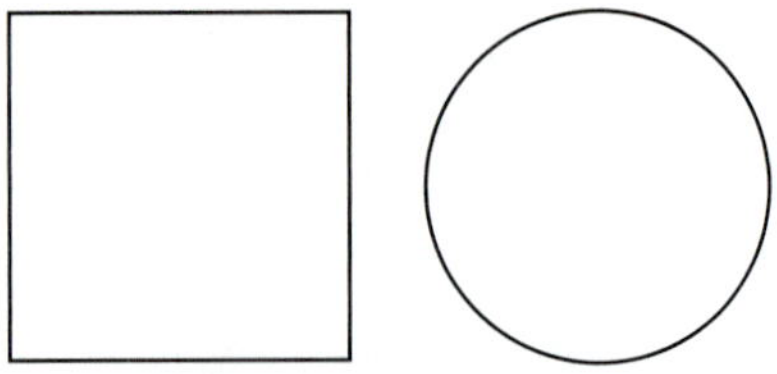

Figuras planas

Nombres de las figuras sólidas

Hay figuras sólidas en todas partes.

Esferas

Cubos

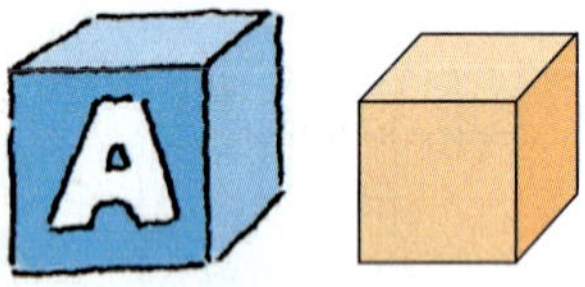

Prismas rectangulares

Cilindros

Conos

Pirámides

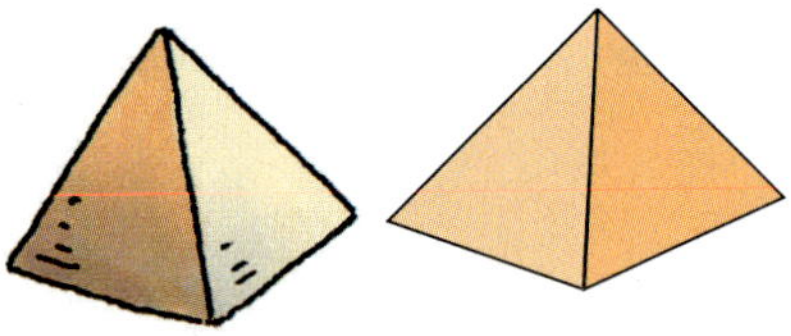

Las caras de los sólidos

Las **caras** de las figuras sólidas tienen forma de figura plana.

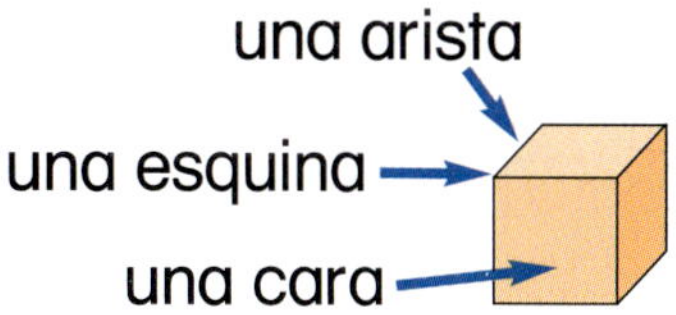

Más Ayuda
ver 196

Prisma rectangular

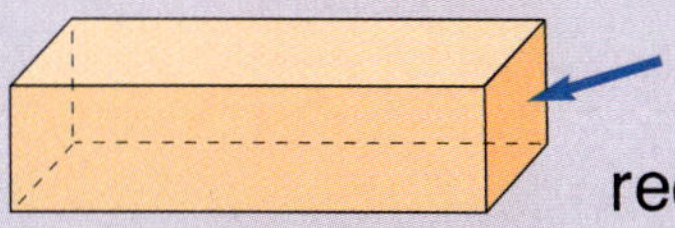

6 caras, todas rectangulares

Cubo

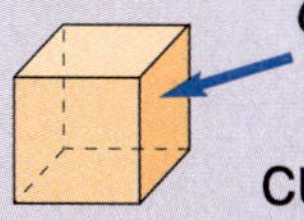

6 caras, todas cuadradas

Cilindro

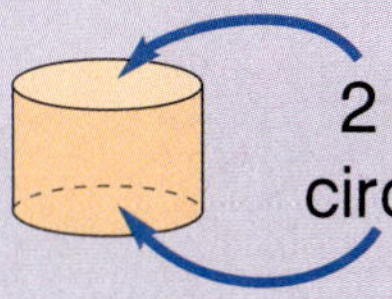

2 caras circulares

Cono

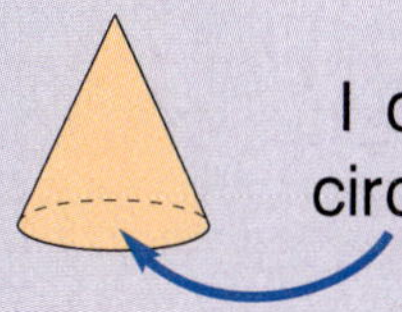

1 cara circular

Pirámide cuadrangular

4 caras triangulares

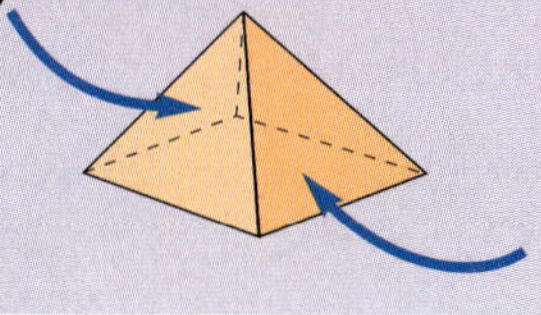

1 cara cuadrada

¿Lo sabías?

Una pelota de fútbol tiene 12 pentágonos y 21 hexágonos.

Medición

Usamos medidas para saber qué tan largas, altas o pesadas son las cosas.

Medir es muy útil. Pero ten cuidado. Cuando digas alguna medida, asegúrate de que la gente te entienda.

- Puedes comparar dos cosas.

El lápiz es **más largo** que el crayón.

El crayón es **más corto** que el lápiz.

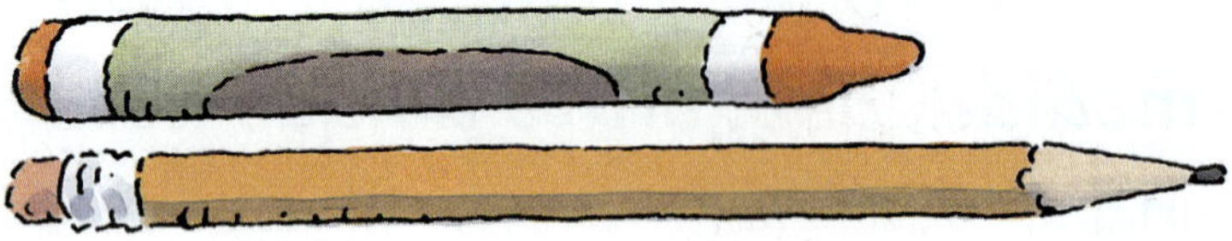

- A veces tienes más de dos cosas.

El pincel es el objeto más **largo** de este grupo.

La tiza es el objeto más **corto.**

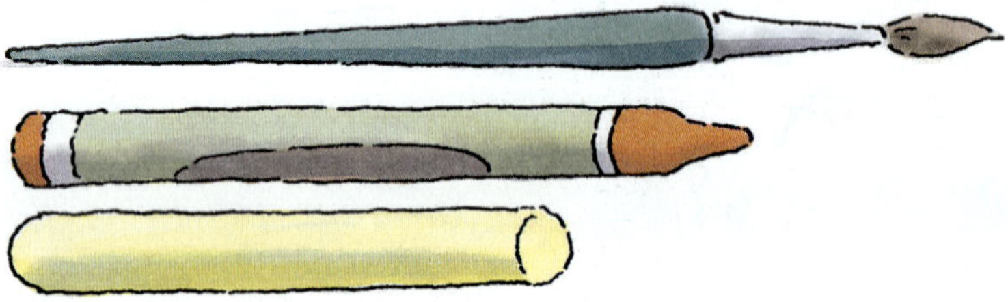

El conejo de juguete es el animalito más **bajo.**

El mono es más **alto** que el conejo.

La jirafa es la más **alta.**

Medir la longitud con unidades diferentes

Puedes medir la **longitud** de un objeto.

Escoge una **unidad.** Busca cuántas unidades de longitud tiene el objeto.

EJEMPLO ¿Qué tan largo es el crayón?

Una forma Usa un clip como unidad.

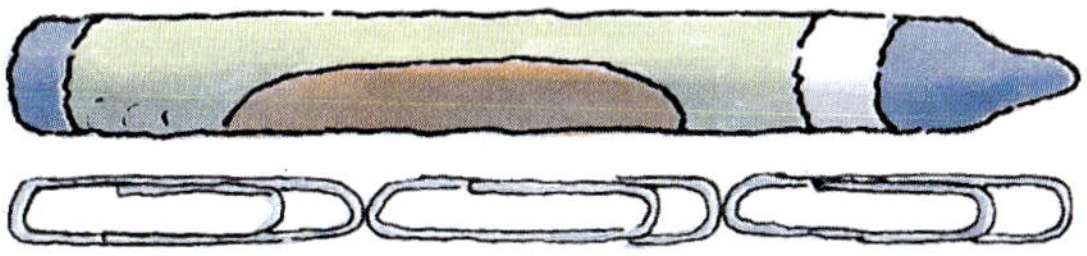

No pongas una unidad encima de otra. Pon en orden una después de otra cuando midas.

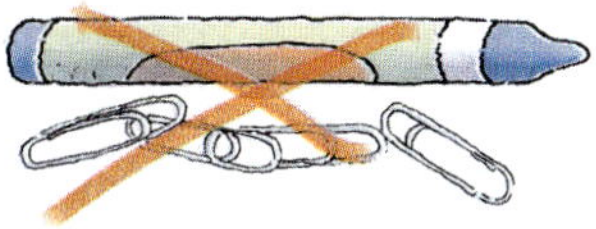

Otra forma Usa un cubo como unidad.

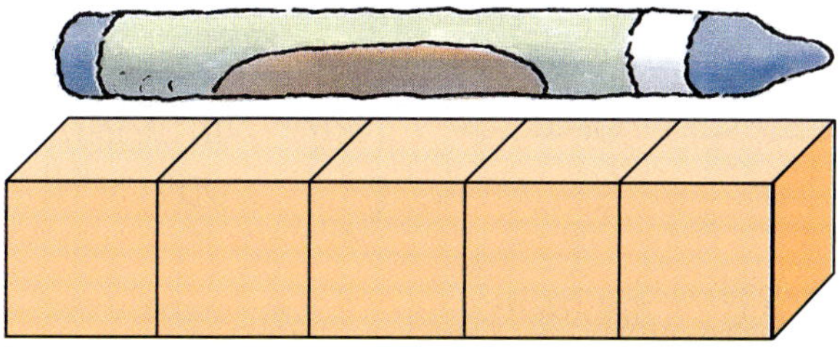

★ **RESPUESTA** El crayón mide unos 3 clips de largo, o unos 5 cubos de largo.

Cuando usas unidades diferentes, tus medidas serán diferentes, pero la longitud del objeto siempre será la misma.

Unidades de longitud del sistema inglés

Puedes usar una regla con las unidades **pulgada, pie** y **yarda** para medir la longitud.

Unidades de longitud, sistema inglés

1 pulgada	├──────┤
1 pie	= 12 pulgadas
1 yarda = 3 pies	

una pulgada de largo

Estimar y medir en pulgadas

Busca algo que mida aproximadamente una pulgada. Úsalo para estimar una longitud en pulgadas.

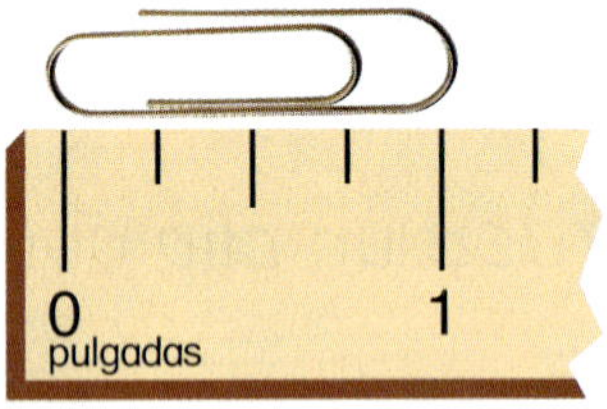

EJEMPLO Estima la longitud del lápiz. Luego, mídelo con una regla de pulgadas.

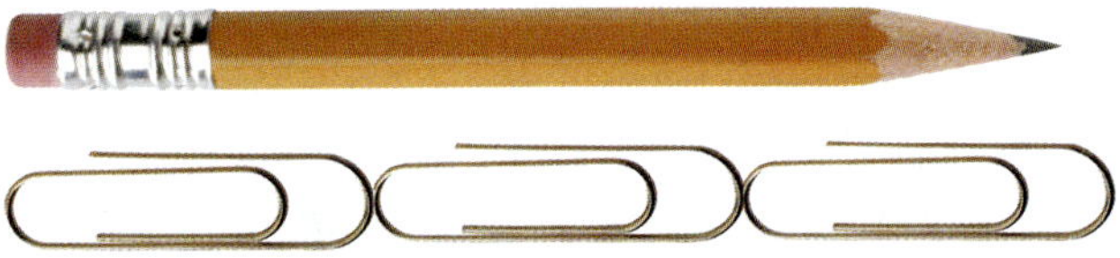

El lápiz tiene unos 3 ganchos de largo. Entonces, su longitud es aproximadamente 3 pulgadas.

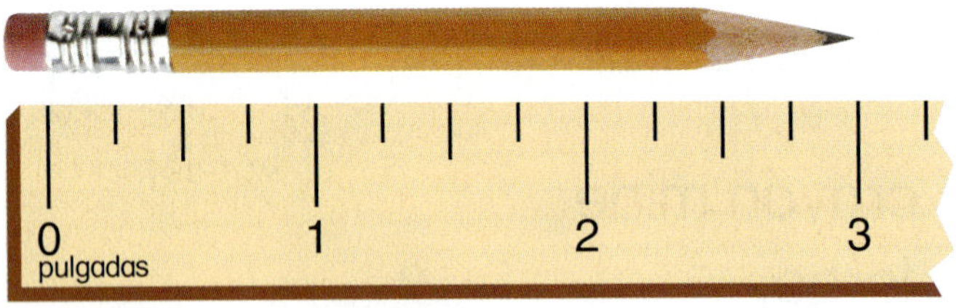

3 pulgadas fue una buena estimación.

★ **RESPUESTA** El lápiz mide un poco más de 3 pulgadas de largo.

Pies y yardas

Algunos cuadernos de tareas miden casi un pie de largo.

Un bate de béisbol mide casi una yarda.

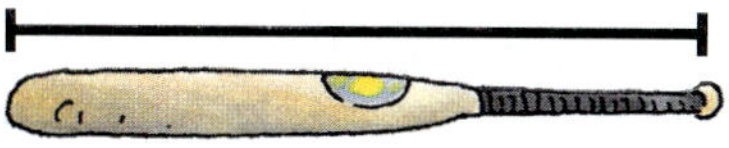

Usa unidades pequeñas para medir cosas pequeñas. Usa unidades más grandes para medir cosas más grandes.

Mide la altura de una muñeca en pulgadas.

Mide la altura de una niña en pies y pulgadas, o sólo en pulgadas.

Mide la longitud de un camino en yardas o pies.

¡Atención!

Alinea la regla correctamente

Mide desde la marca 0.

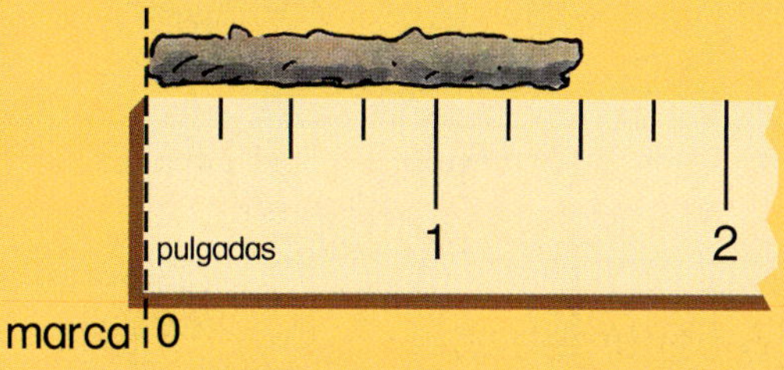

Algunas reglas no muestran el 0.

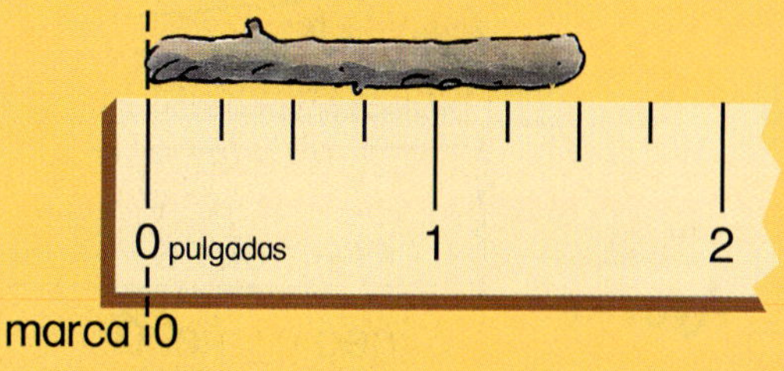

El 0 puede estar más adentro del borde de la regla.

Unidades métricas de longitud

Puedes usar reglas marcadas con unidades de **centímetros** y **metros** para medir la longitud.

Unidades métricas de longitud

1 centímetro ├──┤	
1 metro = 100 centímetros	

Un centímetro de largo

Estimar y medir en centímetros

Tu dedo mide aproximadamente un centímetro de ancho. Puedes usarlo par estimar la longitud en centímetros.

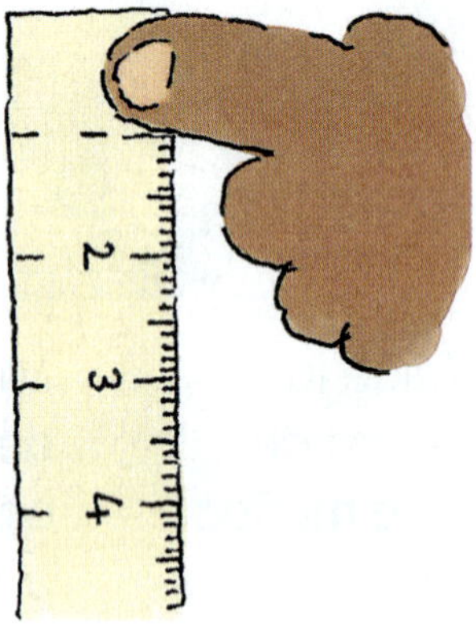

EJEMPLO Estima la longitud de la zanahoria. Luego mídela con una regla de centímetros.

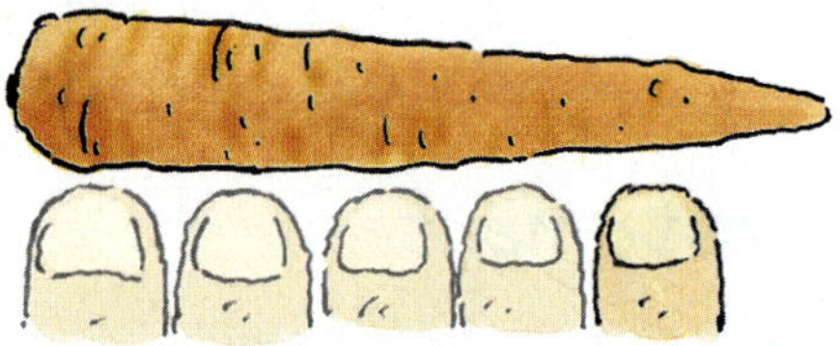

La zanahoria parece de unos 5 centímetros.

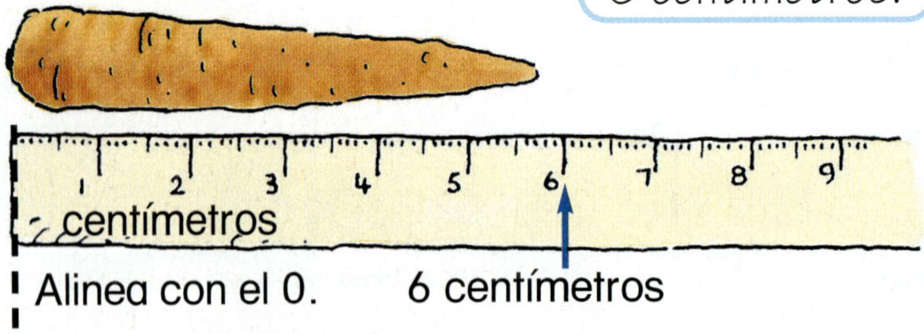

Más Ayuda ver 211

★ **RESPUESTA** La zanahoria mide un poco menos de 6 centímetros de largo.

Metros

Un metro es aproximadamente la distancia desde el piso hasta el pomo de la puerta.

Usa metros para medir cosas largas. Usa centímetros para medir cosas cortas.

Mide la altura de una muñeca en centímetros.

Mide la altura de una niña en metros o centímetros.

Mide la longitud de un camino en metros.

¡Atención!

Lleva la cuenta de tus mediciones

Puedes medir cosas más largas que tu regla.

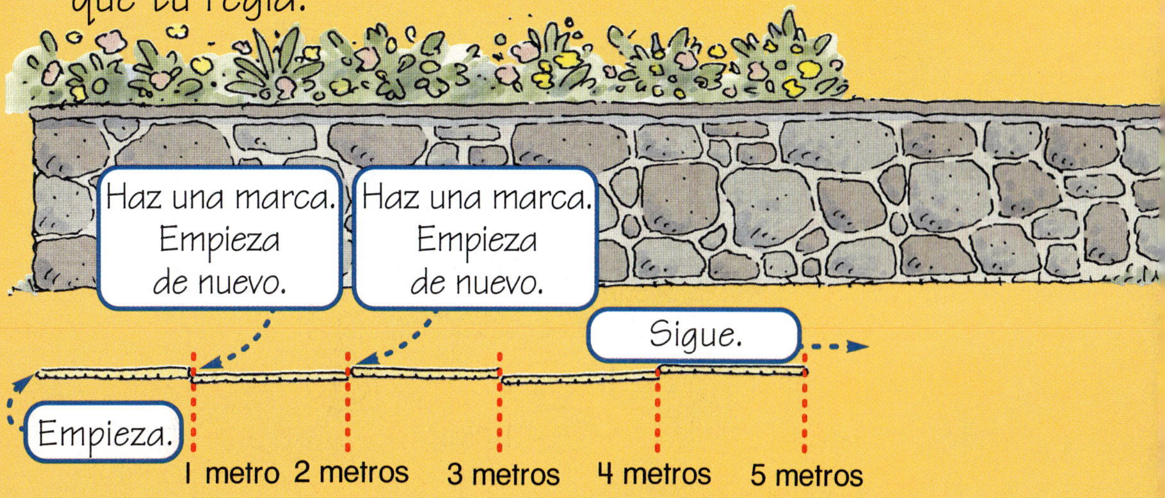

Más Ayuda ver 196

Puedes medir la distancia alrededor de una figura. También puedes medir la cantidad de espacio que cubre una figura.

Perímetro

Perímetro es la distancia alrededor de una figura.

EJEMPLO 1 Roberto tiene un jardín en forma de triángulo. ¿Cuál es el perímetro del jardín?

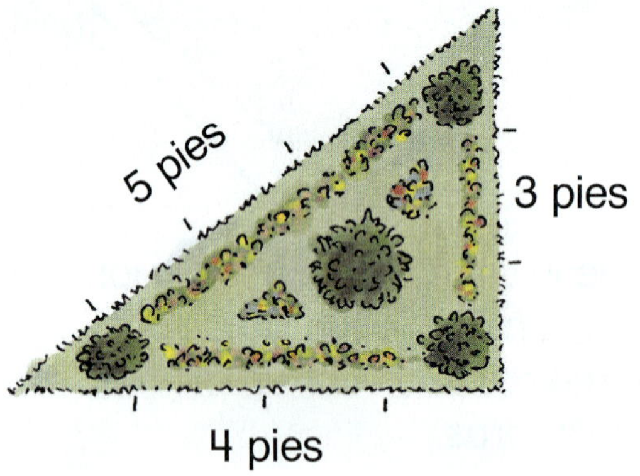

Una forma Cuenta las unidades que están marcadas alrededor de la figura.

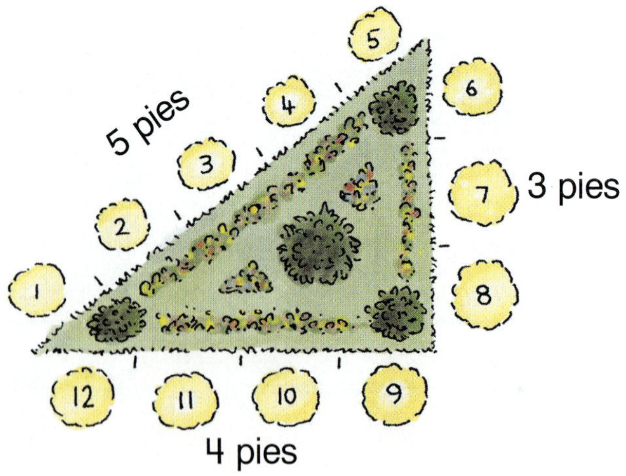

Otra forma Suma las medidas de los lados.

$5 + 3 + 4 = 12$

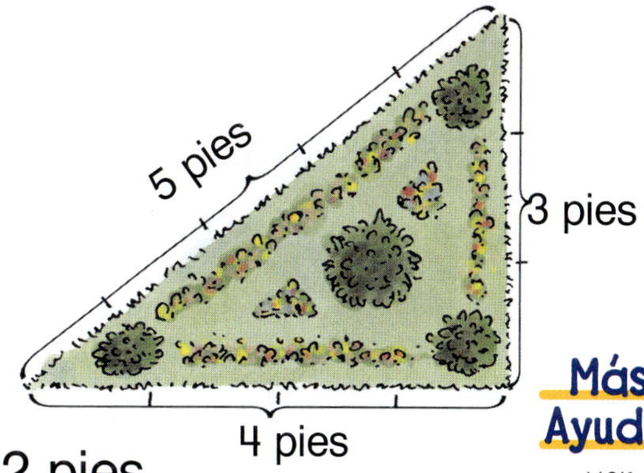

★ **RESPUESTA** El perímetro del jardín de Roberto es 12 pies.

Más Ayuda ver 70–71

EJEMPLO 2 El escarabajo camina alrededor del rectángulo. ¿Cuántas pulgadas recorre?

Más Ayuda ver 196

Dos lados miden 3 pulgadas.
Dos lados miden 1 pulgada.
Suma para encontrar el perímetro.

$3 + 3 + 1 + 1 = 8$

★ **RESPUESTA** El escarabajo recorrerá 8 pulgadas.

Área

Puedes comparar el tamaño de figuras planas midiendo su **área.**

EJEMPLO 1 ¿Qué figura tiene más área?

Cuenta el número de cuadrados en cada figura.

Hay 8 cuadrados.

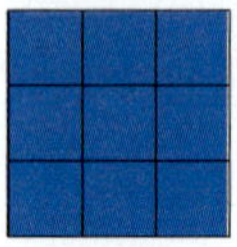

Hay 9 cuadrados.

Más Ayuda ver 30

Compara para averiguar cuál tiene más área.

Piensa 9 > 8

Todos los cuadrados son del mismo tamaño. Entonces, un área de 9 cuadrados es más grande que un área de 8 cuadrados.

★ **RESPUESTA** La figura azul tiene más área.

Puedes usar cuadrados de un tamaño especial para medir áreas. Estas se llaman **unidades cuadradas.**

EJEMPLO 2 ¿Cuál es el área de la figura verde? Cuenta el número de cuadrados en cada figura.

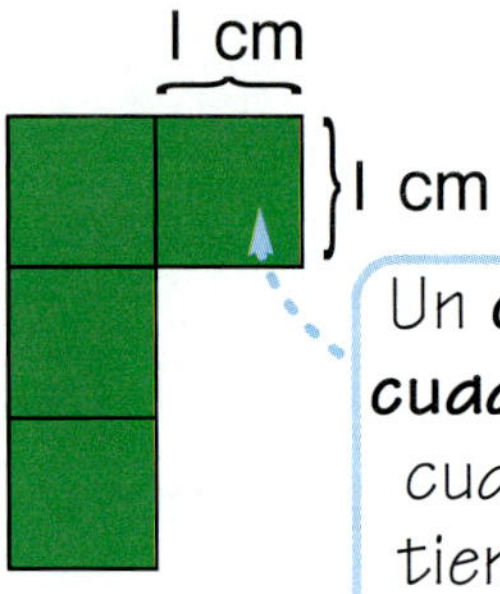

Un **centímetro cuadrado** es un cuadrado que tiene lados de 1 centímetro de largo.

★ **RESPUESTA** El área de la figura verde es 4 centímetros cuadrados.

¡Atención!

Ten cuidado al medir áreas

Unas áreas parecen más grandes que otras. Cuenta las unidades cuadradas para estar seguro.

Más Ayuda ver 30

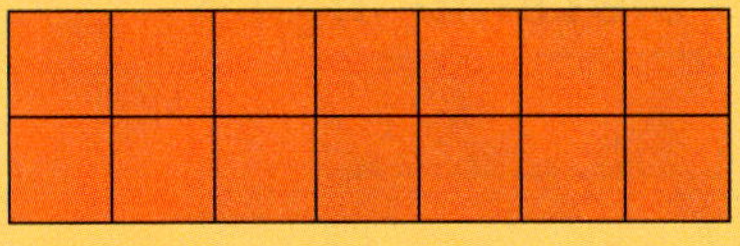

Área = 14 unidades cuadradas

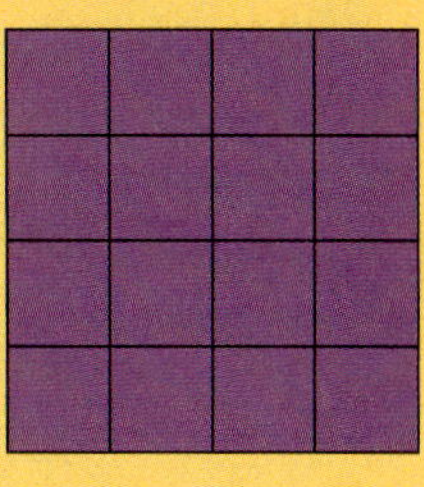

Área = 16 unidades cuadradas

La figura anaranjada *parece* más grande que la morada. La figura anaranjada es más larga, pero la morada tiene más área porque 16 > 14.

Usa unidades del mismo tamaño cuando compares áreas.

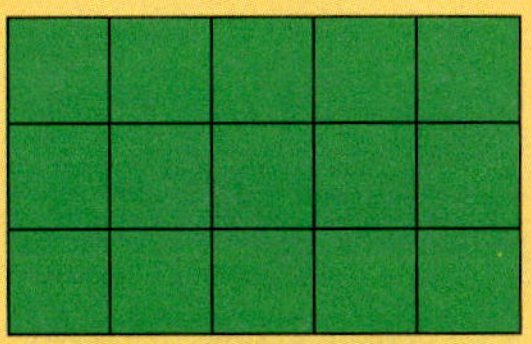

Área = 15 unidades cuadradas

Área = 4 unidades cuadradas

15 > 14, pero eso no significa que la figura verde sea más grande. La figura amarilla tiene más área.

Peso y masa

Puedes medir cuánto pesa una cosa.

Y puedes medir lo liviano que es algo.

Unidades de peso del sistema inglés

Unidades de peso del sistema inglés

Onza
1 libra = 16 onzas

Un pan de molde pesa aproximadamente **1 libra**. Entonces, la caja de galletas pesa aproximadamente 1 libra.

El borrador pesa menos de 1 libra.

Una tajada de pan pesa aproximadamente **1 onza**. Entonces, el lápiz pesa aproximadamente 1 libra.

El libro pesa más de 1 onza.

Puedes usar una **pesa** para medir el número de libras u onzas que pesa algo.

Pesa cosas pequeñas como un melocotón, en una pesa que mide en onzas.

Pesa cosas grandes como una persona, en una pesa que mide en libras.

Puedes estimar el peso.

★ **EJEMPLO** Estima. ¿Cuánto crees que pesa una bolsa de 6 manzanas: 2 onzas ó 2 libras?

Piensa Una tajada de pan pesa casi una onza. Una manzana pesa más que una tajada de pan.

Entonces, 6 manzanas tienen que pesar más que 2 tajadas de pan. 2 onzas son poco peso.

★ **RESPUESTA** 2 libras.

¿Lo sabías?

En 1990, alguien cultivó una sandía en Tennessee que pesó 262 libras.

Fuente: watermelon.org

Unidades métricas de masa

Unidades métricas de masa

gramo
1 kilogramo = 1000 gramos

Un libro de matemáticas tiene una masa aproximada de 1 **kilogramo.** Entonces, las manzanas tienen una masa aproximada de 1 kilogramo.

El banano tiene menos masa que un kilogramo.

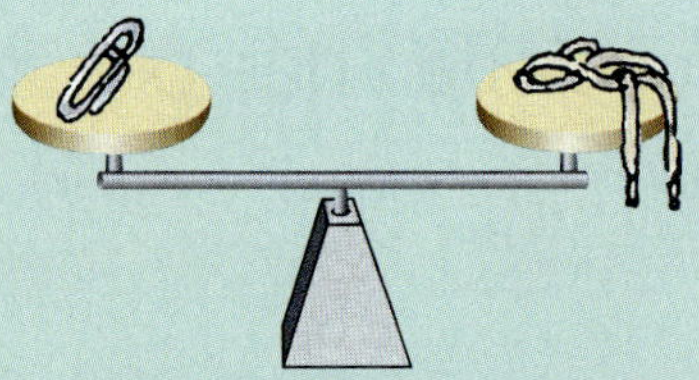

Un clip tiene una masa aproximada de 1 **gramo.** Entonces, el cordón de zapato tiene una masa de aproximada de 1 gamo.

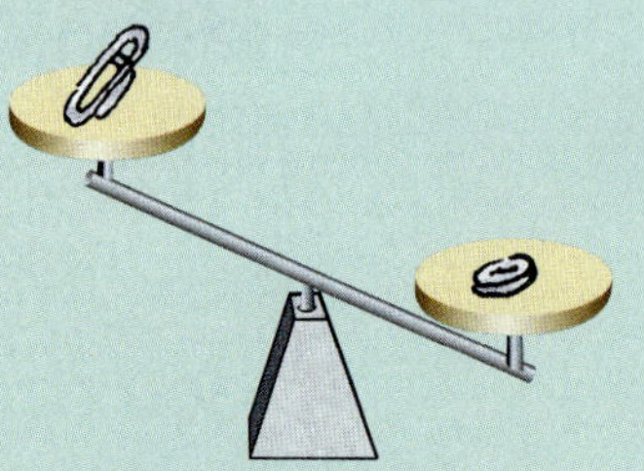

La moneda de 25 tiene más masa que un gramo.

Usa una **balanza** par medir la masa de las cosas en kilos o gramos.

Las cantidades pequeñas se miden en gramos.

Las cantidades grandes se miden en kilogramos.

Puedes estimar la masa.

EJEMPLO 1 Estima. ¿La masa de un perro está más cerca de 20 gramos o de 20 kilos?

Piensa La masa de un perro es mucho más que la masa de 20 clips.

★ **RESPUESTA** 20 kilos.

EJEMPLO 2 ¿La masa de un tomate es más o menos 300 gramos ó 300 kilos?

★ **RESPUESTA** 300 gramos.

Capacidad es la cantidad de líquido que cabe en un recipiente.

A veces comparas para saber a qué recipiente le cabe más. A veces mides la capacidad.

Unidades de capacidad del sistema inglés

Unidades del sistema inglés

taza
1 pinta = 2 tazas
1 cuarto = 2 tazas

Al cartón de leche le cabe 1 **taza**. Entonces, al tazón le cabe más de una taza.

A la lata de jugo de manzana le cabe 1 **pinta**. Entonces, a la caja de jugo le cabe menos de 1 pinta.

Al cartón de jugo de naranja le cabe 1 **cuarto**. Entonces, a la botella de agua le cabe más de 1 cuarto.

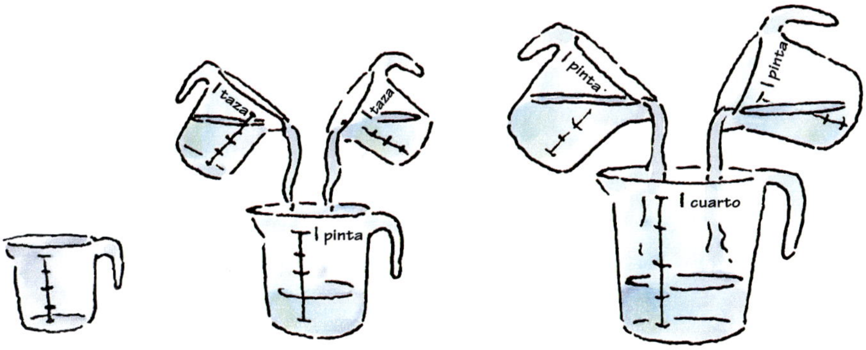

I taza   2 tazas = I pinta   2 pintas = I cuarto

EJEMPLO 1 ¿A cuál le cabe más: a un recipiente de 2 tazas o a un recipiente de I cuarto?

Piensa 2 tazas = I pinta   4 tazas = I cuarto

★ **RESPUESTA** Le cabe más al recipiente de I cuarto.

EJEMPLO 2 ¿Cuántas tazas hay en 2 cuartos?

Piensa I cuarto = 4 tazas   2 cuartos = 8 tazas

Más Ayuda
ver 43, 46–47

★ **RESPUESTA** 8 tazas

¿Lo sabías?

Debes comer entre 3 y 4 porciones de fruta todos los días. Este es el tamaño de algunas porciones.

I fruta. $\frac{3}{4}$ de taza de jugo $\frac{1}{2}$ taza de fruta enlatada $\frac{1}{4}$ de taza de fruta seca

Fuente: Departamento de Agricultura de los EE.UU.

Unidades métricas de capacidad

Unidades métricas de capacidad

mililitro
1 litro = 1000 mililitros

A la botella de agua le cabe 1 litro. Entonces, a la botella de soda le cabe más de un litro

A la botella de agua le cabe 1 litro. Entonces, al tazón de café le cabe menos de un litro

Un **mililitro** es una cantidad muy pequeña.

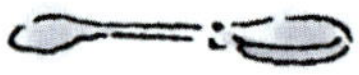

A una cucharita de café le caben unos 5 mililitros.

A una cuchara de sopa le caben unos 15 mililitros.

Puedes medir en litros y mililitros.

EJEMPLO 1 ¿Cuántos mililitros caben en un vaso?

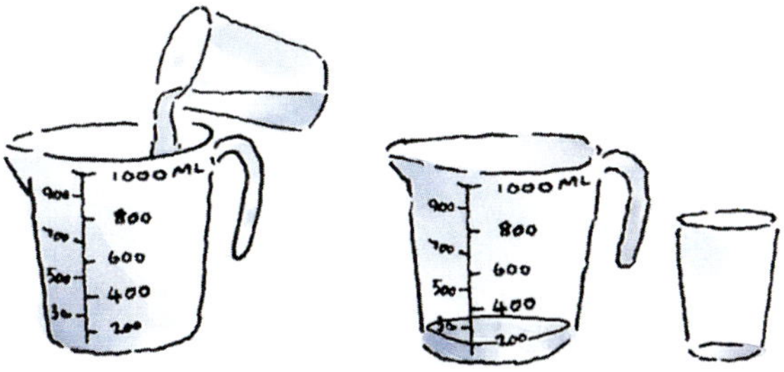

★ **RESPUESTA** Al vaso le caben unos 200 mililitros.

EJEMPLO 2 ¿A esta pecera le cabrían 5 litros o 50 litros de agua?

Piensa A la pecera le cabe más de 1 litro, pero *no* 50 veces más.

★ **RESPUESTA** A esta pecera le cabrían 5 litros de agua.

¡Atención!

Ten cuidado al comparar capacidades

Unos recipientes se ven más grandes que otros. Pero muchas veces hay que medir para estar seguros.

Parece que al recipiente alto le cabe más que al recipiente bajo. Pero no puedes estar seguro hasta que los midas.

Temperatura

Usas un **termómetro** para medir la **temperatura** y averiguar qué tan caliente o fría está una cosa.

Grados Fahrenheit

La temperatura se mide en **grados.** En los Estados Unidos, la temperatura se mide con la escala **Fahrenheit.**

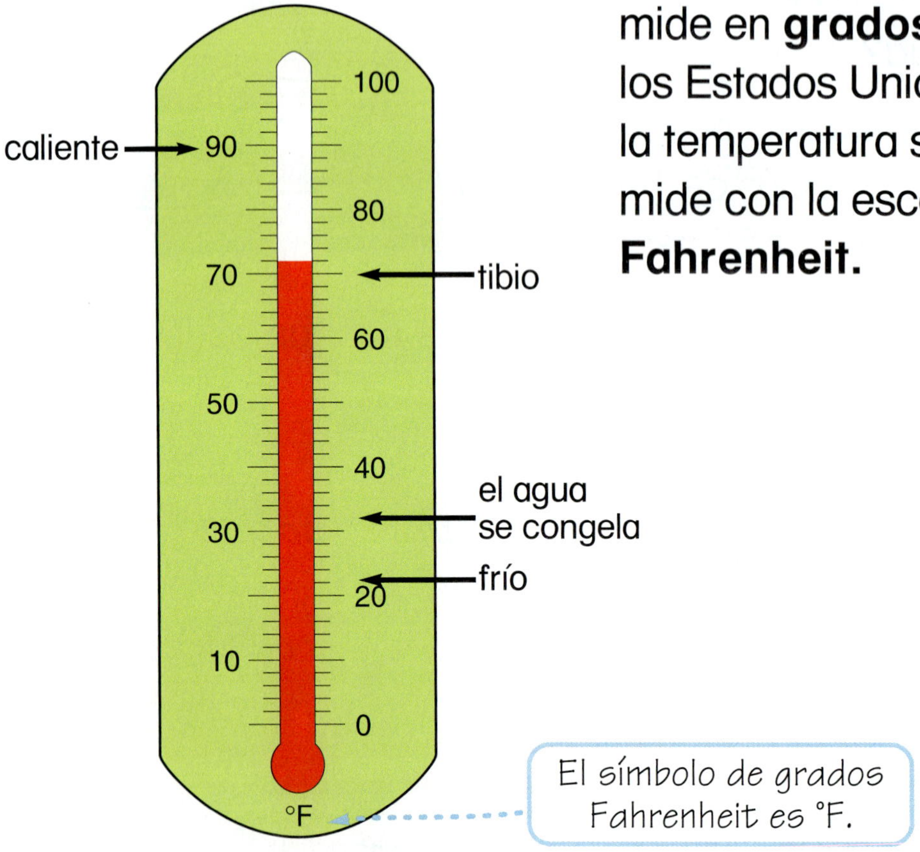

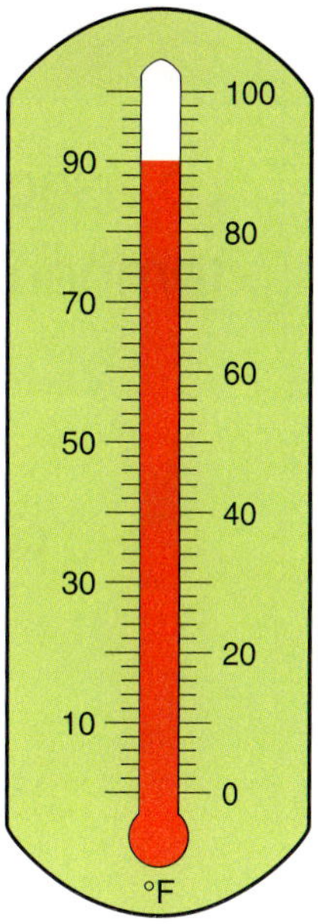

El dibujo muestra un día caliente.

El termómetro marca 90°F.

Di *noventa grados Fahrenheit*

El dibujo muestra un día frío.

El termómetro marca 24°F.

Di *veinticuatro grados Fahrenheit*

Celsius

La escala **Celsius** (C) se usa para medir la temperatura.

El dibujo muestra un salón tibio.

El termómetro marca 20°C.

Di *veinte grados Celsius*

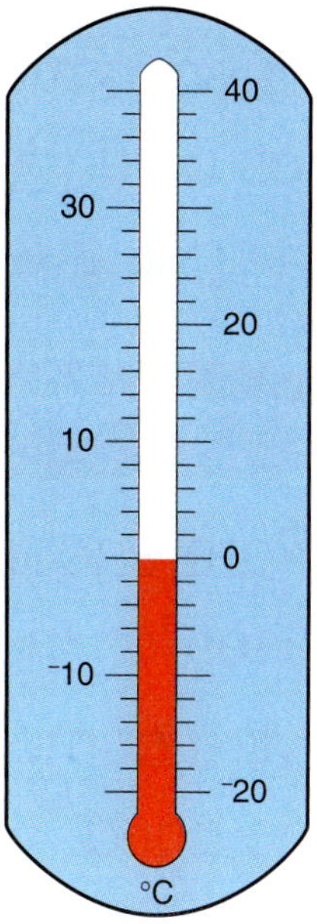

El dibujo muestra un día frío.
El termómetro marca 0°C.

Di *cero grados Celsius*

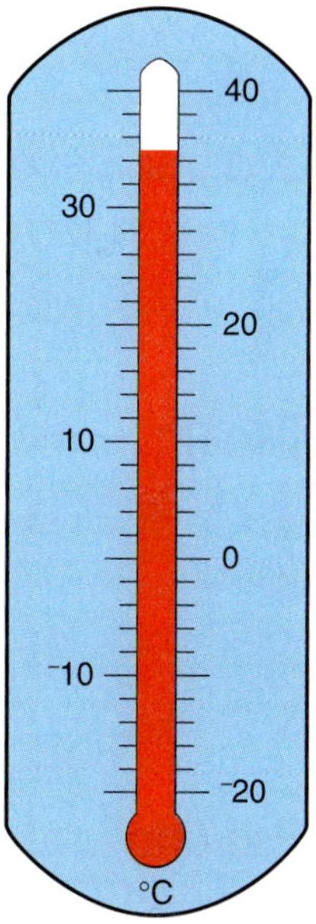

El dibujo muestra un día caliente.
El termómetro marca 35°C.

Di *treinta y cinco grados Celsius*

Puedes medir una cosa de muchas maneras. Usa las unidades y los instrumentos apropiados cuando tengas que medir algo.

Unidades de medición

Para encontrar las medidas que necesitas, debes usar los instrumentos apropiados.

Mira cómo puedes medir una jarra de agua.

Más Ayuda
ver
210,
218,
222,
226

Usa una regla para medir la altura del agua.

Usa una pesa para medir el peso del agua y la jarra.

Usa un termómetro para medir la temperatura del agua.

Usa una taza de medir para medir la cantidad de agua en la jarra.

Unidades de medición

A veces tienes que escoger *qué tamaño* de unidad usarás. A veces tienes que escoger *qué tipo* de unidad debes usar.

EJEMPLO 1 ¿Usarías pulgadas o yardas para medir el ancho de tu mano?

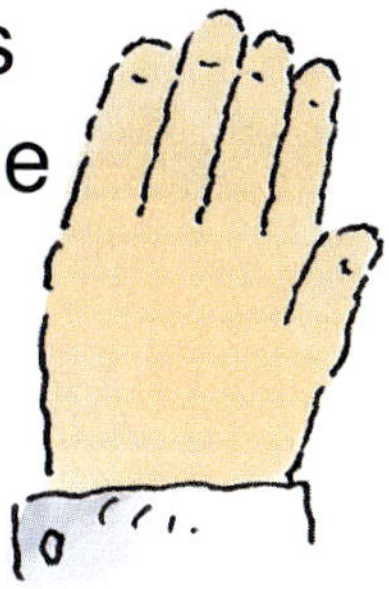

Más Ayuda ver 210–211

Mide cosas pequeñas con unidades pequeñas.

★ **RESPUESTA** pulgadas

EJEMPLO 2 ¿La capacidad de una olla es 5 litros ó 5 metros?

Más Ayuda ver 213, 222, 224

Mide la *capacidad* en litros.
Mide la *longitud* en metros.

★ **RESPUESTA** 5 litros

Más Ayuda ver 211, 218

EJEMPLO 3 ¿La longitud de un camino es 10 yardas ó 10 libras?

Mide la *longitud* en yardas.
Mide el *peso* en libras.

★ **RESPUESTA** 10 yardas

Graficación, estadística y probabilidad

Cuando reúnes información aprendes muchas cosas. Puedes averiguar cuál es la comida preferida de la gente o predecir a qué hora pasan los autobuses frente a la escuela.

Puedes llevar la cuenta de tu información en una tabla o en un cuadro.

Cierta información es más fácil de reunir que otra.

Cada información se llama un **dato.** Los datos se pueden mostrar en cuadros, tablas y gráficas. Las matemáticas que se usan con los datos se llaman **estadística.**

Tablas de conteo

Las **marcas de conteo** son una manera fácil de contar los datos que vas reuniendo en una **encuesta.** Haces 1 marca por cada respuesta que cuentas.

/	//	///	////	𝍸	𝍸 /
1	2	3	4	5	6

Cuando llegues a 5, traza una raya sobre las 4 primeras marcas.

Más Ayuda ver 60, 97

Cuando reúnes datos, puedes usar un **tabla de conteo.**

¿Qué llevas de almuerzo?

Comida	Conteo	Número
Sándwich	𝍸 𝍸 𝍸 //// (5, 10, 15, 16, 17, 18, 19)	19
Manzana	𝍸 /// (5, 6, 7, 8)	8
Banano	/// (1, 2, 3)	3
Naranja	𝍸 / (5, 6)	6

Cuenta los grupos de 5 marcas de cinco en cinco. Luego cuenta las marcas que quedan una por una.

Tablas

Las **tablas** muestran datos en hileras y columnas. Así es más fácil buscar y comparar datos.

Estas son las dos clases de mantequilla de maní

Mantequilla de maní favorita

	Con trocitos	Sin trocitos
Niños	2	4
Niñas	3	5
Total	5	9

2 niños escogieron con trocitos. 4 niños escogieron sin trocitos.

3 niñas escogieron con trocitos. 5 niñas escogieron sin trocitos.

Más estudiantes prefieren mantequilla de maní sin trocitos que con trocitos.

En total, 5 estudiantes escogieron con trocitos. En total, 9 estudiantes escogieron sin trocitos.

¿Lo sabías?

En los Estados Unidos se come mucho maní. La mitad de ese maní es mantequilla de maní.

Fuente: peanut-institite.org/PeanutFAQs

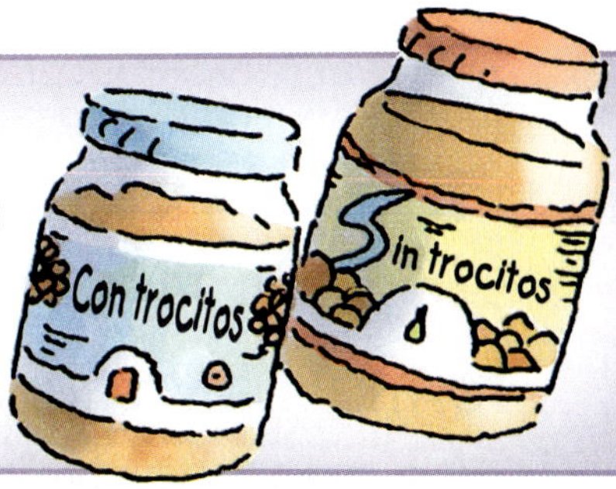

Gráficas

Una **gráfica** te permite ver la información en imágenes. Es más fácil comparar números con una gráfica.

Gráficas reales

Puedes hacer una **gráfica real** con objetos de verdad o con modelos que los representan.

EJEMPLO 1 ¿Maya tiene más osos o más conejos de juguete?

Más Ayuda ver 26

Una forma Usa los objetos reales.

Muñecos de Maya

Conejos					
Osos					

Otra forma Usa modelos.

Muñecos de Maya

Conejos	
Osos	

★ **RESPUESTA** De cualquier forma, Maya tiene más osos que conejos de juguete.

Gráficas con dibujos

Las **gráficas con dibujos** muestran datos usando dibujos.

Cada cara representa un niño que votó por ese sabor.

Puedes usar la gráfica para responder preguntas.

EJEMPLO ¿Cuántos niños más votaron por rojo que por azul?

Una forma Resta para comparar.

Rojo Azul

$9 - 5 = 4$

Más Ayuda
ver 80–81

Otra forma Cuenta para comparar.

★ **RESPUESTA** Cuatro niños más votaron por rojo que por azul.

Gráficas de barras

Es bueno que conozcas las partes de una gráfica.

Una **gráfica de barras** te permite comparar números comparando la longitud de diferentes barras.

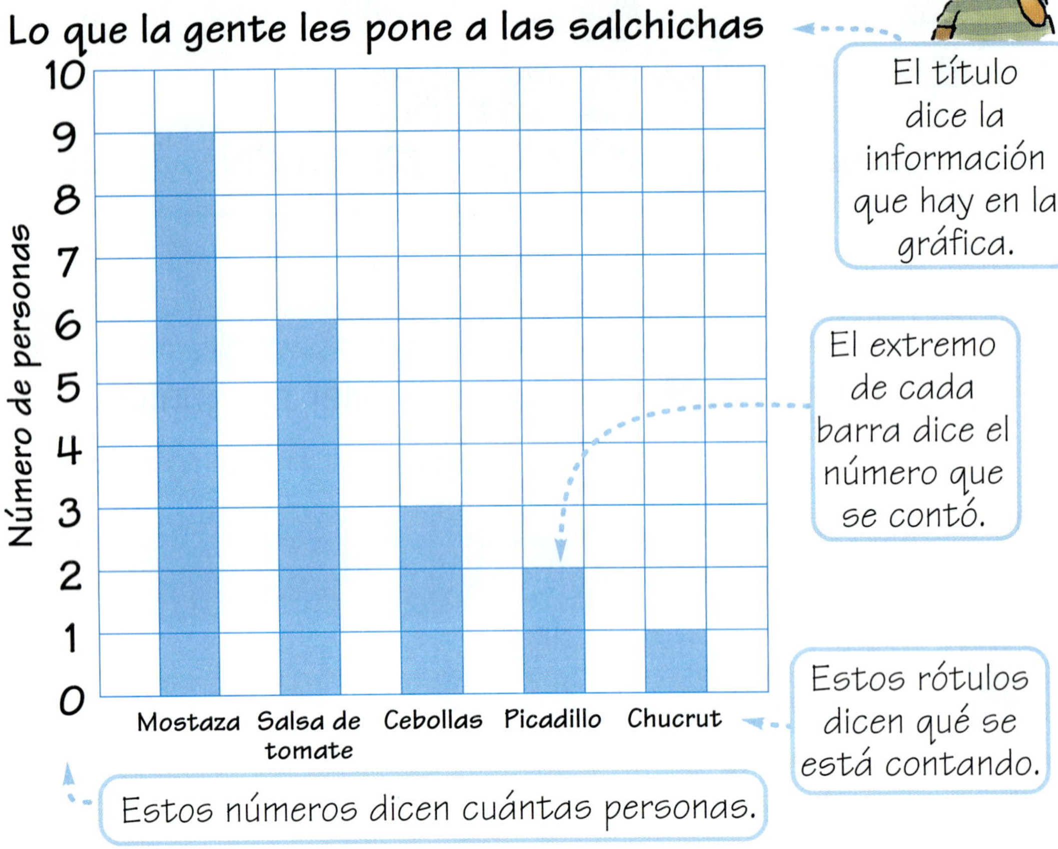

La gráfica de barras dice estas cosas.

- Más personas les ponen salsa de tomate que picadillo.
- Casi todas les ponen mostaza.
- Pocas personas les ponen chucrut.

Hay cosas que la gráfica *no* te dice.

No te dice cuántas personas les ponen *dos cosas,* como salsa de tomate y picadillo.

Tú puedes hacer una gráfica de barras.

Más Ayuda
ver
194–195

Las barras pueden ser horizontales o verticales. Estas son horizontales.

Escribe un título para tu gráfica.

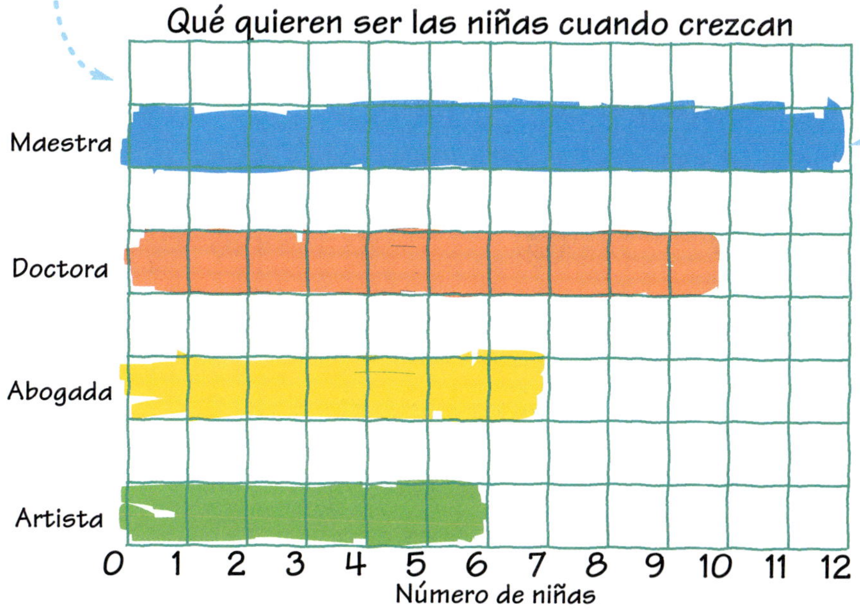

Colorea un cuadro por cada voto. 12 niñas escogieron “Maestra”. Entonces, colorea 12 cuadros.

Colorea 10 cuadros para “Doctora”, 7 para “Abogada” y 6 para “Artista”.

Pictogramas

En un **pictograma,** se usan símbolos para representar números.

EJEMPLO ¿Cuántos jugadores hay en un equipo de fútbol?

Número de jugadores en los equipos

Todos los pictogramas tienen una **clave**. La clave te indica qué representa cada símbolo. En esta gráfica, ☺ representa 2 jugadores. Entonces, ◖ representa 1 jugador.

Busca la hilera para *Fútbol*. Cuenta de dos en dos. Luego, suma 1 más.

★ **RESPUESTA** En un equipo de fútbol hay 11 jugadores.

¿Lo sabías?

El fútbol es el deporte más popular del mundo. Lo juegan en más de 140 países.

Fuente: *The Information Please® Kids' Almanac*, Houghton Mifflin Company

Tú puedes hacer un pictograma.

Escribe un título para tu gráfica.

Escoge un símbolo que represente los votos. Dale un valor tu símbolo. Los votos están en grupos de 5. Puedes darle un valor de 5 ó 10.

Escribe una clave que indique lo que representa el símbolo.

¿Lo sabías?

Los grupos de animales tienen varios nombres.

Una manada de leones
Una tropa de elefantes
Un rebaño de ovejas
Una bandada de pájaros

Fuente: *Diccionario Básico Ilustrado, Carvajal S.A., Editorial Norma*

Diagramas de Venn

Más Ayuda
ver 196

Puedes clasificar las cosas en grupos. Un **diagrama de Venn** usa figuras tales como círculos o aros para mostrar los grupos.

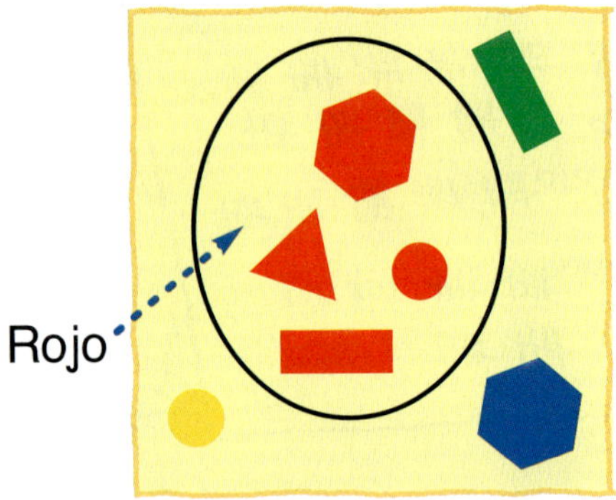

El aro muestra qué figuras están en el grupo "rojo".

Las figuras que están fuera del aro no son rojas.

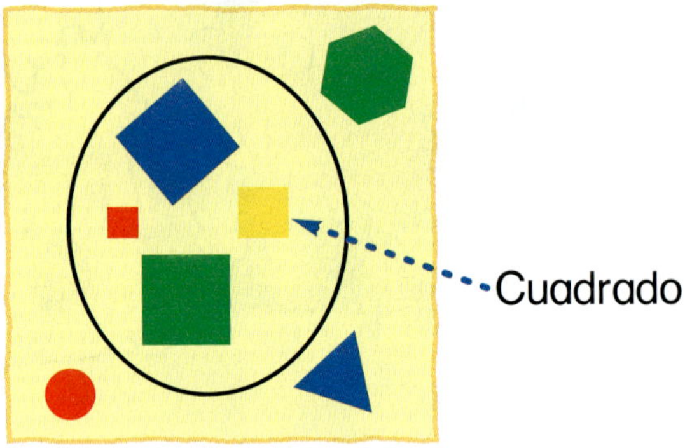

El aro muestra qué figuras están en el grupo "cuadrado".

Las figuras que están fuera del aro no son cuadradas.

Más Ayuda
ver 196–197

Un diagrama de Venn puede tener más de un aro.

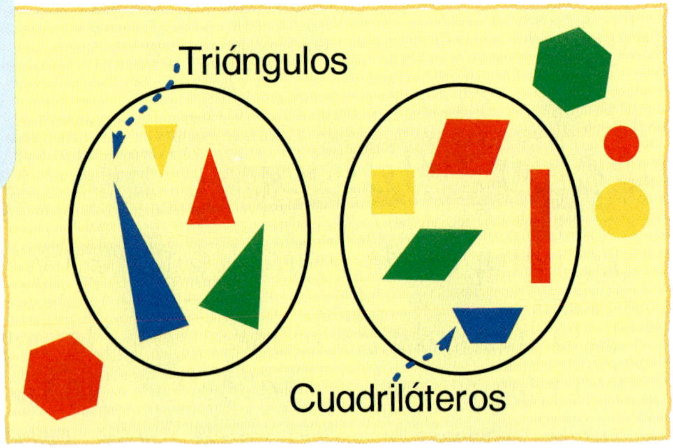

A veces, una cosa cabe en más de un grupo. Esa cosa va en el área donde los dos círculos se superponen.

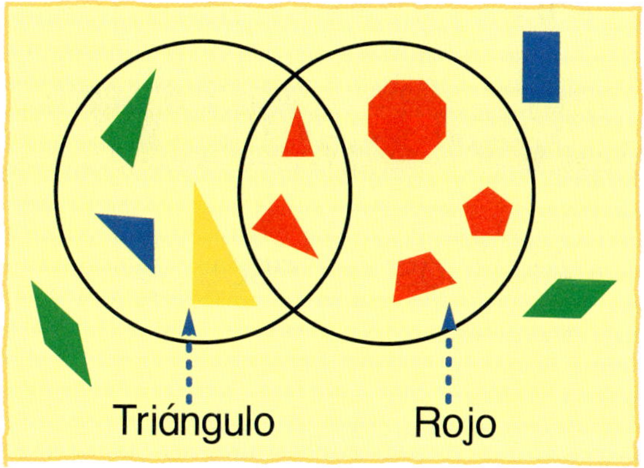

Más Ayuda
ver 196

Podemos clasificar casi cualquier cosa.

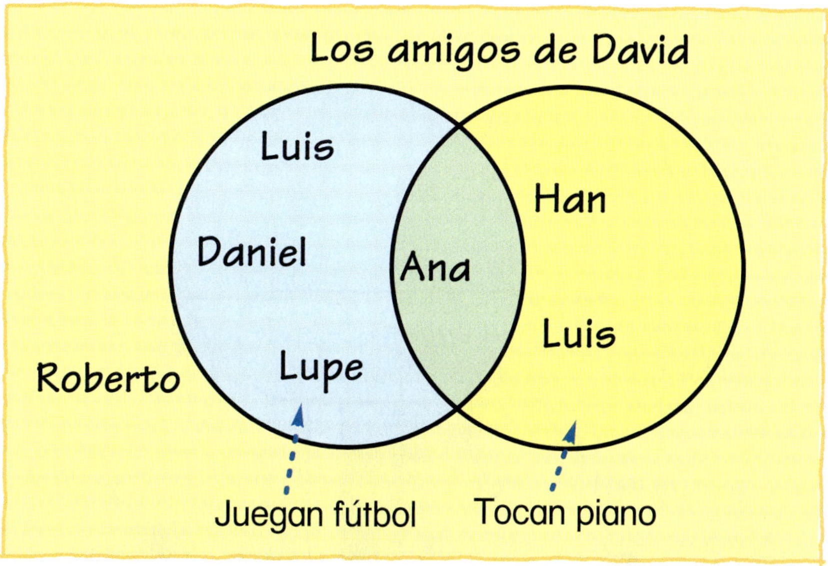

Probablidad

Cuando dices que algo puede ocurrir o no puede ocurrir, estás hablando de **probabilidad.**

Un **suceso** es algo que *puede* ocurrir o puede *no* ocurrir.

Sucesos seguros y sucesos imposibles

- Algunos sucesos son **seguros**.

Suceso: Esta noche será oscura.

Este suceso es seguro.

Sabemos que realmente la noche será oscura.

- Algunos sucesos son **imposibles.**

Suceso: Esta noche una vaca saltará sobre la Luna.

Este suceso es imposible.

Sabemos que las vacas no saltan sobre la Luna.

EJEMPLO 1 Vas a sacar un cubo de esta caja. ¿Es *seguro* o *imposible* que el cubo sea rojo?

Todos los cubos son rojos. Es imposible sacar un cubo que no sea rojo.

El único color que puedes sacar es rojo.

★ **RESPUESTA** Es seguro que sacarás un cubo rojo.

EJEMPLO 2 Vas a sacar un cubo de esta caja. ¿Es *seguro* o *imposible* que el cubo sea rojo?

Ninguno de los cubos es rojo. Es imposible sacar un cubo rojo.

★ **RESPUESTA** Es imposible sacar un cubo rojo.

EJEMPLO 3 Vas a lanzar un cubo con números que tiene las caras marcadas 1, 2, 3, 4, 5 y 6. ¿Es *seguro* o *imposible* que saques 8?

Más Ayuda
ver 205

El cubo no tiene 8.

★ **RESPUESTA** Es imposible sacar 8.

Si tuvieras un cubo con 8 en cada cara, sería seguro sacar 8.

Sucesos probables e improbables

A veces un suceso *puede* ocurrir.

Pero no estás seguro.

- Un suceso puede ser **probable.**

Probablemente va a llover, pero no es seguro. El día puede seguir nublado sin que caiga lluvia.

Suceso: Hoy va a llover.

El dibujo muestra que este suceso es probable.

Más Ayuda
ver 244

- Un suceso puede ser **improbable.**

Probablemente no va a llover, pero no es imposible.

Suceso: Hoy va a llover.

El dibujo muestra que este suceso es improbable.

EJEMPLO 1 Giras este puntero. ¿Es *probable* o *improbable* que caiga en rojo?

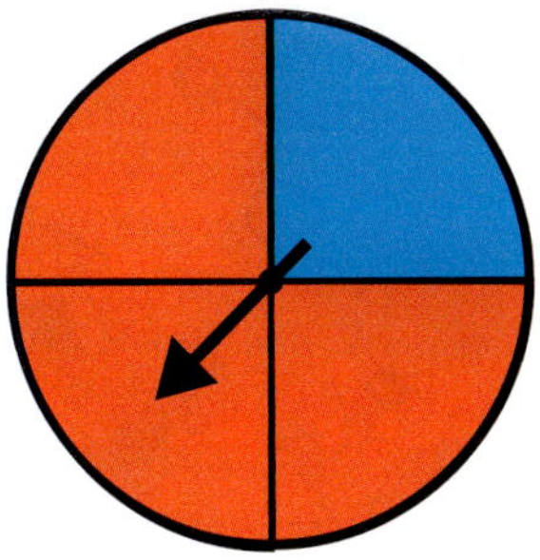

El círculo tiene 4 partes iguales. 3 son rojas y 1 es azul. Hay más rojo que azul en el círculo.

Más Ayuda ver 42

El puntero puede caer en azul, pero es más probable que caiga en rojo.

★ **RESPUESTA** Es probable que el puntero caiga en rojo.

EJEMPLO 2 Giras este puntero. ¿Es *probable* o *improbable* que caiga en amarillo?

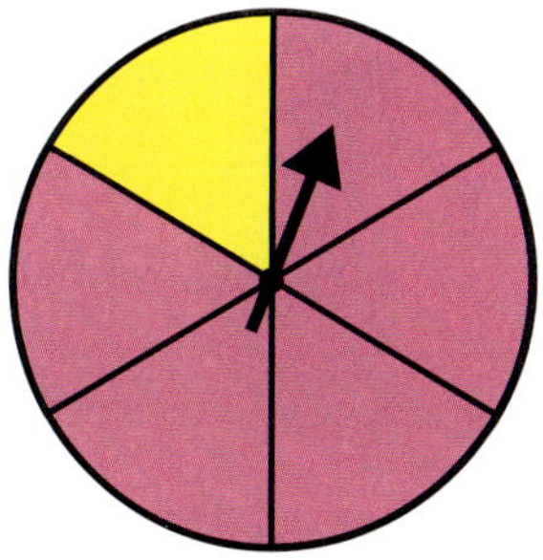

El círculo tiene 6 partes iguales. 1 es amarilla y 5 son moradas. Hay más morado que amarillo en el círculo.

El puntero puede caer en amarillo, pero es más probable que caiga en morado.

★ **RESPUESTA** Es improbable que el puntero caiga en amarillo.

Sucesos igualmente probables

Algunos sucesos son **igualmente probables.** Esto quiere decir que ambos tienen la misma probabilidad de ocurrir.

Si lanzas una moneda al aire, puede caer de dos formas.

cara

cruz

Siempre que lanzas una moneda, hay dos sucesos que pueden ocurrir. La moneda puede caer con a cara para arriba. La moneda puede caer con la cara para abajo. Los dos sucesos son igualmente probables.

EJEMPLO 1 Haces girar este puntero.

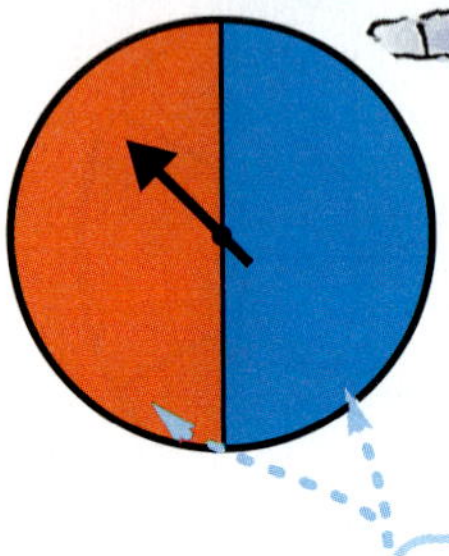

El puntero puede caer en rojo.
El puntero puede caer en azul.
¿Estos sucesos son igualmente probables?

Más Ayuda ver 42

La probabilidad de que el puntero caiga en rojo y la probabilidad de que caiga en azul son iguales.

★ **RESPUESTA** Sí. Los sucesos son igualmente probables.

EJEMPLO 2 Tú y un amigo quieren jugar este juego con el puntero.

Juego del puntero
Reglas

- Escojan un círculo de dos colores.
- Tú y tu amigo escogen un color cada uno.
- Por turnos hagan girar el puntero.
  Si el puntero cae en tu color, ganas un punto.
  Si el puntero cae en el color de tu amigo, él o ella gana un punto.
- Sigan girando el puntero hasta que cada uno juegue 10 veces.
- El jugador con más puntos gana.

Si quieres que el juego sea justo, ¿qué círculo escogerías?

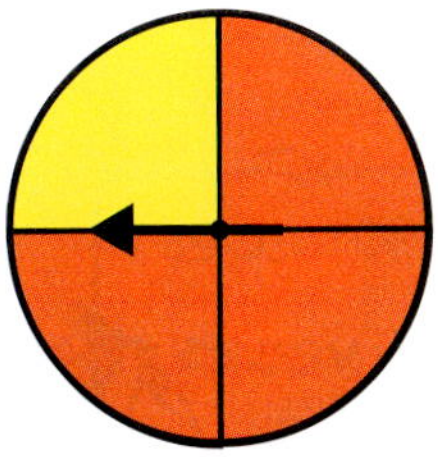

El rojo tiene más probabilidad que el amarillo.

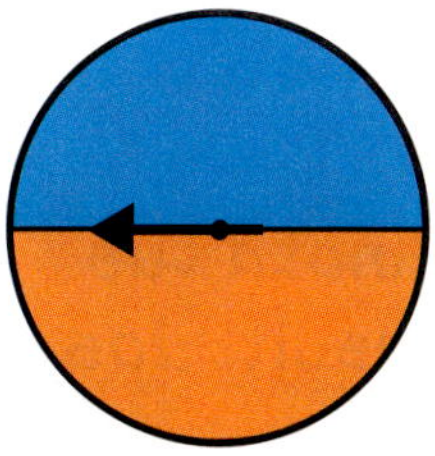

El azul y el naranja tienen la misma probabilidad.

★ **RESPUESTA** Para que el juego sea justo, usa el redondel azul y naranja.

Hacer predicciones

Haces una **predicción** cuando usas lo que ya sabes para decir lo que tú crees que probablemente ocurrirá.

A veces haces predicciones durante un experimento.

1. Predice lo que sacarás de la bolsa.

2. Saca un objeto de la bolsa. Luego mételo de nuevo.

3. Repite lo mismo 100 veces. Anota tus resultados.

4. Ahora predice qué sacarás de la bolsa.

"Una bolita roja" es una buena predicción.

EJEMPLO Hay 85 niños en los grados 1 y 2.
Usa la siguiente información para predecir si mañana más niños traerán su almuerzo o lo comprarán en la escuela.

12 niños dijeron que traerán su almuerzo.
3 niños dijeron que comprarán su almuerzo.
No les preguntaste a todos los niños de los grados 1 y 2.
Pero puedes usar la información de los niños a quienes les preguntaste para hacer tu predicción.

Más Ayuda ver 234

★ **RESPUESTA** Una buena predicción es: "más niños traerán su almuerzo mañana".

Pensamiento algebraico

Imagina que tienes 7 años y que tu amigo tiene 8. Cuando tú tengas 8, tu amigo tendrá 9. Cuando tú tengas 9, tu amigo tendrá 10. Las edades cambian todos los años, pero tu amigo siempre tendrá un año más que tú.

Pensar en patrones y cómo funcionan los números se llama pensamiento algebraico.

Cuando algo se repite varias veces, decimos que hay un **patrón.** Puedes encontrar patrones en la música, el arte, las ciencias y las matemáticas.

Más Ayuda
ver
276–277

Patrones

Hay muchos tipos de patrones.

- Un patrón puede ser un grupo de cosas que se repiten varias veces en fila.

Patrón de tamaños

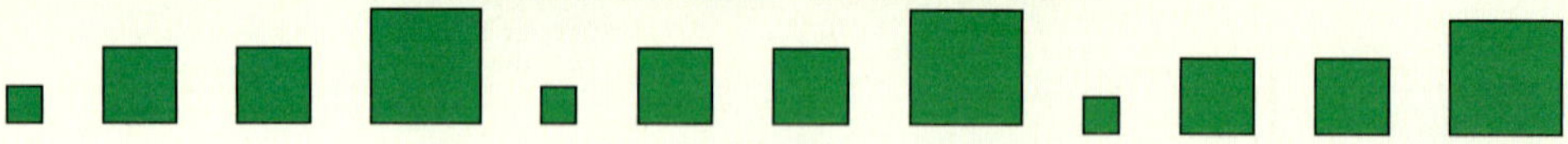

pequeño, mediano, mediando, grande *pequeño, mediano, mediando, grande* *pequeño, mediano, mediando, grande*

Patrón de letras

A, B, B, C, A, B, B, C, A, B, B, C

Patrón de sonidos

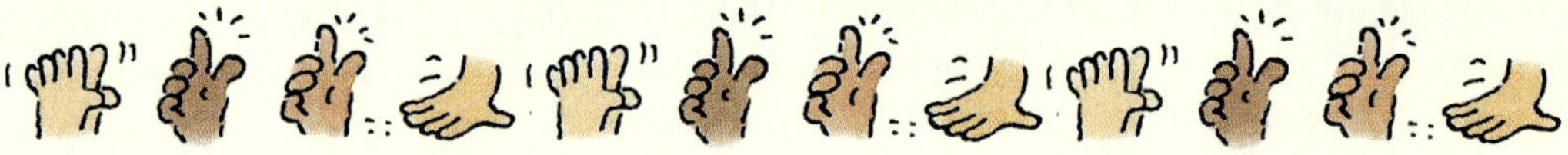

clap, clic, clic, paf *clap, clic, clic, paf* *clap, clic, clic, paf*

- Un patrón puede ser un grupo de objetos que se repiten varias veces en una cuadrícula.

Patrón de colores

rojo, azul, azul, amarillo — *rojo, azul, azul, amarillo*

El mismo patrón se ve diferente en dos cuadrículas diferentes.

- Un patrón puede crecer.

Patrón de cuadrados

Patrón de números

1 → 3 → 6 → 10 → 15 → 21

+ 2, + 3, + 4, + 5, + 6

Los cuadrados y los números muestran el mismo patrón.

Cada cambio es 1 más que el anterior. Esto se repite varias veces. Por eso es un patrón.

Funciones

Estos son los primeros cuatro términos de un patrón.

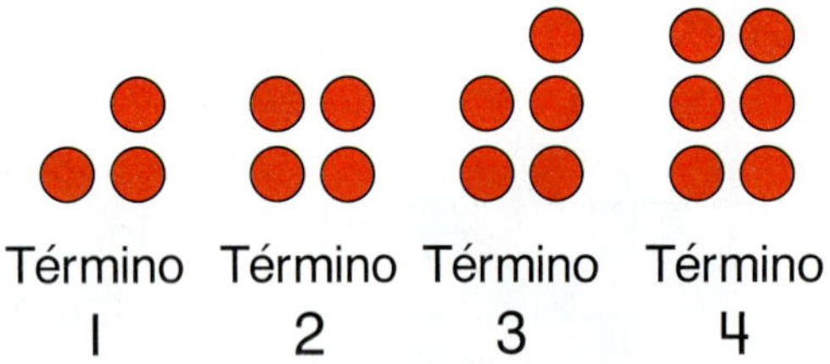

El número de fichas siempre es 2 más que el término. Si continúas este patrón, el término 5 tendrá 7 fichas, el término 6 tendrá 8 fichas y así sucesivamente.

Cada término tiene cierto número de fichas. Esta relación se llama una **función.**

Máquinas de funciones

Puedes meter números a la máquina de funciones, uno por uno. La máquina hace lo mismo con cada número y produce un resultado. Por cada número que entra, sólo hay un número que sale.

La máquina de funciones no es de verdad. Es sólo una forma de mostrar cómo trabajan las funciones.

Esta máquina le suma 2 a cualquier número. Su regla es "suma 2".

Esta máquina le resta 1 a cualquier número. Su regla es "resta 1".

Tablas de funciones

Una tabla de funciones muestra qué entra y qué sale de una máquina de funciones. La tabla muestra la regla que relaciona el número que entra con el número que sale.

Más Ayuda
ver 101, 235, 282–284

Regla: − 2	
Entra	Sale
2	0
3	1
4	2
5	3

Entra Regla Sale

$2 - 2 = 0$

$3 - 2 = 1$

$4 - 2 = 2$

$5 - 2 = 3$

Esta tabla de funciones también muestra un patrón en cada columna. Esto se debe a que los números que entran están en orden de conteo.

EJEMPLO Completa la tabla de funciones.

Regla: + 2	
Entra	Sale
7	■
■	5
6	■
■	7

Entra Regla Sale

$7 + 2 = 9$

$3 + 2 = 5$

$6 + 2 = 8$

$5 + 2 = 7$

Regla: + 2	
Entra	Sale
7	9
3	5
6	8
5	7

Más Ayuda
ver 32, 84–85

Las columnas de esta tabla de funciones no tienen un patrón. Los números que entran no están en orden de conteo.

Una **ecuación** es un enunciado numérico que muestra que dos cantidades son **iguales.** En las ecuaciones se usa el signo igual.

Las cantidades a cada lado del signo igual tienen que ser iguales. ¡Tiene sentido!

$3 + 2 = 5$

$5 = 5$

Usar una balanza para completar una ecuación

Una ecuación tiene que estar equilibrada. Tiene que haber la misma cantidad a cada lado del signo igual.

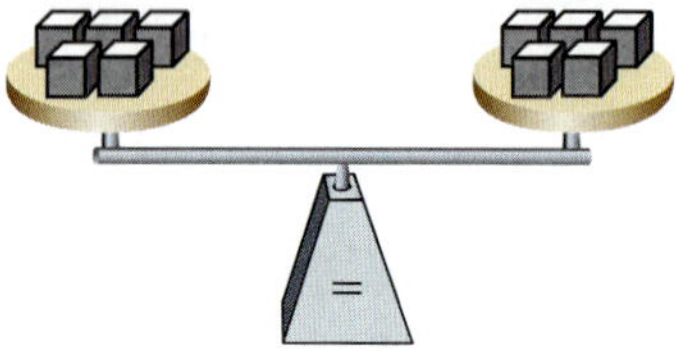

$5 = 5$

EJEMPLO 1 $5 + \blacksquare = 5 + 3$

Puedes usar modelos en una balanza.

Este lado de la balanza necesita más cubos.

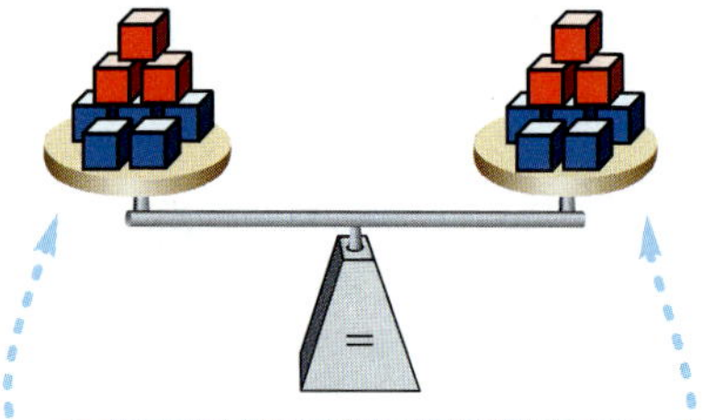

Ahora ambos lados tienen la misma cantidad.

$5 + 3 = 5 + 3$

$8 = 8$

★ **RESPUESTA** $5 + 3 = 5 + 3$

EJEMPLO 2 $10 + 4 = ■$

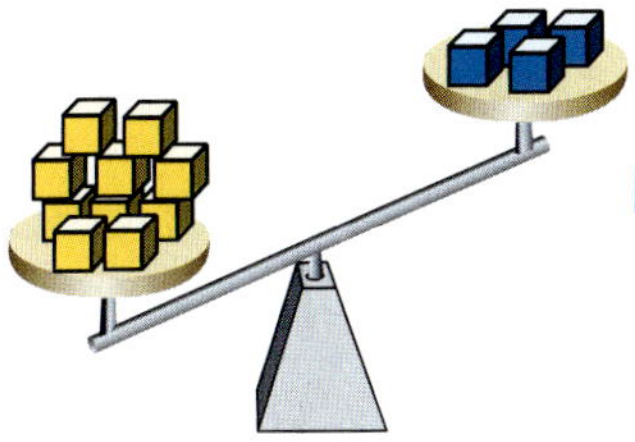

Este lado de la balanza necesita más cubos.

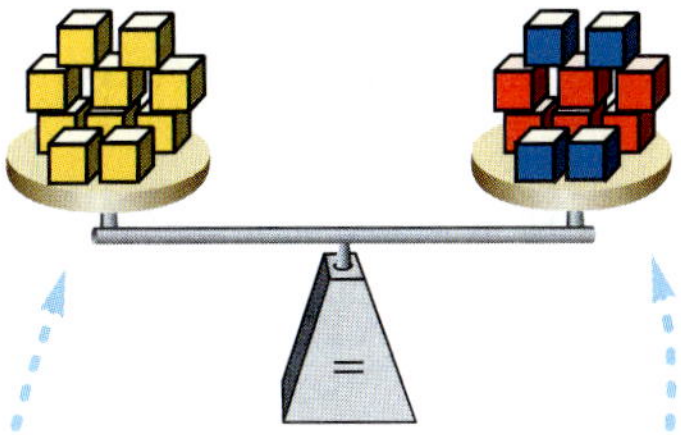

Ahora los dos lados tienen la misma cantidad.

$10 = 4 + 6$

$10 = 10$

★ **RESPUESTA** $10 = 4 + 6$

¡Atención!

Si los platillos no están en equilibrio, no escribas la ecuación.

No puedes escribir una ecuación si los dos platillos no están en equilibrio.

Más Ayuda ver 26–27

Escribe $5 \neq 7$

Di ***5 no es igual** a 7.*

Ecuaciones donde falta un sumando

EJEMPLO 1 Juan tiene 9 juegos. Cinco de ellos son juegos de vídeo. Los demás son juegos de mesa. ¿Cuántos juegos de mesa tiene Juan?

Más Ayuda ver 84–85

Una forma Puedes usar modelos en una balanza.

Aquí necesitas más cubos para formar cantidades iguales.

Suma cubos hasta que los lados queden equilibrados.

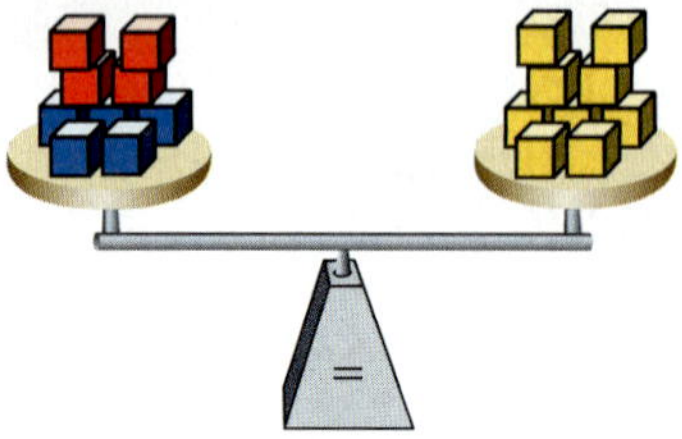

Se agregaron 4 más para equilibrar ambos lados.

Otra forma Puedes escribir una ecuación.

Piensa 5 juegos de vídeo + unos juegos de mesa = 9 juegos

Escribe 5 + ■ = 9

5 + 4 = 9

★ **RESPUESTA** Juan tiene 4 juegos de mesa.

EJEMPLO 2 El carro de juguete pesa 4 libras.
¿Cuánto pesa la muñeca?

Más Ayuda ver 218–219

Una forma Puedes usar modelos.

4 para el carro.

7 para el total.

Más Ayuda ver 84–85

Suma cubos hasta que tengas cantidades iguales.

4 para el carrito.
3 para la muñeca.

7 para el total.

$4 + 3 = 7$
$7 = 7$
Las cantidades son iguales.

Otra forma Puedes escribir una ecuación.

Piensa 4 libras para el carrito + unas libras para la muñeca = 7 libras

Escribe 4 + ■ = 7
$4 + 3 = 7$

★ **RESPUESTA** La muñeca pesa 3 libras.

Una **propiedad** es una regla que se cumple para todo un conjunto de números

Propiedades de la suma

• Propiedad de orden de la suma

Más Ayuda ver 55, 58

Puedes cambiar el orden de los sumandos. La suma no cambia.

$3 + 6 = 9$

$6 + 3 = 9$

• Propiedad de agrupación de la suma

Más Ayuda ver 70–71

Puedes cambiar la agrupación de los sumandos. La suma no cambia.

$4 + 2 + 6 = \blacksquare$

$6 + 6 = 12$

$4 + 2 + 6 = \blacksquare$

$10 + 2 = 12$

Puedes formar un 10

• Propiedad de suma del cero

Más Ayuda ver 59

Cuando le sumas cero a un número, el resultado de la suma es el mismo número.

$9 + 0 = 9$ $99 + 0 = 99$ $999 + 0 = 999$

Propiedades de la multiplicación

• Propiedad de orden de la multiplicación

Puedes cambiar el orden de dos factores. El producto no cambia.

Más Ayuda
ver
93,
102–103

$2 \times 3 = 6$

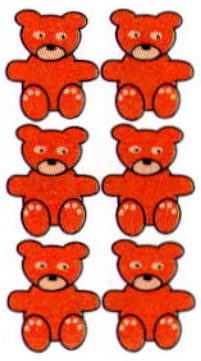

$3 \times 2 = 6$

• Propiedad multiplicativa del 1

Cuando multiplicas un número por 1, el número sigue igual.

Más Ayuda
ver
104

2 grupos con 1 pájaro

$2 \times 1 = 2$

1 grupo con 2 pájaros

$1 \times 2 = 2$

Si alguno de los factores es 1, el producto es el otro factor.

• Propiedad multiplicativa del cero

Cuando multiplicas un número por cero, el producto es cero.

Más Ayuda
ver
105

4 grupos de 0 pájaros

$4 \times 0 = 0$

0 grupos de 4 pájaros

$0 \times 4 = 0$

Si alguno de los factores es 0, el producto es 0.

Gráficas de coordenadas

Una **gráfica de coordenadas** es como un mapa. Puedes usar dos números para ubicar un punto en la gráfica.

- Puedes usar un **par ordenado** para hallar un punto en una gráfica.

EJEMPLO 1 ¿Qué animal está en el punto (3, 5)?

Piensa (3, 5)

El primer número te dice cuántos espacios moverte desde 0 hacia la derecha.

El segundo número te dice cuántos espacios moverte desde 0 hacia arriba.

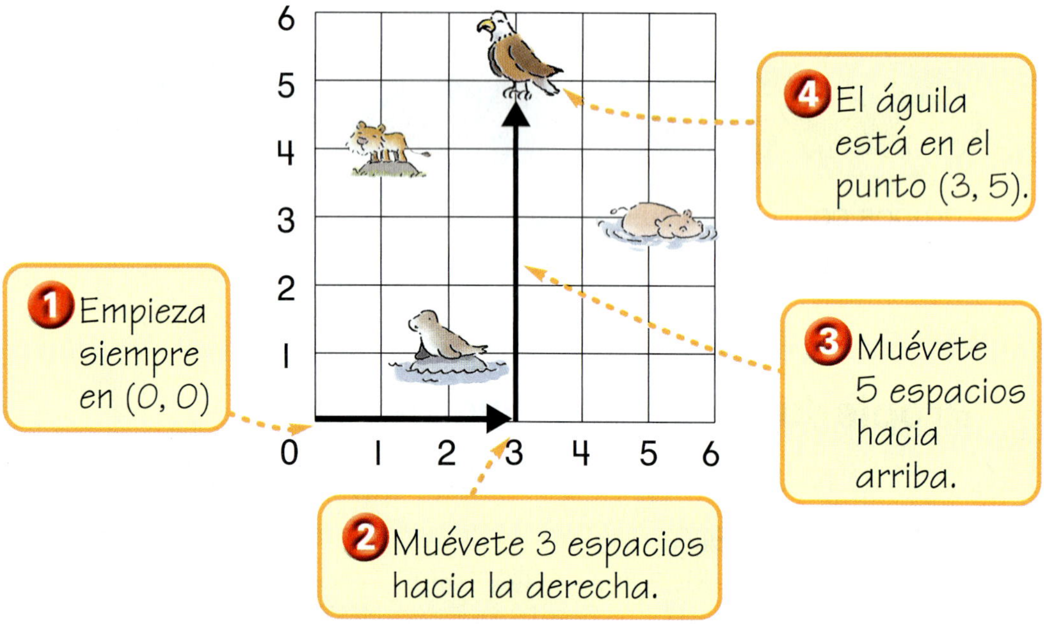

★ **RESPUESTA** El águila está en el punto (3, 5).

- Puedes usar un par ordenado para nombrar un punto en una gráfica.

EJEMPLO 2 ¿Qué par ordenado te dice dónde está el pato?

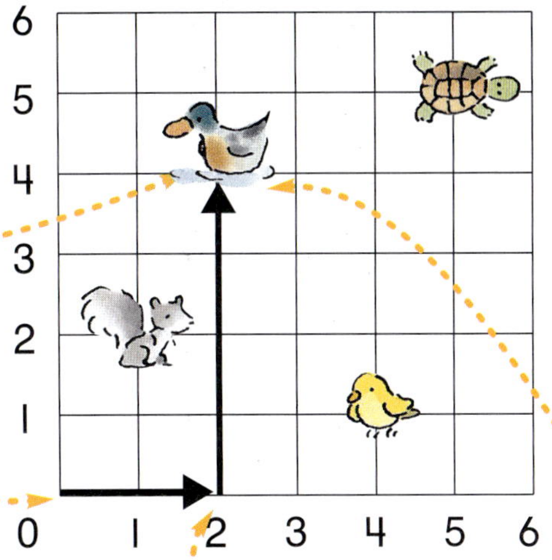

1. Busca el punto donde está el pato.
2. Empieza siempre en (0, 0)
3. Muévete hacia la derecha hasta que estés debajo del pato. Te moviste 2 espacios hacia la derecha.
4. Muévete hacia arriba, hasta el pato. Te moviste 4 espacios hacia arriba.
5. El par ordenado es (2, 4).

Escribe (2, 4)

Di *punto dos cuatro, o puedes decir par ordenado dos cuatro*

★ **RESPUESTA** El pato está en el punto (2, 4).

¿Lo sabías?

Los mapas de calles usan cuadrículas de coordenadas para ubicar lugares. Tienen números y letras, no sólo números.

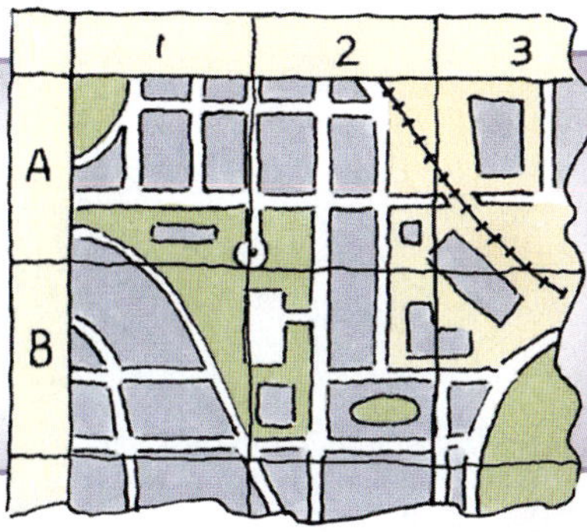

Solucionar problemas

Todos los días solucionas problemas. A veces sabes qué hacer. Otras veces tienes que pensar en ideas nuevas. Así se solucionan los problemas de matemáticas. Pero tienes que usar ideas buenas . . . ¡y sobre todo no le eches la culpa al perro!

Consejos para solucionar problemas

Sigue intentando.

No puedes solucionar todos los problemas la primera vez. No importa. Mira lo que hiciste. Luego, inténtalo de nuevo.

Practica.

Hay un dicho: la práctica te hace perfecto. Quizá no te haga perfecto, pero sí te ayuda a mejorar. Esto también ocurre con las matemáticas. Cuando tratas de solucionar problemas, aprendes cosas nuevas. Cada vez aprendes a solucionarlos mejor.

Usa lo que sabes.

Piensa en algo pasado. Recuerda una lección que aprendiste. Esto también sirve para solucionar problemas. Piensa en otros problemas que hayas solucionado.

Toma un descanso.

Algunos problemas son difíciles. Es bueno hacer otra cosa durante un rato. Luego vuelve al problema.

Plan de cuatro pasos para solucionar problemas

¿Alguna vez no has podido solucionar un problema? A veces te sientes perdido. Este plan es como un mapa. Te ayudará a encontrar el camino.

❶ Entender

Lee el problema atentamente. Pregúntate:

- ¿Qué sé?
- ¿Qué tengo que averiguar?

❷ Planear

Piensa qué puedes hacer. Hay estrategias que puedes usar. ¿Puedes representar el problema? ¿Puedes hacer un dibujo o una tabla? Escoge una estrategia y ensáyala.

Busca en la página 271. Allí hay más estrategias que puedes usar.

❸ Intentar

Aplica la estrategia que escogiste. Si no funciona, intenta una estrategia diferente.

❹ Mirar atrás

Cuando encuentras una repuesta, no pares. Pregúntate:

- ¿Respondí la pregunta?
- ¿Hice bien los cálculos?
- ¿Mi respuesta es lógica?

Estrategias para solucionar problemas

Solucionar un problema es como ir a un lugar. Hay muchas formas de ir. También hay muchas formas de hallar una respuesta. Estas formas se llaman estrategias para solucionar problemas.

Estas son algunas cosas para recordar cuando escojas una estrategia:

- Puedes usar más de una estrategia para el mismo problema.
- Puedes inventar tus propias estrategias.
- Tú puedes usar una estrategia y tus amigos pueden usar otras.

Representar

Puedes usar objetos para representar un problema. Usa fichas o monedas. También puedes usar cubos, canicas o papel. Usa cosas sencillas.

EJEMPLO La primera fila tiene 7 sillas. La segunda fila tiene una silla más que la primera. ¿Cuántas sillas hay en las dos primeras filas?

1 Entender

- ¿Qué sabes?

  Una fila tiene 7 sillas.

  Otra fila tiene 1 más.

- ¿Qué tienes que averiguar?

  El número de sillas en dos filas

2 Planear

Puedes representar el problema.

Usa cubos para representar las sillas.

3 Intentar

1 Muestra el número de sillas en la primera fila.	 7 sillas
2 Muestra el número de sillas en la segunda fila. 1 más que 7.	 8 sillas más
3 Cuenta los cubos para hallar el total. Puedes contar desde 7.	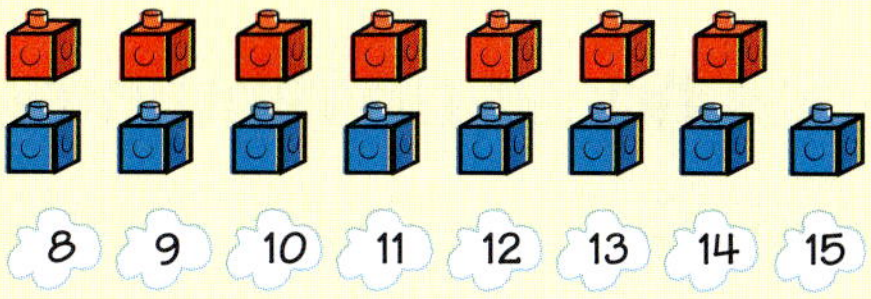

Parece que hay 15 sillas.

Más Ayuda ver 60

4 Mirar atrás

Cuando encuentras una repuesta, no pares. Pregúntate:

- ¿Hay 2 filas? Sí.
- ¿8 es más que 7? Sí.
- ¿7 + 8 = 15? Sí.
- ¿Mi respuesta tiene sentido? Sí.

★ **RESPUESTA** Hay 15 sillas en las dos primeras filas.

Hacer un dibujo

Puedes hacer un dibujo para solucionar un problema. No tienes que ser artista. Puedes usar marcas para representar personas y cosas.

EJEMPLO Vas a formar unos equipos. Cada equipo debe tener 6 jugadores. Hay 22 niños que quieren jugar. ¿Cuántos equipos puedes formar?

1 Entender

Más Ayuda ver 110

- ¿Qué sabes?
  Cada equipo debe tener 6 jugadores.
  Hay 22 niños
- ¿Qué tienes que averiguar?
  Cuántos equipos puedes formar

2 Planear

Puedes hacer un dibujo.

3 Intentar

Haz una X por cada jugador. Busca cuántos grupos de 6 puedes formar.

1 Haz 22 X. Son los jugadores.	XXXXXXXXXXXX XXXXXXXXXX
2 Encierra grupos de seis en un círculo.	(XXX XXX)(XXX XXX)(XXX XXX) XXX X

Puedes formar 3 grupos de 6. Hay 4 jugadores extras.

Parece que puedo formar 3 equipos.

Más Ayuda ver 111

4 Mirar atrás

- ¿Hiciste una X por cada jugador? Sí.
- ¿Cada círculo tiene 6 X? Sí.

★ **RESPUESTA** Puedes formar 3 equipos con 6 jugadores en cada uno.

Sobran 4 jugadores. No son suficientes para formar otro equipo.

Encontrar un patrón

Más Ayuda
ver
254–
255

Hay patrones en todas partes. Hay patrones en la música, el arte y la naturaleza. Puedes usar patrones para solucionar ciertos problemas.

EJEMPLO ¿Cuáles son los dos objetos que siguen en cada patrón?

Patrón 1:  __ __

Patrón 2:  __ __

❶ Entender

- ¿Qué sabes?
  Hay dos patrones diferentes
- ¿Qué tienes que averiguar?
  Los dos objetos que siguen en cada patrón

❷ Planear

Busca las cosas que se repiten. Observa cada patrón y decide qué sigue.

3 Intentar

Patrón 1: Hay dos cuadrados y luego un círculo. Esto se repite y vuelve a empezar.

El patrón es *cuadrado, cuadrado, círculo.*

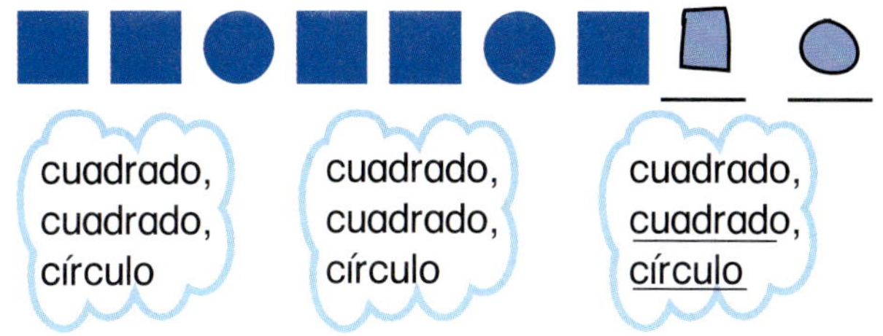

Entonces, después del cuadrado debe venir otro cuadrado y luego un círculo.

Patrón 2: Las flechas señalan *izquierda, arriba, derecha, abajo.*

Esto se repite. El patrón es *izquierda, arriba, derecha, abajo.*

Más Ayuda ver 300

Entonces, después de la flecha hacia la derecha sigue una flecha hacia abajo y luego una flecha hacia la izquierda.

4 Mirar atrás

- ¿Verifica que tu respuesta esté de acuerdo con el patrón.

★ RESPUESTA

Patrón 1: 

Patrón 2: 

Adivina, verifica y revisa

Para solucionar ciertos problemas, puedes empezar por adivinar la respuesta. Verifícala. Si funciona, está bien. Si no funciona, revísala. Es decir, usa lo que aprendiste y vuelve a adivinar.

EJEMPLO Hay 8 juguetes de montar. Tienen 19 ruedas en total. ¿Cuántos son patinetas y cuántos son triciclos?

1 Entender

- ¿Qué sabes?

  Las patinetas tienen 2 ruedas. Los triciclos tienen 3 ruedas.

  Hay 8 juguetes de montar. Hay 19 ruedas.

- ¿Qué tienes que averiguar?

  Cuántas patinetas hay

  Cuántos triciclos hay

2 Planear

Para un problema como éste, usa la estrategia de adivinar, verificar y revisar.

Más Ayuda ver 96

3 Intentar

Adivinar.	Verificar.	Revisar.
4 patinetas 4 triciclos 8 juguetes	2 + 2 + 2 + 2 = 8 ruedas 3 + 3 + 3 + 3 = 12 ruedas 8 + 12 = 20 ruedas	¡Muchas ruedas! Ensaya con menos triciclos.
6 patinetas 2 triciclos 8 juguetes	2 + 2 + 2 + 2 + 2 + 2 = 12 ruedas 3 + 3 = 6 ruedas 12 + 6 = 18 ruedas	¡Muy pocas ruedas! Ensaya con más triciclos.
5 patinetas 3 triciclos 8 juguetes	2 + 2 + 2 + 2 + 2 = 10 ruedas 3 + 3 + 3 = 9 ruedas 10 + 9 = 19 ruedas	¡Exacto!

Parece que hay 5 patinetas y 3 triciclos.

4 Mirar atrás

- ¿Hay 19 ruedas en total? Sí, 10 ruedas de patineta y 9 ruedas de triciclo.
- ¿Hay 8 juguetes de montar en total? Sí, 5 + 3 = 8.

★ **RESPUESTA** Hay 5 patinetas y 3 triciclos.

Hacer una lista

Una lista te ayuda a recordar lo que tienes. Por eso, las listas te ayudan a solucionar ciertos problemas.

EJEMPLO Mira la caja de Robots de Colores. ¿Cuántas formas hay de armar un robot?

1 Entender

- ¿Qué sabes?

  La cabeza del robot puede ser roja, azul o amarilla.

  Las piernas del robot pueden ser rojas, azules o amarillas.

- ¿Qué tienes que averiguar?

  De cuántas formas puedes armar un robot

② Planear

Intenta hacer una lista usando un patrón. Así no dejarás robots por fuera y tampoco anotarás el mismo robot dos veces.

Más Ayuda
ver 276–277

③ Intentar

Empieza la lista anotando un robot.

Puedes escribir R, A y AM en vez de rojo, azul y amarillo.

Anota otros con el mismo color de cabeza: roja.	cabeza roja – piernas rojas cabeza roja – piernas azules cabeza roja – piernas amarillas
Anota los robots de cabeza azul.	cabeza azul – piernas rojas cabeza azul – piernas azules cabeza azul – piernas amarillas
Anota los robots de cabeza amarilla.	cabeza amarilla – piernas rojas cabeza amarilla – piernas azules cabeza amarilla – piernas amarillas

Parece que hay 9 formas diferentes de armar un robot.

④ Mirar atrás

- ¿Dejaste robots por fuera? No.
- ¿Anotaste dos veces algún robot? No.

Es muy fácil verificar este patrón.

★ **RESPUESTA** Puedes formar robots de 9 formas diferentes.

Hacer una tabla

A veces puedes hacer una tabla que te ayude a solucionar un problema.

EJEMPLO 1 María tiene 7 años. Su hermano tiene 4. ¿Cuántos años tendrá su hermano cuando ella tenga 11 años?

❶ Entender

- ¿Qué sabes?
  María tiene 7 años.
  Su hermano tiene 4.
- ¿Qué tienes que averiguar?
  La edad de su hermano cuando María tenga 11 años

❷ Hacer un plan

Haz una tabla que muestre la edad de cada niño cada año.

3 Intentar

Haz una tabla. Escribe la información que sabes.

Edad de María	7			
Edad de su hermano	4			

Más Ayuda ver 257

Completa la tabla. Sigue sumando un año a la edad de cada niño.

Para cuando la edad de María llegue a 11.

Edad de María	7	8	9	10	11
Edad de su hermano	4	5	6	7	8

Parece que el hermano de María tendrá 8 años cuando ella tenga 11.

4 Mirar atrás

- ¿Tu respuesta tiene sentido? Sí.
  La edad de María siempre es 3 años más que la edad de su hermano. 11 es 3 más que 8.

★ **RESPUESTA** Cuando María tenga 11 años, su hermano tendrá 8.

MÁS ▶

MÁS SOBRE Hacer una tabla

EJEMPLO 2 Yuki está haciendo peces estrella. Necesita 5 pajillas para cada pez. Tiene 32 pajillas. ¿Cuántos peces estrella puede hacer?

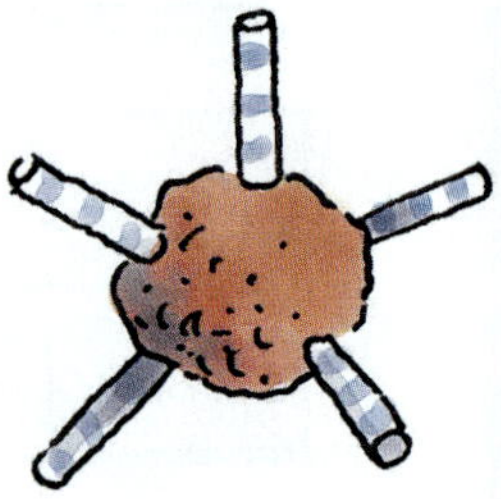

1 Entender

Más Ayuda ver 100–101

- ¿Qué sabes?
  Cada pez estrella usa 5 pajillas.
  Yuki tiene 32 pajillas.
- ¿Qué tienes que averiguar?
  Cuántos peces estrella puede hacer Yuki.

2 Hacer un plan

Haz una tabla. Usa un patrón para completarla.

3 Intentar

Peces estrella	1	2	3	4	5	6	7
Pajillas	5	10	15	20	25	30	35

Parece que Yuki tiene suficientes pajillas para hacer 6 peces estrella.

No tiene suficientes pajillas para hacer 7 peces estrella.

4 Revisar

- ¿Completaste la tabla correctamente?
  Puedes verificar usando modelos.

★ **RESPUESTA** Yuki puede hacer 6 peces estrella.

- Para hacer cosas diferentes, necesitas destrezas diferentes.

- También necesitas destrezas para solucionar problemas.

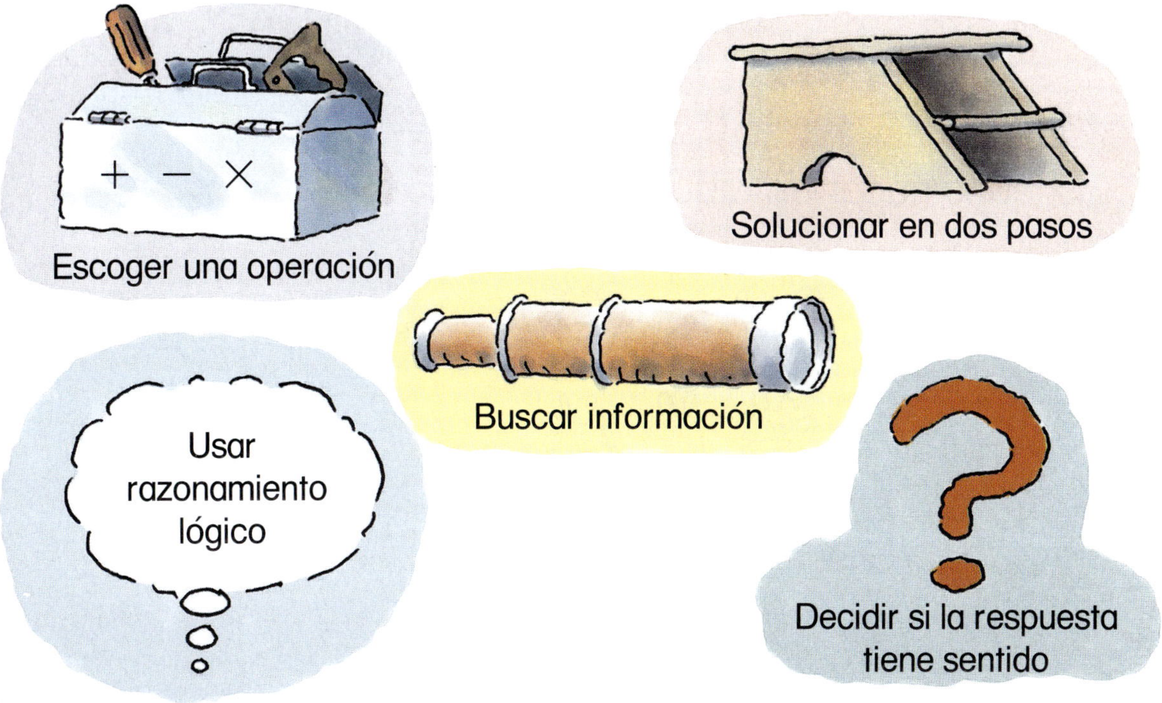

Escoger una operación

A veces puedes sumar o restar para solucionar un problema.

EJEMPLO 1 Jaime tiene 5 vacas. Pablo le da 3 vacas. ¿Cuántas vacas tiene Jaime ahora?

1 Entender

Más Ayuda ver 54–55

- ¿Qué sabes?
  Jaime tiene 5 vacas. Recibe 3 más.
- ¿Qué tienes que averiguar?
  Cuántas vacas tiene en total

2 Planear

Un grupo se une a otro grupo. Puedes sumar.

3 Intentar

5 + 3 = 8

5 vacas y 3 más. Parece que ahora Jaime tiene 8 vacas.

4 Mirar atrás

Más Ayuda ver 57

Puedes hacer un dibujo para verificar.

★ **RESPUESTA** Ahora Jaime tiene 8 vacas.

EJEMPLO 2 Hay 7 vacas en el establo. 3 vacas se salen. ¿Cuántas vacas hay en el establo ahora?

❶ Entender

- ¿Qué sabes?
  Hay 7 vacas y 3 se van.
- ¿Qué tienes que averiguar?
  Cuántas vacas quedan

❷ Planear

Parte de un grupo se va. Puedes restar para saber cuántas quedan.

Más Ayuda ver 72–73

❸ Intentar

7 − 3 = 4

Hay 7 vacas y 3 se van. Parece que quedan 4 vacas en el establo.

❹ Mirar atrás

Puedes representar el problema para verificar.

Más Ayuda ver 74

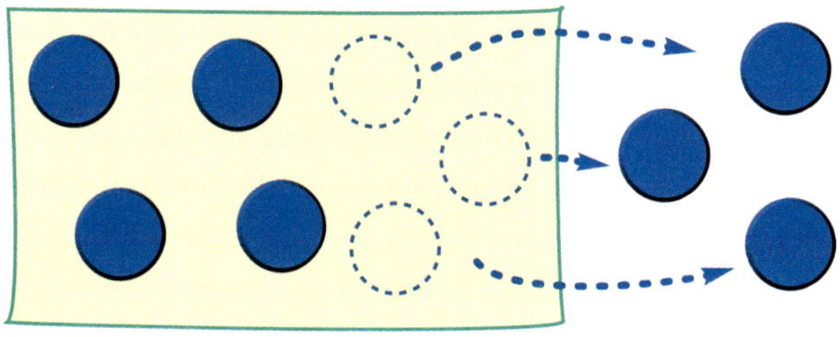

★ **RESPUESTA** Ahora hay 4 vacas en el establo.

MÁS ▶

EJEMPLO 3 Montas 3 veces en cada montaña rusa del parque *Six Flags New England*. ¿Cuántas veces montas en total?

Más Ayuda ver 235

Parque	Número de montañas rusas
Busch Gardens (Virginia)	5
Cedar Point (Ohio)	14
Six Flags New England (Massachusetts)	6

Fuente: ultimaterollercoaster.com

1 Entender

- ¿Qué sabes?

  Montas en 6 montañas rusas 3 veces.

Más Ayuda ver 92

- ¿Qué tienes que averiguar?

  Cuántas veces montas

2 Planear

Hay grupos iguales para combinar. Multiplica.

3 Intentar

$6 \times 3 = 18$

Parece que montas 18 veces.

4 Mirar atrás

Más Ayuda ver 96

Suma para verificar. $3 + 3 + 3 + 3 + 3 + 3 = 18$

★ **RESPUESTA** Montas en las montañas rusas 18 veces.

EJEMPLO 4 Montaste en todas las montañas rusas del parque *Cedar Point.* Tu prima montó en todas las montañas rusas de *Busch Gardens.* ¿En cuántas más montaste tú que ella?

❶ Entender

- ¿Qué sabes?
  Cedar Point tiene 14 montañas rusas. *Busch Gardens* tiene 5.
- ¿Qué tienes que averiguar?
  Cuántas montañas rusas más hay en *Cedar Point* que en *Busch Gardens*

❷ Planear

Para comparar dos grupos, puedes restar.

Más Ayuda ver 80–81

❸ Intentar

$14 - 5 = 9$

Parece que montaste en 9 montañas rusas más que tu prima.

❹ Mirar atrás

Puedes verificar una suma haciendo una resta.

$9 + 5 = 14$

Más Ayuda ver 157

★ **RESPUESTA** Montaste en 9 montañas rusas más que tu prima.

Solucionar un problema en dos pasos

A veces necesitas más de un paso para solucionar un problema.

EJEMPLO Tienes una moneda de 25 centavos. Quieres comprar un mono y un tigre. ¿Cuánto dinero te queda?

1 Entender

- ¿Qué sabes?

  Tienes 25¢.

  Un mono cuesta 5¢.

  Un tigre cuesta 10¢.

- ¿Qué tienes que averiguar?

  Cuántos centavos te quedan si compras los dos.

Más Ayuda ver 164

2 Planear

Paso 1: Calcula el costo total de los dos.

Paso 2: Calcula cuánto dinero te quedará.

3 Intentar

Paso 1: Suma para encontrar el costo total.

5¢ + 10¢ = 15¢

costo del mono | costo del tigre | Gastas 15¢ en total.

Paso 2: Resta para saber cuánto queda.

25¢ − 15¢ = 10¢

dinero con el que empezaste | dinero que gastaste | Te quedarán 10¢.

Más Ayuda ver 174, 176

4 Mirar atrás

Ensaya otros pasos para verificar.

Paso 1: Réstale el costo del mono a 25¢.

25¢ − 5¢ = 20¢ — Te quedan 20¢.

Paso 2: Réstale el costo del tigre a 20¢.

20¢ − 10¢ = 10¢ — Te quedan 10¢.

★ **RESPUESTA** Te quedan 10¢.

Usar razonamiento lógico

¿A veces piensas como detective para averiguar cosas? Puedes hacer lo mismo para solucionar problemas de matemáticas.

EJEMPLO ¿Cuál es la carta desconocida?

Pista 1: Tiene un número menor que 3.

Pista 2: El color de la carta no es uno de los colores de la bandera de los Estados Unidos.

Pista 3: La carta tiene un número impar.

1 Entender

- ¿Qué sabes?

  La carta desconocida tiene un número menor que 3.

  La carta desconocida *no* es roja, ni blanca ni azul.

  La carta desconocida tiene un número impar.

- ¿Qué tienes que averiguar?

  Qué carta cumple las tres pistas

❷ Planear

Usa una pista a la vez para eliminar cartas.
Haz un dibujo para llevar la cuenta.

Más Ayuda
ver
26,
36–37

❸ Intentar

La pista 1 dice que la carta desconocida tiene un número menor que 3. Tacha todas las cartas que tengan 3.

La pista 2 dice que la carta desconocida no es roja, blanca ni azul. Tacha las cartas rojas y azules.

La pista 3 dice que la carta desconocida tiene un número impar. Tacha la carta que tiene un número par.

La única carta que queda es la 1.

❹ Mirar atrás

- ¿1 es menos que 3? Sí.
- ¿La carta es de un color que no está en la bandera de los Estados Unidos? Sí.
- ¿1 es un número impar? Sí.

★ **RESPUESTA** La carta desconocida es la 1.

Buscar la información que necesitas

A veces hay mucha información. Tienes que buscar la información que necesitas.

EJEMPLO En 1795, la bandera de los Estados Unidos tenía 15 franjas y 15 estrellas. La bandera actual tiene 13 franjas y 50 estrellas. Siete franjas son rojas. Las otras son blancas. ¿Cuántas franjas blancas hay en la bandera de los Estados Unidos hoy?

Fuente: *The World Almanac for Kids,* World Almanac Books

❶ Entender

- ¿Qué sabes?
  Información sobre 2 banderas
- ¿Qué tienes que averiguar?
  El número de franjas blancas de la bandera actual

2 Planear

Traza un círculo alrededor de la información que necesitas.

En 1795, la bandera de los Estados Unidos tenía 15 franjas y 15 estrellas. La bandera actual tiene 13 franjas y 50 estrellas. Siete franjas son rojas. Las otras son blancas.

Resta para encontrar el número que falta.

3 Intentar

$$13 - 7 = 6$$

número de franjas | número de franjas rojas | Parece que hay 6 franjas blancas

4 Mirar atrás

- ¿Encontraste la información que necesitabas?
  Sí, el número actual de franjas y el número de franjas rojas.
- ¿Qué información ignoraste?
  El número de estrellas y franjas en 1795 y el número de estrellas hoy.
- ¿Restaste correctamente? Sí. $6 + 7 = 13$.

★ **RESPUESTA** Hay 6 franjas blancas en la bandera actual de los Estados Unidos.

Decidir si una respuesta tiene sentido

Los dibujos animados no tienen que tener sentido. Las respuestas a los problemas sí tienen que tener sentido.

EJEMPLO ¿Un total de 58 tiene sentido?

Más Ayuda
ver
190, 235

Tienda de vídeos— Dibujos animados vendidos la semana pasada					
Lun.	Mar.	Mie.	Jue.	Vie.	Total
8	7	9	8	9	

❶ Entender

Más Ayuda
ver
40–41, 158–159

- ¿Qué necesitas averiguar?
  Si un total de 58 tiene sentido

❷ Planear

Puedes redondear para estimar el total.

El número total de dibujos animados es aproximadamente 50. 50 sí está cerca de 58. Pero ten cuidado. 58 está más cerca de 60 que de 50.

❸ Intentar

$$\begin{array}{ccccccccc} 8 & + & 7 & + & 9 & + & 8 & + & 9 \\ \downarrow & & \downarrow & & \downarrow & & \downarrow & & \downarrow \\ 10 & + & 10 & + & 10 & + & 10 & + & 10 = 50 \end{array}$$

❹ Mirar atrás

Más Ayuda
ver
28–29

- ¿58 tiene sentido? Cada sumando es menos que 10. Por eso, la suma debe ser menor que 50. Entonces, 58 no tiene sentido.

★ **RESPUESTA** 58 no tiene sentido.

Almanaque

Números

Puedes usar símbolos y palabras para representar números. Los **números** son símbolos.

Escribir números

Mira los puntos. Te dicen dónde empezar a escribir un **número.** Luego sigue la dirección de las flechas.

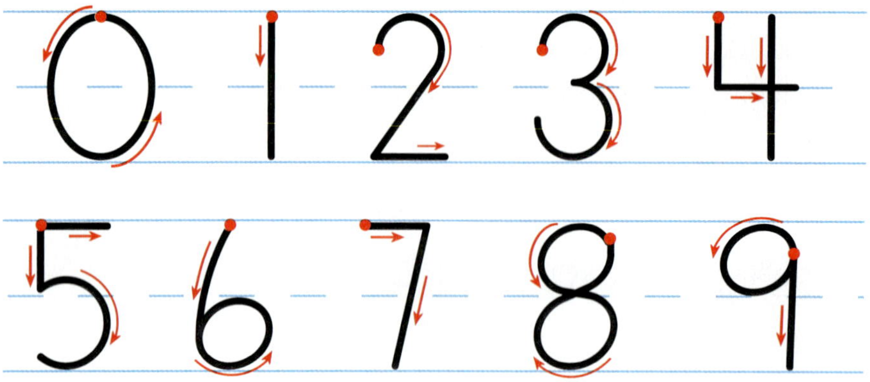

Cuando escribes números de dos dígitos, deja un espacio entre cada número.

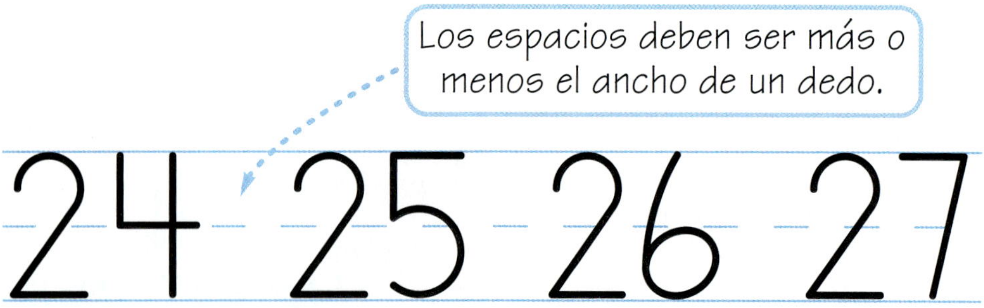

Los nombres de los números

0	cero	10	diez	20	veinte
1	uno	11	once	21	veintiuno
2	dos	12	doce	22	veintidós
3	tres	13	trece	23	veintitrés
4	cuatro	14	catorce	24	veinticuatro
5	cinco	15	quince	25	veinticinco
6	seis	16	dieciséis	26	veintiséis
7	siete	17	diecisiete	27	veintisiete
8	ocho	18	dieciocho	28	veintiocho
9	nueve	19	diecinueve	29	veintinueve

Más Ayuda
ver
2, 6–7

Más Ayuda
ver
10–14,
18–23

30	treinta
31	treinta y uno
32	treinta y dos
33	treinta y tres
34	treinta y cuatro
35	treinta y cinco
36	treinta y seis
37	treinta y siete
38	treinta y ocho
39	treinta y nueve

10	diez
20	veinte
30	treinta
40	cuarenta
50	cincuenta
60	sesenta
70	setenta
80	ochenta
90	noventa

100	cien
200	doscientos
300	trescientos
400	cuatrocientos
500	quinientos
600	seiscientos
700	setecientos
800	ochocientos
900	novecientos
1000	mil

Palabras de posición

Izquierda y derecha

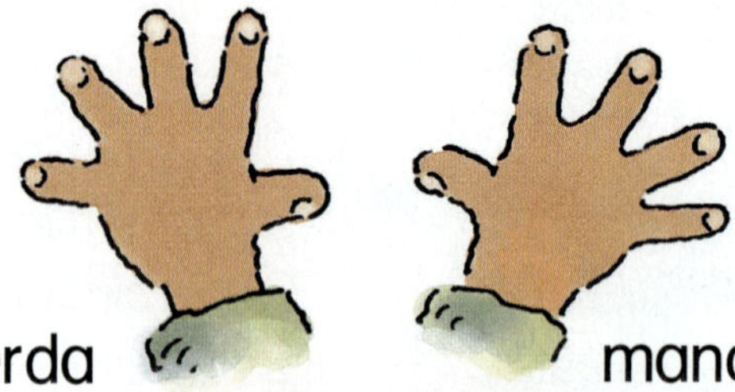

mano izquierda

mano derecha

El dígito de las decenas está a la **izquierda.**

Decenas	Unidades
2	3

El dígito de las unidades está a la **derecha.**

$$\begin{array}{r} 42 \\ +\ 176 \\ \hline \end{array}$$

Estos sumandos están alineados por la derecha.

Arriba, centro, abajo

arriba

centro

abajo

$$\begin{array}{r} 16 \\ 23 \\ +\ 14 \\ \hline \end{array}$$

16 ← arriba

23 ← centro

14 ← abajo

16 está escrito arriba de 23.
14 está escrito abajo de 23.

Antes, después, entre

Las personas y las cosas se pueden poner en orden.

- Alana está parada justo **antes** de Ravi.
- Hay dos niñas **después** de Suki.
- Simón está entre Ravi y Suki.

Más Ayuda
ver
32–34

Los números de conteo tienen un orden.

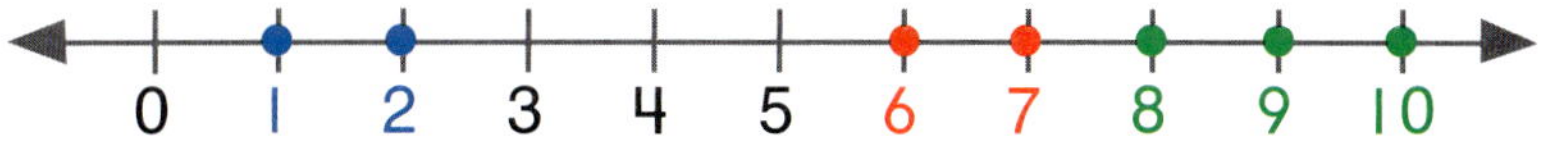

- 1 está justo **antes** de 2.
- 7 está justo **después** de 6.
- 9 está **entre** 8 y 10.
- 9 también está **entre** 2 y 10.

Uso de la calculadora

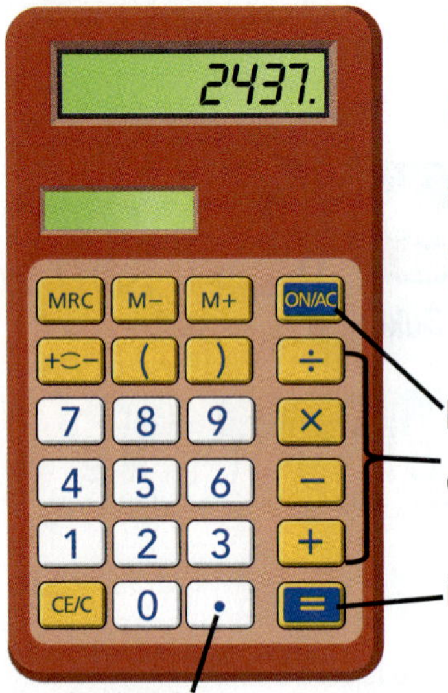

Una **calculadora** es una herramienta. Te ayuda a solucionar problemas. Pero tienes que saber usarla.

Sumas

EJEMPLO 1 47 + 26 = ■

Recuerda que debes comenzar oprimiendo [ON/AC].

La pantalla muestra [0.].

Oprime:	4	7	+	2	6	=
Mira	4.	47.	47.	2	26.	73.

★ **RESPUESTA** 47 + 26 = 73

EJEMPLO 2 309 + 278 = ■

3	0	9	+	2	7	8	=
3.	30.	309.	309.	2.	27.	278.	587.

★ **RESPUESTA** 309 + 278 = 587

Restar

EJEMPLO 1 82 − 38 = ■

Recuerda que debes comenzar oprimiendo ON/AC.
La pantalla muestra 0..

Oprime:	8	2	−	3	8	=
Mira	8.	82.	82.	3.	38.	44.

★ **RESPUESTA** 82 − 38 = 44

EJEMPLO 2 740 − 265 = ■

7	4	0	−	2	6	5	=
7.	74.	740.	740.	2.	26.	265.	475.

★ **RESPUESTA** 740 − 265 = 475

¿Lo sabías?

Para ciertos problemas, como 60 + 10 ó 138 − 1, tu mente es más rápida que una calculadora.

Sumar y restar de dinero

La calculadora no tiene $ ni ¢. Pero puedes usar el punto decimal para indicar cantidades de dinero.

EJEMPLO 1 $3.95 + $0.97 = ■

Oprime: [3] [•] [9] [5] [+] [•] [9] [7] [=]

3.95 0.97 4.92

Más Ayuda ver 165

Si no oprimes un número antes del punto decimal, la calculadora siempre pondrá un 0 allí.

★ **RESPUESTA** $3.95 + $0.97 = $4.92

Acuérdate de escribir el $ y el . en tu respuesta.

EJEMPLO 2 $9.03 − $3.87 = ■

Oprime: [9] [•] [0] [3] [−] [3] [•] [8] [7] [=]

9.03 3.87 5.16

★ **RESPUESTA** $9.03 − $3.87 = $5.16

Acuérdate de escribir el $ y el . en tu respuesta.

Contar saltado

Puedes usar una calculadora para contar saltado.

EJEMPLO 1 Cuenta saltado de dos en dos desde 10.

Acuérdate de borrar en la calculadora oprimiendo ON/AC.

Oprime:

1	0	+	2	=	=	=	=	=	=
1.	10.	10.	2.	12.	14.	16.	18.	20.	22.

★ **RESPUESTA** 10, 12, 14, 16, 18, 20, 22, ...

EJEMPLO 2 Cuenta saltado de cinco en cinco desde 10.

Oprime:

1	0	+	5	=	=	=	=	=	=
1.	10.	10.	5.	15.	20.	25.	30.	35.	40.

★ **RESPUESTA** 10, 15, 20, 25, 30, 35, 40, ...

EJEMPLO 3 Cuenta saltado de diez en diez desde 100.

Oprime:

1	0	0	+	1	0	=	=	=	=
1.	10.	100.	100.	1.	10.	110.	120.	130.	140.

★ **RESPUESTA** 100, 110, 120, 130, 140, ...

Tomar un examen

Los exámenes son importantes. Sirven para mostrar lo que sabes. Por eso, debes aprender a tomarlos bien.

Consejos para los exámenes

- **Espera** hasta que el maestro te diga qué hacer.
- **Escribe** tu nombre en la hoja.
- **Escucha** y presta atención mientras el maestro lee las instrucciones.
- **Pregunta** si no entiendes algo.
- **Trabaja** los problemas en orden. Pasa al siguiente si no estás seguro.
- **Vuelve atrás** para intentar los problemas que te saltaste.
- **Verifica** tus respuestas.

Exámenes de llenar el espacio en blanco

Un examen de llenar el espacio en blanco tiene un espacio, una línea o una figura donde debes escribir. Puedes escribir números, signos o palabras. A veces tienes que dibujar.

Problemas	Problemas con respuestas	
1. $\begin{array}{r} 17 \\ +\ 24 \\ \hline \end{array}$	**1.** $\begin{array}{r} {}^{1} \\ 17 \\ +\ 24 \\ \hline 41 \end{array}$	Más Ayuda ver 127–129
2. $3 + 4 =$ ___	**2.** $3 + 4 =$ 7	Más Ayuda ver 63
3. Compara. 12 ○ 15	**3.** Compara. 12 (<) 15	Más Ayuda ver 28–29
4. Dibuja la figura siguiente. ○□□○□□○ ___	**4.** Dibuja la figura siguiente. ○□□○□□○ □	Más Ayuda ver 276–277
5. Completa. Escribe *impar* o *par*. 43 es ________.	**5.** Completa. Escribe *impar* o *par*. 43 es impar .	Más Ayuda ver 36–37

Examen de opciones múltiples

Más Ayuda
ver
60–61

Un examen de opciones múltiples te permite escoger una respuesta. Solamente una de las respuestas es correcta. Piensa qué respuestas son incorrectas.

- Presta atención a los signos de operación.

Rellena el círculo de la respuesta correcta.

1. $8 + 2 = ■$

Ⓐ 16 — $8 \times 2 = 16$

● B 10 — $8 + 2 = 10$ Correcto

Ⓒ 6 — $8 - 2 = 6$

Ⓓ 4 — $8 \div 2 = 4$

- Estima. Tacha las respuestas incorrectas. Encuentra la respuesta exacta si es necesario.

2.
$$\begin{array}{r} 53 \\ -\ 17 \\ \hline \end{array}$$

$$\begin{array}{r} 53 \\ -17 \\ \hline \end{array} \longrightarrow \begin{array}{r} 50 \\ -20 \\ \hline 30 \end{array}$$

La diferencia debe ser aproximadamente 30.

Ⓐ 90 — Muy alto

Ⓑ 46

● C 36 —
$$\begin{array}{r} {\scriptstyle 4\ 13} \\ \not{5}\not{3} \\ -\ 17 \\ \hline 36 \end{array}$$
Correcto

Ⓓ 4 — Muy bajo

Más Ayuda
ver
145–147,
160–161

Examen de respuestas cortas

Más Ayuda
ver 80–81, 289

Partes de estos exámenes pueden tener problemas que piden un enunciado como respuesta. Son exámenes de respuestas cortas.

- Escribe un enunciado completo.

Soluciona el problema. Luego verifica tu resta. ¡Un enunciado completo con la respuesta incorrecta sigue siendo incorrecto!

1. Hay 12 niños tocando tambores y 7 niños tocando trompetas. ¿Cuántos niños más tocan tambores que trompetas?

$12 - 7 = 5$

Hay 5 niños más tocando tambores que trompetas.

Usa palabras de la pregunta para escribir tu respuesta.

- Asegúrate de responder la pregunta.

2. Dino encontró estas monedas en su bolsillo. ¿Cuánto dinero encontró?

Más Ayuda
ver 169

Dino encontró 40¢.

La pregunta es cuánto dinero, no cuántas monedas. Debes dar el valor total de las monedas.

Medidas inglesas

Más Ayuda
ver
210–211

Longitud	
1 pulgada (in.)	————
1 pie (ft)	12 pulgadas
1 yarda (yd)	3 pies
1 milla (mi)	5280 pies

1 pulgada de largo

Más Ayuda
ver
218–219

Peso	
1 onza (oz)	
1 libra (lb)	16 onzas
1 tonelada (t)	2000 libras

Más Ayuda
ver
222–
223

Capacidad	
1 cucharadita (cdta)	
1 cucharada (Cda)	3 cucharaditas
1 onza liquida (oz fl)	2 cucharadas
1 taza (tz)	8 onzas liquidas
1 pinta (pt)	2 tazas
1 cuarto (qt)	2 pintas
1 galón (gal)	4 cuartos

Medidas métricas

Longitud	
1 milímetro (mm) -	
1 centímetro (cm) ——	10 milímetros
1 decímetro (dm)	10 centímetros
1 metro (m)	100 centímetros

1 mm de largo

1 cm de largo

Más Ayuda ver 212–213

Masa	
1 gramo (g)	
1 kilogramo (kg)	1000 gramos

Más Ayuda ver 220–221

Capacidad	
1 mililitro (mL)	
1 litro (L)	1000 mililitros

Más Ayuda ver 224–225

Números romanos

Los antiguos romanos usaban letras como números. Para escribir números de 1 a 20, usaban sólo tres letras.

I = 1 V = 5 X = 10

I	1	XI	11
II	2	XII	12
III	3	XIII	13
IV	4	XIV	14
V	5	XV	15
VI	6	XVI	16
VII	7	XVII	17
VIII	8	XVIII	18
IX	9	XIX	19
X	10	XX	20

No uses la misma letra más de tres veces seguidas.

Páginas amarillas

Glosario de palabras de matemáticas

A

ángulo recto Una esquina cuadrada. **(195)**

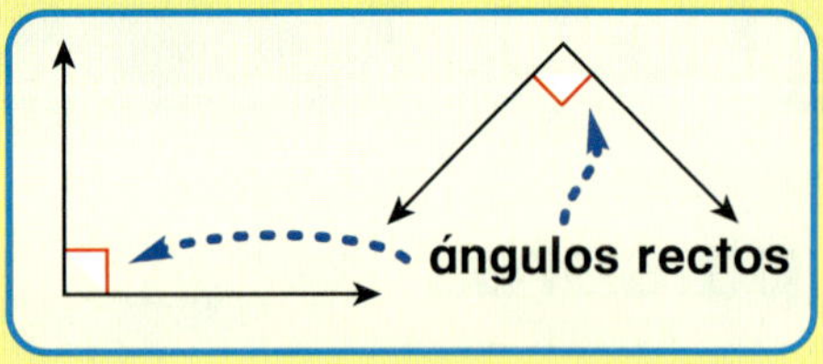

antes **(30, 301)**

11, 12

11 está **antes** de 12.

10, 11, 12

10 también está **antes** de 12.

año bisiesto Un año en el cual febrero tiene 29 días. Esto ocurre cada 4 años. **(191)**

2008 2012 2016

años bisiestos

área Número de unidades cuadradas que se necesitan para cubrir una superficie. **(216)**

1 unidad cuadrada

El **área** es 9 unidades cuadradas.

B

balanza **(221)**

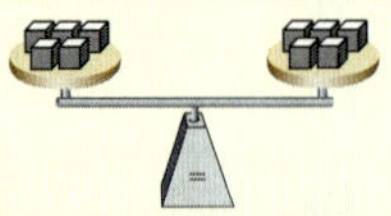

C

calculadora **(302)**

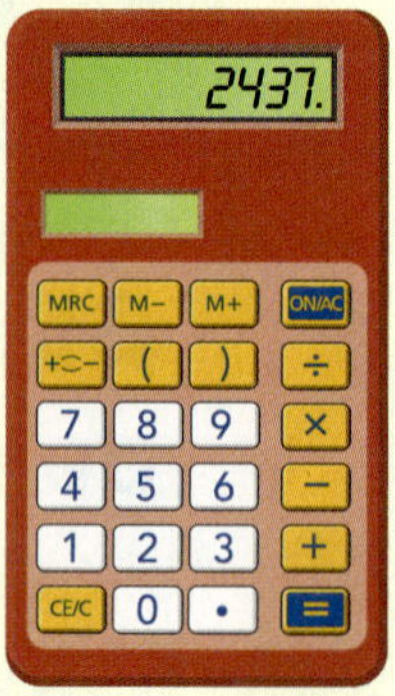

calendario **(190)**

ENERO

D	L	M	Mi	J	V	S
	1	2	3	4	5	6
7	8	9	10	11	12	13
14	15	16	17	18	19	20
21	22	23	24	25	26	27
28	29	30	31			

cambio Dinero que te devuelven cuando compras algo. **(179)**

Tienes Compras 20¢ Cambio

capacidad La cantidad que cabe en un recipiente. **(222, 310, 311)**

cara Una superficie de una figura sólida. **(205)**

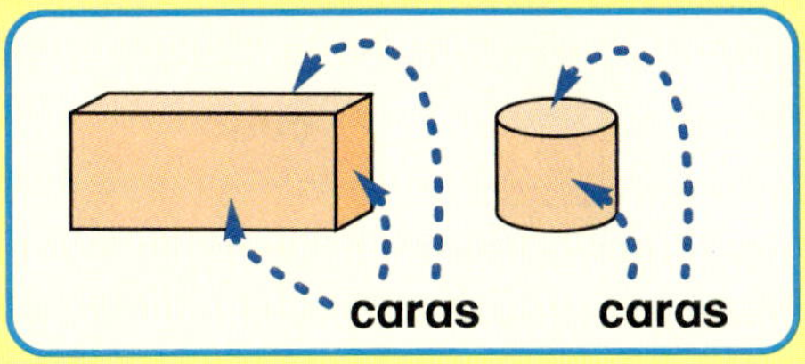

Celsius (C) La escala métrica que se usa para medir la temperatura. **(228)**

centavo Una unidad de dinero **(164)**

100 **centavos** = 1 dólar

centímetro (cm) Unidad métrica de longitud. Un **centímetro** es aproximadamente el ancho de tu dedo. **(212)**

100 **centímetros** = 1 metro

centímetro cuadrado Cuadrado con lados que miden 1 centímetro de largo. **(216)**

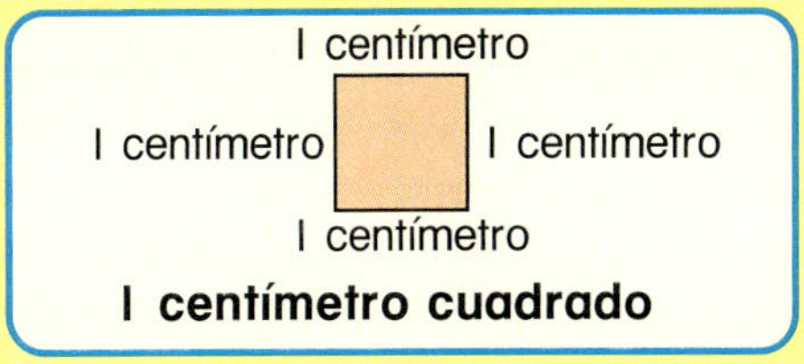

cien 10 decenas. **(16)**

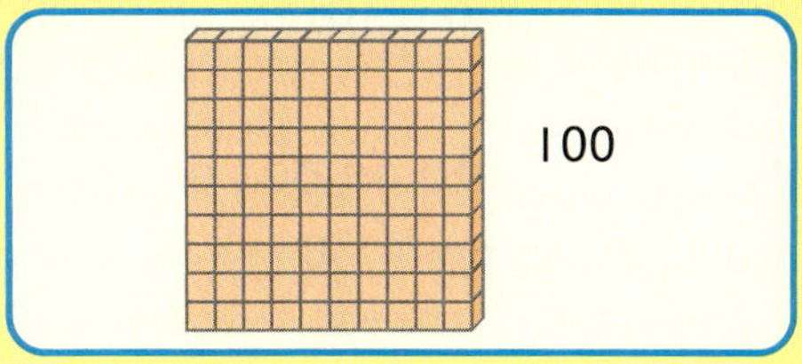

círculo **(196)**

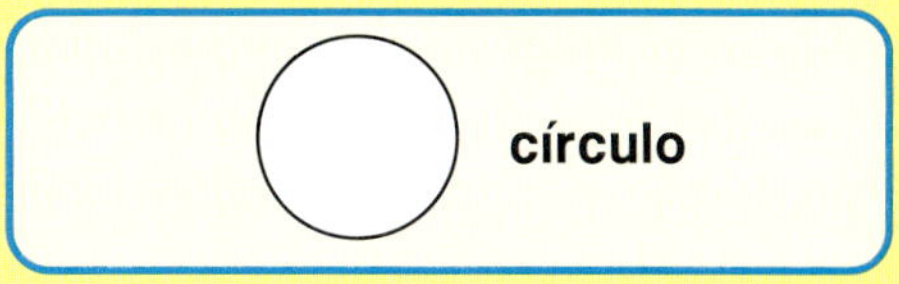

clave Enunciado que dice lo que representa cada dibujo en un pictograma. **(240)**

congruente Que tiene el mismo tamaño y la misma forma. **(200)**

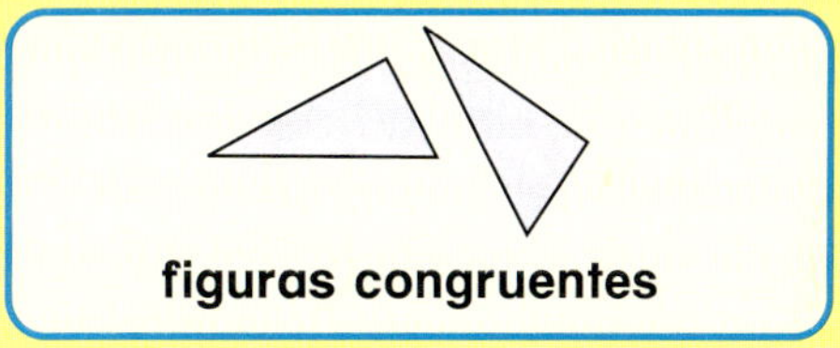

cono **(204)**

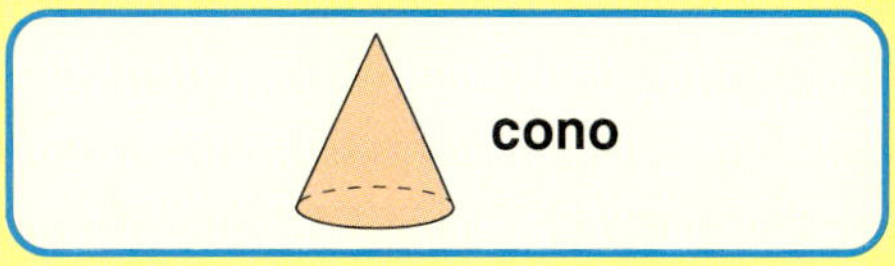

contar hacia adelante Una forma de sumar. **(60, 166)**

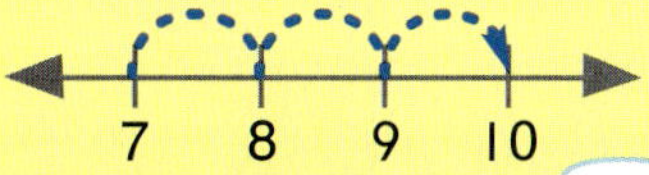

Cuenta 3 desde 7. 8 9 10

$7 + 3 = 10$

conteo saltado (166)
conteo saltado de cinco en cinco:
5 10 15 20 25
conteo saltado de dos en dos:
2 4 6 8 10

cuadrado Figura con 4 lados de la misma longitud y 4 ángulos rectos. (196)

cuadrado

cuadrilátero Figura con 4 lados rectos. (197)

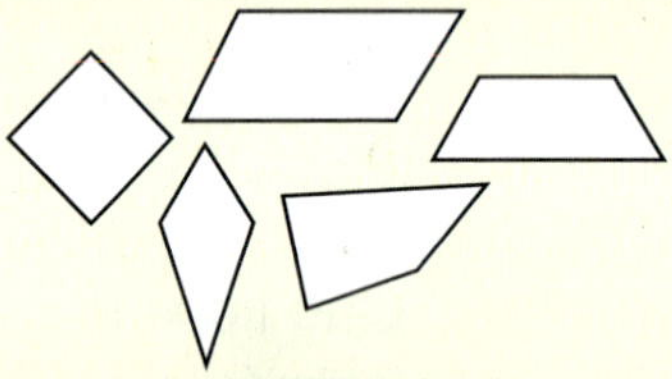

cuadriláteros

cuarto (qt) Unidad de capacidad del sistema inglés igual a 4 tazas. (222)

cuartos Las partes que resultan cuando se divide algo en 4 partes iguales. (46)

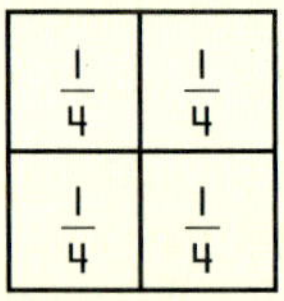

cuartos

cubo Figura sólida con seis caras cuadradas. (204)

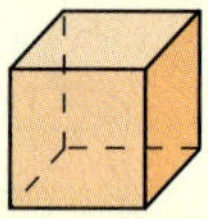

cubo

cilindro (204)

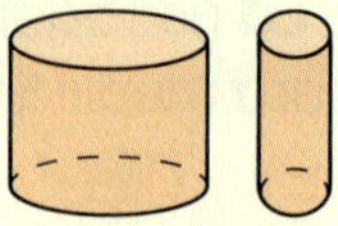

cilindros

D

dato Información que tiene números. (234)

denominador En una fracción, el número de partes o grupos iguales. El número de abajo en una fracción. (42)

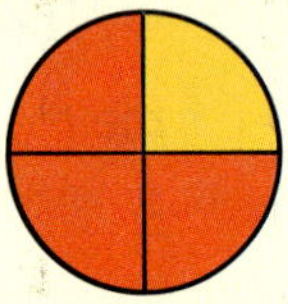

$\frac{1}{4}$

denominador

derecha (300)

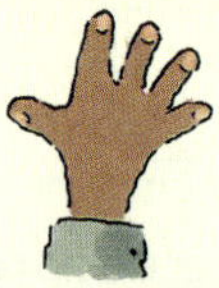

Una mano **derecha.**

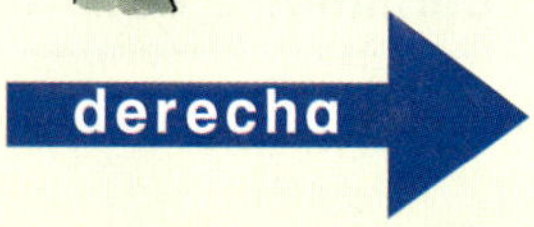

La flecha señala hacia la **derecha.**

desigual Que no es la misma cantidad. **(259)**

$4 \neq 5$

4 **no es igual** a 5.

deslizar Una manera de mover una figura. **(202)**

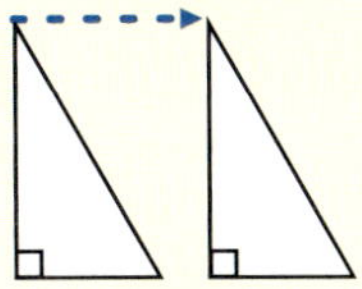

La figura no cambia de forma ni tamaño cuando se **desliza.**

después **(33, 301)**

12, 13

13 está **después** de 12.

12, 13, 14

14 también está **después** de 12.

día Unidad de tiempo igual a 24 horas. **(181)**

diagrama de Venn **(242)**

diferencia Resultado al restarle un número a otro número. **(73)**

$9 - 4 = 5$ **diferencia**

dígitos 0, 1, 2, 3, 4, 5, 6, 7, 8, 9 **(8)**

dinero Monedas y billetes que se usan para pagar cosas. **(164)**

dividir Separar en grupos iguales. **(108)**

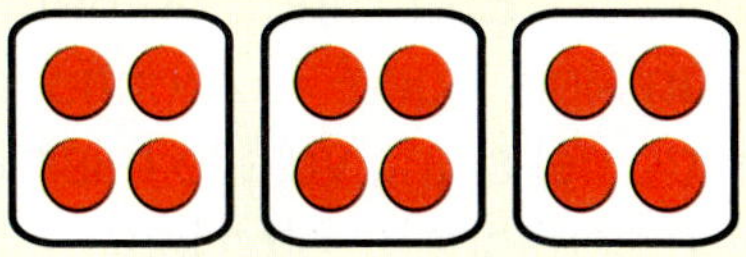

$12 \div 3 = 4$

división Operación para formar grupos iguales y encontrar cuánto hay en cada grupo o cuántos grupos hay. **(108)**

dobles Sumandos iguales de una suma. **(62)**

$2 + 2 = 4$ $3 + 3 = 6$

dobles más uno Un tipo de suma. **(63)**

$4 + 4 = 8$ ← 1 doble

$4 + 5 = 9$ ← 1 **doble más uno**

4 + 5 es 4 + 4 mas 1 más.

dólar Cantidad de dinero igual a 100 centavos. **(164)**

un **dólar**

E

ecuación Enunciado numérico con un signo igual. La cantidad a un lado del signo vale lo mismo que la cantidad al otro lado. **(258)**

$3 + 2 = 5$ $3 + ■ = 5$

ecuaciones

eje de simetría Si una figura tiene **eje de simetría,** puedes doblarla por el eje y las dos mitades serán exactamente iguales. **(198)**

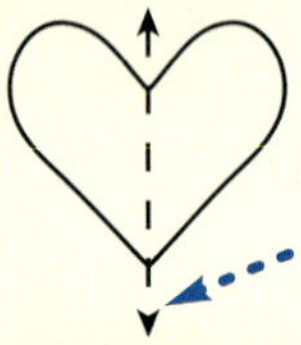

encuesta Una manera de reunir datos haciendo preguntas. **(234)**

entre **(32, 301)**

18, 19, 20

19 está **entre** 18 y 20.

17, 18, 19, 20

18 y 19 están **entre** 17 y 20.

enunciado numérico Una ecuación o una comparación. **(258)**

$3 + 4 = 7$

$8 - 2 = 6$

$7 > 6$

enunciados numéricos

esfera **(204)**

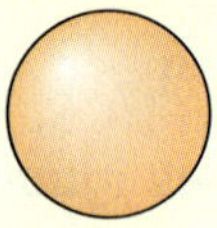

estadística Matemáticas de los datos. Números que se usan para describir datos. **(234)**

estimación Número cercano a una cantidad exacta. **(38, 159)**

34 + 40 es aproximadamente 50.

estimación

estimación por la izquierda Forma de usar los primeros dígitos de la izquierda para obtener una respuesta aproximada. **(159)**

$647 - 266 = ■$

$600 - 200 = 400$

647 − 266 es aproximadamente 400.

estimar Hacer una estimación. **(38, 158)**

estrategia Plan o método que se usa para resolver un problema o ganar un juego. **(58)**

F

factor Un número que se multiplica. **(93)**

$4 \times 2 = 8$

factores

Fahrenheit (F) Escala del sistema inglés que se usa para medir la temperatura. **(226)**

familia de operaciones Grupo de operaciones que tienen los mismos números. **(82)**

$3 + 5 = 8$ $8 - 5 = 3$

$5 + 3 = 8$ $8 - 3 = 5$

figura abierta Figura que no es cerrada. **(197)**

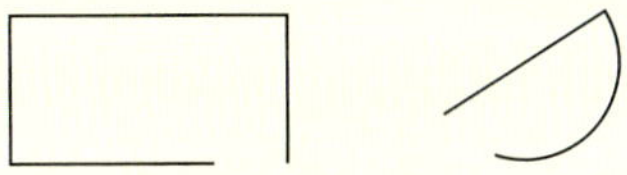

figuras abiertas

figura cerrada Figura que tiene todos los lados conectados **(197)**

figuras cerradas figuras que *no* son cerradas

figura plana Figura que está completamente extendida sobre una superficie plana. **(196)**

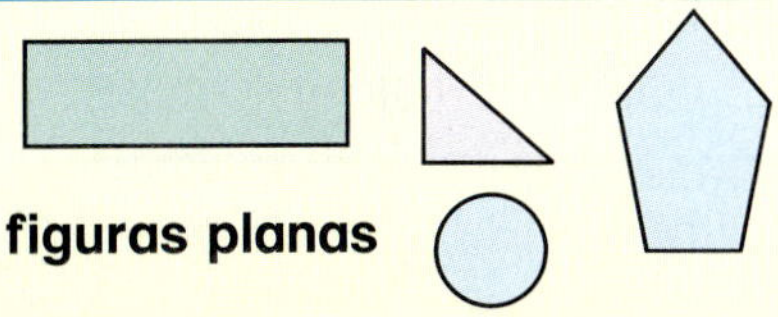

figuras planas

figura sólida Figura que no es plana. **(204)**

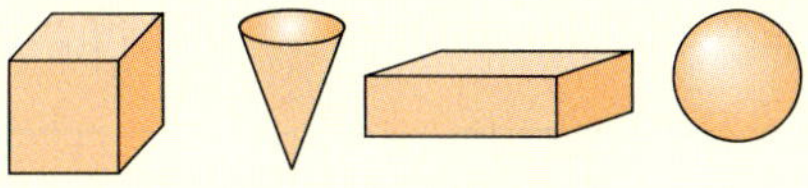

figuras sólidas

forma desarrollada Forma de escribir números que muestra el valor de posición de cada dígito. **(21)**

$429 = 400 + 20 + 9$

4 centenas 2 decenas 9 unidades

fracción Forma de describir una parte de un todo o de un grupo. **(42)**

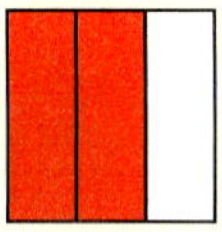

$\frac{2}{3}$ del cuadrado son rojos.

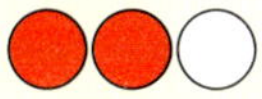

$\frac{2}{3}$ de las bolas son rojas.

función Parejas de números que siguen una regla. En una función, cada número que "entra" sólo tiene un número que "sale". **(56)**

Regla: + 3

Entra	Sale
2	5
3	6
4	7
5	8
6	9

En esta **función**, la regla es "Sumar 3". El número que "sale" es 3 más que el número que "entra".

G

girar Forma de mover una figura. **(203)**

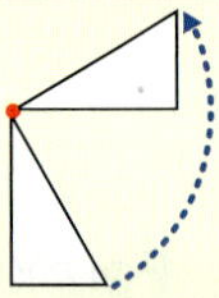

La figura no cambia de tamaño ni de forma cuando **gira.**

grados Unidades de temperatura que se miden en la escala Celsius o en la escala Fahrenheit. **(226)**

gráfica Un dibujo que muestra datos. **(236)**

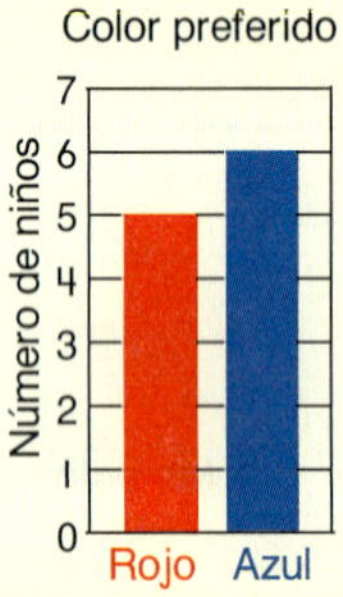

gráfica con dibujos Gráfica que usa dibujos para mostrar datos. Cada dibujo representa 1. **(237)**

gráfica de barras **(238)**

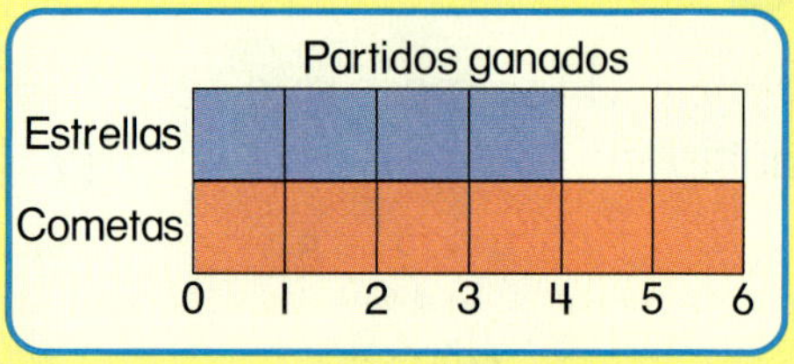

gráfica de coordenadas Gráfica que se usa para mostrar pares ordenados de números. **(264)**

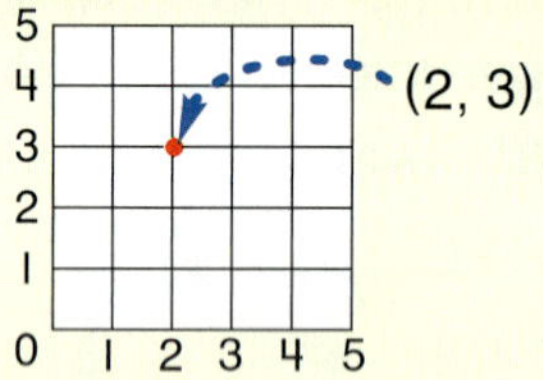

gráfica real Gráfica hecha con objetos reales. **(236)**

gramo (g) Unidad métrica de masa. **(220)**

1000 **gramos** = 1 kilogramo

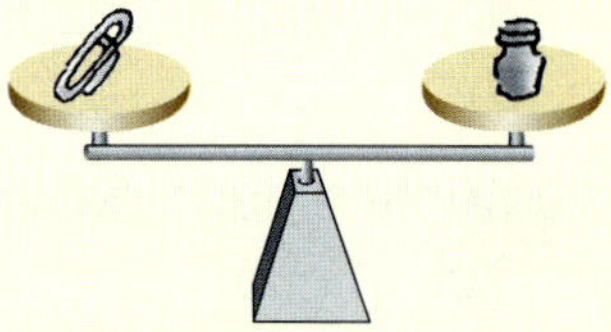

Un clip tiene una masa cercana a 1 **gramo.**

H

hexágono Una figura con 6 lados rectos. **(196)**

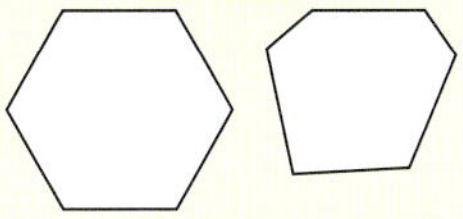

hexágonos

hora (h) Unidad de tiempo igual a 60 minutos. **(181)**

horario El puntero corto del reloj. **(180)**

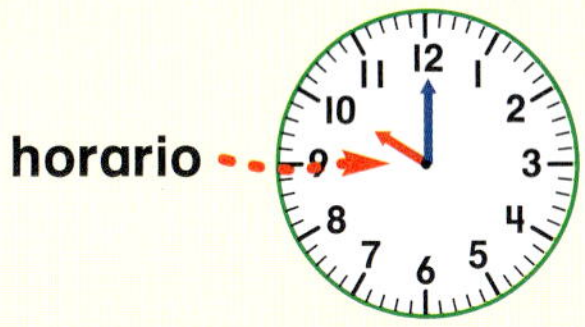

I

igual La misma cantidad. **(258)**

$4 = 3 + 1$

$4 = 4$

4 **igual a** 3 + 1 significa que 4 es la misma cantidad que 3 + 1.

igualmente probable Que tiene la misma probabilidad de suceder. **(248)**

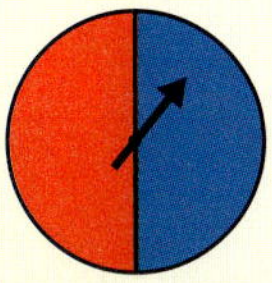

Esta flecha giratoria puede caer en rojo o azul. Son dos sucesos **igualmente probables.**

imposible Un suceso que definitivamente no va a ocurrir es un suceso **imposible**. **(244)**

improbable Que muy posiblemente no va a suceder. **(246)**

intercambiar *Mira reagrupar*

izquierda **(300)**

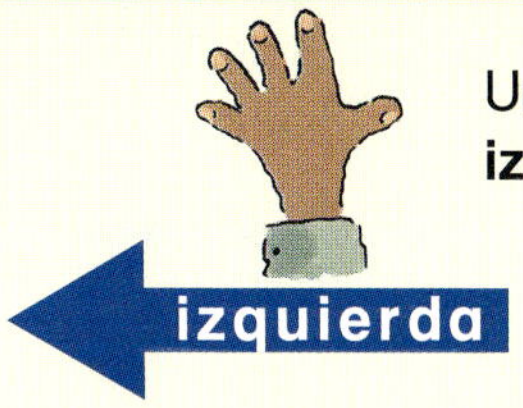

Una mano **izquierda.**

La flecha está señalando hacia la **izquierda.**

K

kilogramo (kg) Una unidad métrica de masa igual a 1000 gramos. Una masa de un **kilogramo** en la Tierra pesa un poco más de dos libras. **(220)**

L

lado **(197)**

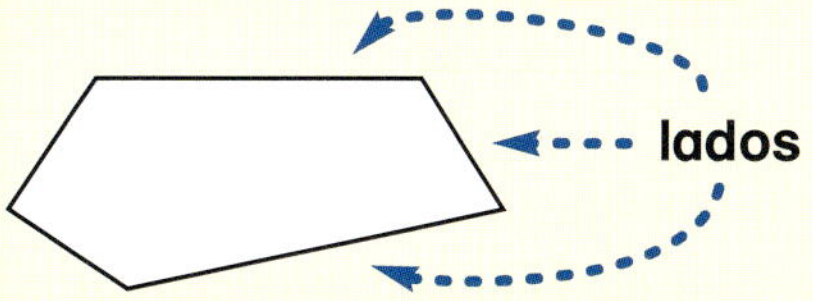

libra (lb) Unidad de medida del sistema inglés igual a 16 onzas. **(218)**

litro (L) Unidad métrica de capacidad que equivale a un poco más de un cuarto. **(224)**

longitud La distancia de un punto a otro. **(209, 310, 311)**

M

marcas de conteo **(234)**

masa Una medida de la cantidad de materia en un objeto. La **masa** es diferente del peso porque no cambia al cambiar la fuerza de gravedad. Los kilogramos y los gramos son unidades de **masa** en el sistema métrico. Las unidades de peso en el sistema métrico no se usan mucho en los Estados Unidos. **(220, 311)**

más alto Expresión que se usa para ordenar dos o más objetos según su altura. **(208)**

más corto Expresión que se usa para ordenar o comparar dos o más objetos por su longitud. **(208)**

más largo Expresión que se usa para ordenar o comparar dos o más objetos por su longitud. **(208)**

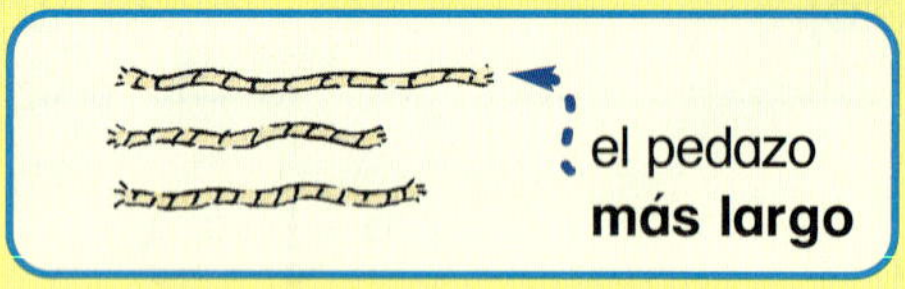

matemáticas mentales Hacer cálculos en la cabeza. **(114)**

matriz Conjunto de objetos en hileras y columnas iguales. Se usa para representar la multiplicación. **(98)**

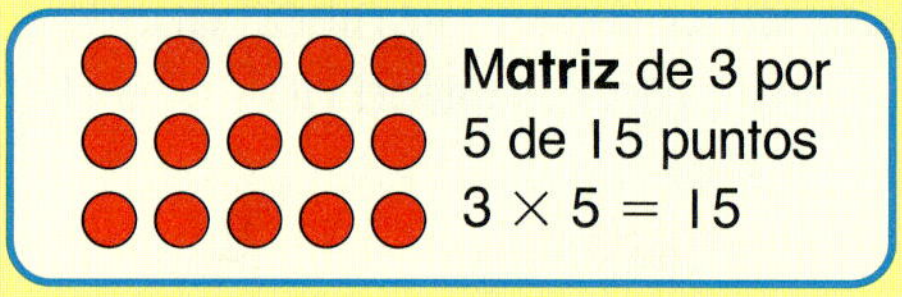

mayor que Más que. **(27)**

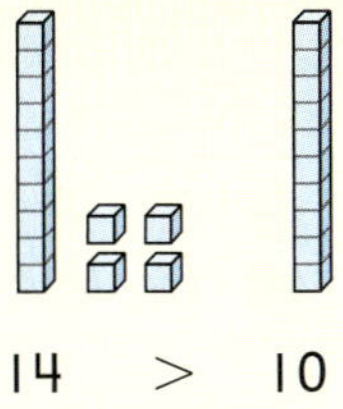

14 es **mayor que** 10.

medianoche Las doce, la hora que separa la noche de la madrugada. **(182)**

mediodía Las doce, la hora que separa la mañana de la tarde. **(182)**

medio dólar Una moneda que vale 50 centavos. **(165)**

menor que **(27)**

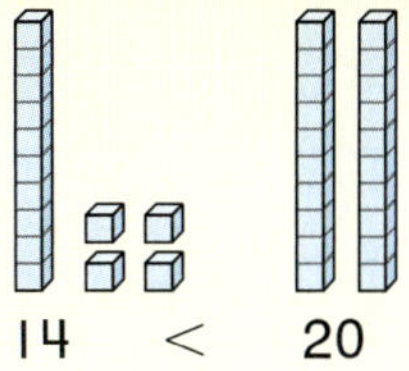

14 es **menor que** 20.

metro (m) Unidad métrica de longitud igual a 100 centímetros. Un **metro** es un poco más largo que una yarda. **(212)**

mil 10 centenas. **(24)**

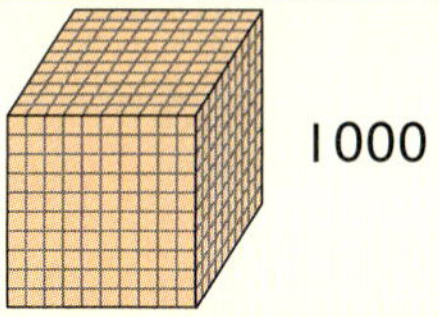

mililitro (mL) Unidad métrica de capacidad. Unas 10 gotas forman 1 **mililitro**. **(224)**

1000 **mililitros** = 1 litro

minutero **(180)**

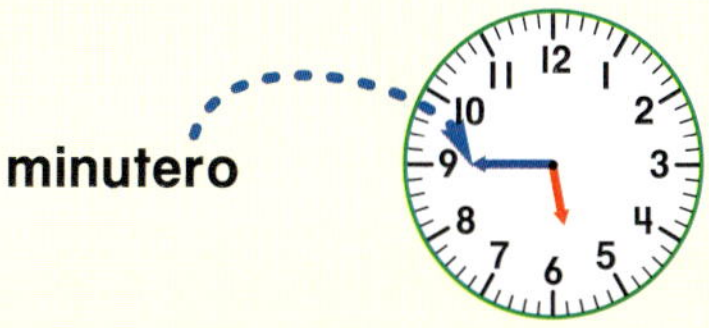

minuto (min) Unidad de tiempo igual a 60 segundos. **(181)**

mitades Las partes que resultan cuando divides algo en 2 partes iguales. **(43)**

$\frac{1}{2}$	$\frac{1}{2}$

mitades

moneda de cinco centavos Moneda que vale lo mismo que 5 monedas de 1 centavo. **(164)**

una **moneda de 5 centavos**

moneda de diez centavos Moneda que vale lo mismo que 10 monedas de 1 centavo. **(164)**

moneda de diez centavos

moneda de un centavo Moneda que vale una unidad. **(164)**

una moneda de 1 centavo

moneda de 25 centavos Moneda que vale lo mismo que 25 monedas de 1 centavo. **(164)**

una moneda de 25 centavos

multiplicación Operación que combina grupos iguales para hallar un total. **(92)**

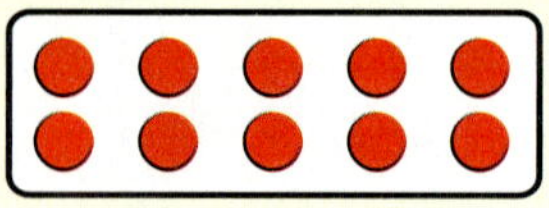

5 grupos de 2
$5 \times 2 = 10$

multiplicar Combinar grupos iguales. **(92)**

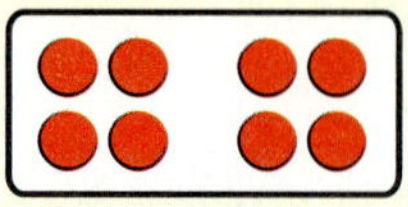

2 grupos de 4
$2 \times 4 = 8$

N

no congruente Que no tiene la misma forma ni el mismo tamaño. **(200)**

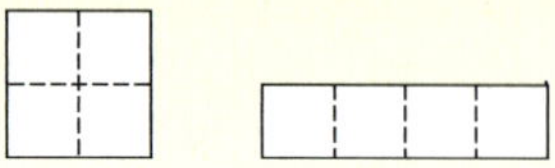

mismo tamaño,
no es la misma forma

numerador En una fracción, el número de partes iguales a las que se hace referencia. Es el número de arriba en una fracción. **(42)**

$\frac{2}{3}$ ← **numerador** (número de partes rojas)

número Símbolo que se usa para representar una cantidad. **(298)**

1 53 468 **números**

números impares Números que *no* son pares. **(36)**

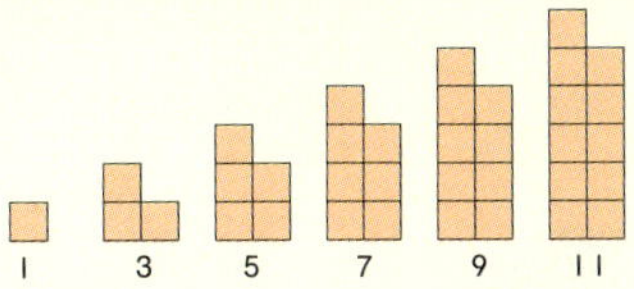

números pares Números que obtienes cuando multiplicas un número natural por 2. **(36)**

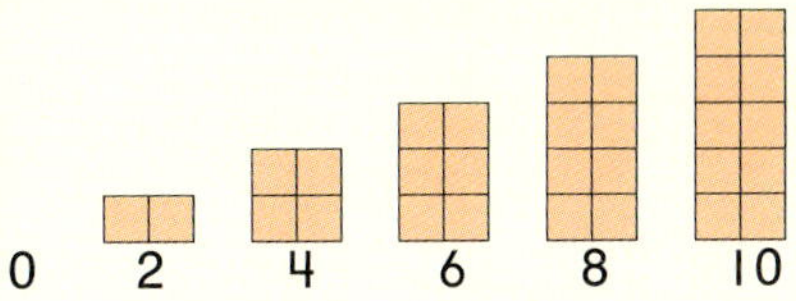

Un **número par** siempre tiene 0, 2, 4, 6 u 8 en la posición de las unidades.

O

octágono Figura con 8 lados rectos. **(197)**

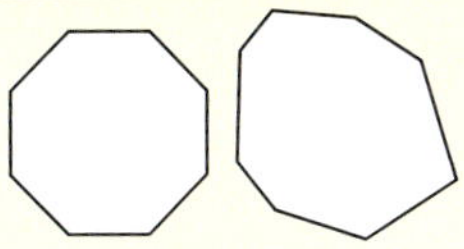

octágonos

onza (oz) Una unidad de peso del sistema inglés. **(218)**

16 **onzas** = 1 libra

P

par ordenado Dos números que dan la ubicación de un punto. **(264)**

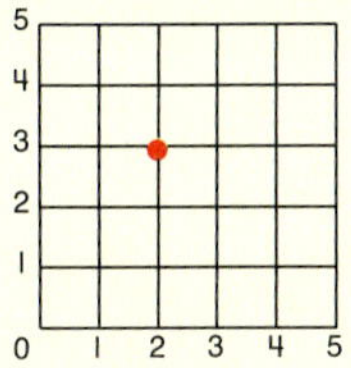

(2,3) es el **par ordenado** de este punto.

partes iguales **(42)**

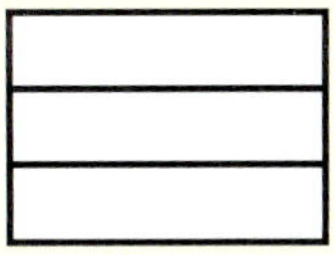

3 **partes iguales**

patrón Algo que cambia siempre de la misma manera. **(254)**

Unos **patrones** se repiten.

Unos **patrones** crecen.

1	1	1	1	1
+ 1	+ 2	+ 3	+ 4	+ 5
2	3	4	5	6

pentágono Figura con 5 lados rectos. **(197)**

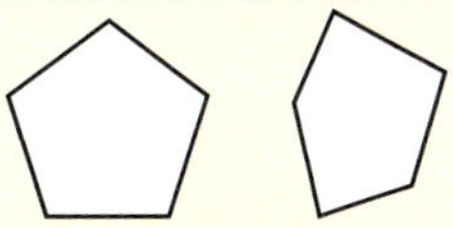

pentágonos

perímetro La distancia alrededor de una figura. **(214)**

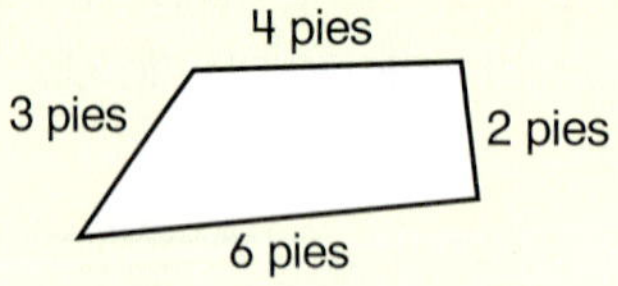

3 + 4 + 2 + 6 = 15

El **perímetro** es 15 pies.

pesa **(219)**

peso Medida de cuánto pesa una cosa. **(218, 310)**

pictograma **(240)**

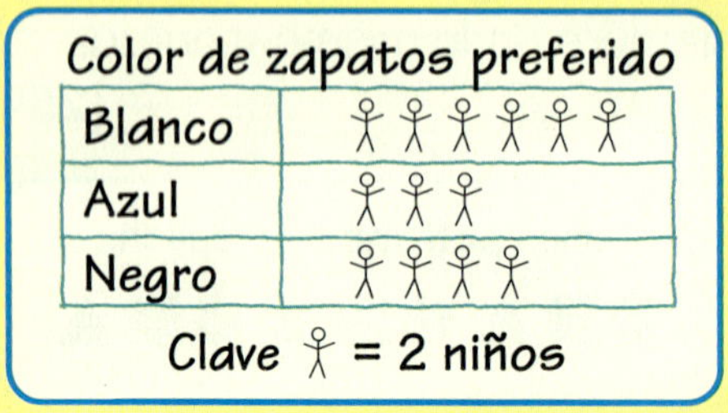

pie (ft) Unidad de longitud del sistema inglés igual a 12 pulgadas. **(210)**

pinta (pt) Unidad de capacidad del sistema inglés igual a 2 tazas. **(222)**

pirámide **(204)**

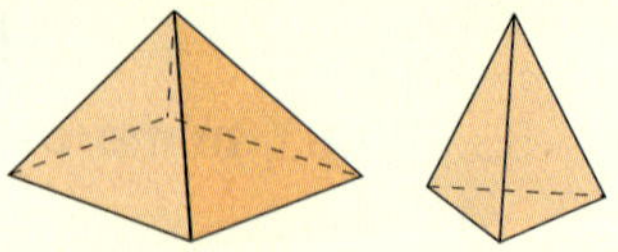

pirámides

predicción Lo que crees que va a suceder. **(250)**

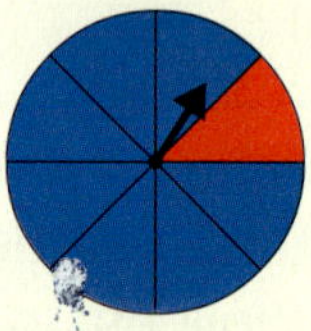

Yo predigo que la próxima vez, la flecha giratoria caerá en azul.

prisma rectangular **(204)**

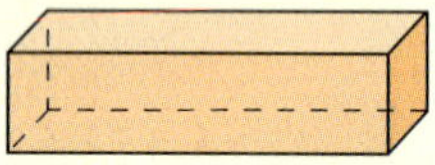

prisma rectangular

probabilidad Posibilidad de que ocurra un suceso. **(244)**

probable Que muy posiblemente va a suceder. **(246)**

producto El resultado de multiplicar números. **(93)**

$4 \times 5 = 20$ **producto**

propiedad Una regla que es cierta para todo un conjunto de números. **(262)**

propiedad asociativa de la suma Cambiar el orden de los sumandos no cambia el resultado de la suma. **(262)**

$\underbrace{2 + 3} + 4 = \blacksquare$

$5 + 4 = 9$

$2 + \underbrace{3 + 4} = \blacksquare$

$2 + 7 = 9$

propiedad de orden de la multiplicación Puedes multiplicar dos factores en cualquier orden y el producto será el mismo. **(262)**

$3 \times 2 = 6$

$2 \times 3 = 6$

propiedad de orden en la suma Puedes sumar dos sumandos en cualquier orden y la suma será la misma. **(262)**

$2 + 4 = 6$

$4 + 2 = 6$

propiedad de suma del cero Cuando sumas 0, la suma es igual al otro sumando. **(262)**

$6 + 0 = 0$

propiedad multiplicativa del cero El producto de cualquier número y cero es cero. **(263)**

$5 \times 0 = 0$

propiedad multiplicativa del 1 El producto de cualquier número y 1 es ese mismo número. **(263)**

$1 \times 5 = 5$

pulgada (in.) Unidad de longitud del sistema inglés. **(210)**

12 **pulgadas** = 1 pie

R

reagrupar **(126, 144)**

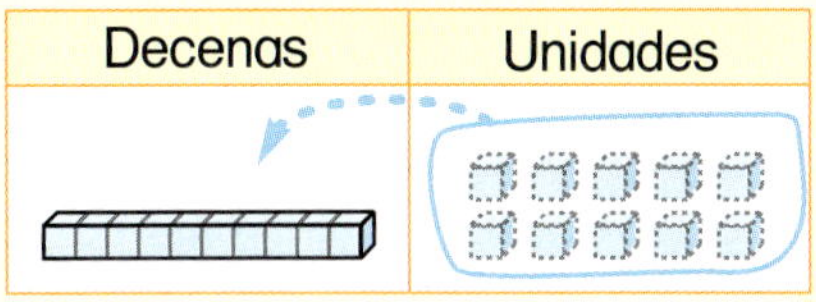

Reagrupa 10 unidades como una decena.

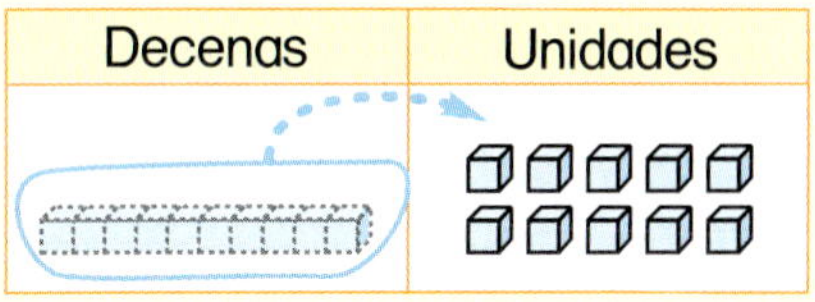

Reagrupa una decena como 10 unidades.

recta Una **recta** es una línea sin curvas que no tiene principio ni fin. **(194)**

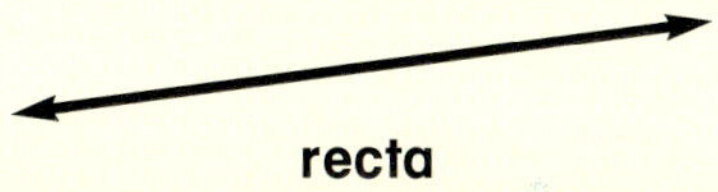

recta horizontal Línea recta que va de lado a lado, como el horizonte. **(194)**

rectángulo Figura plana con 4 lados y 4 esquinas cuadradas. **(196)**

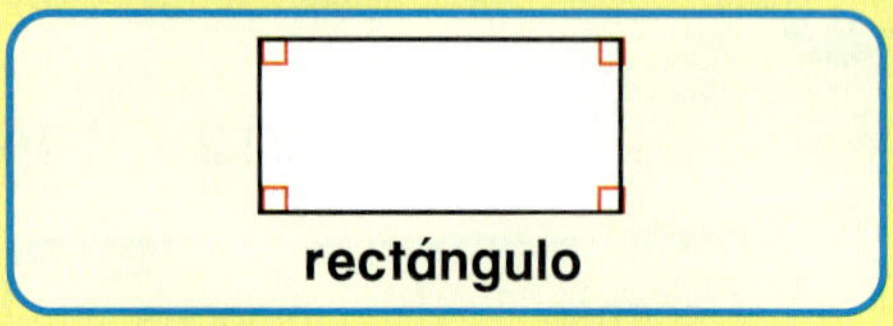

recta vertical Recta que va de arriba hacia abajo o de abajo arriba. **(194)**

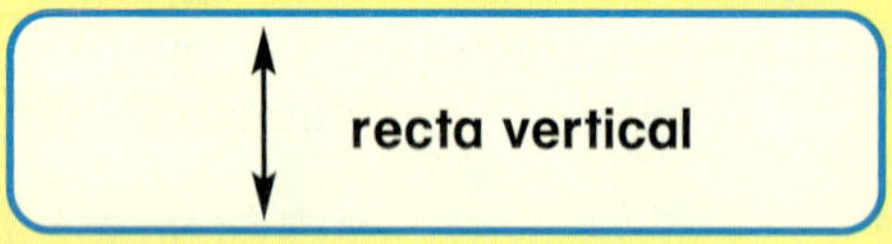

redondear hacia abajo
Reemplazar un número con un número menor más fácil de usar en cálculos. **(40)**

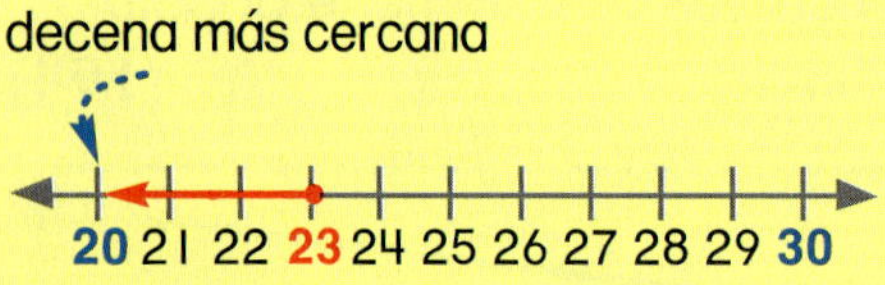

23 se **redondea hacia abajo** a 20.

redondear hacia arriba
Reemplazar un número con un número mayor más fácil de usar en cálculos. **(40)**

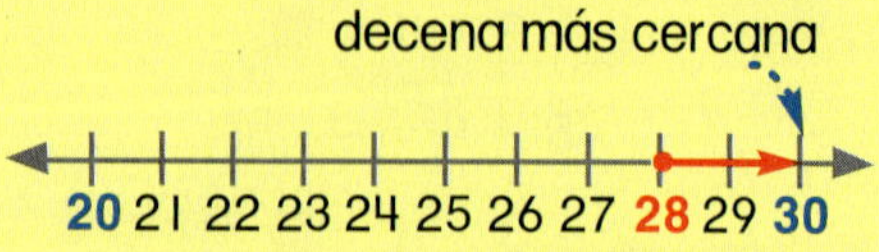

28 se **redondea hacia arriba** a 30.

redondear un número
Reemplazar un número con otro número cercano y fácil de usar para calcular. **(40)**

reloj digital **(180)**

renombrar *Mira reagrupar.*

residuo Cantidad que sobra después de dividir en grupos iguales. **(111)**

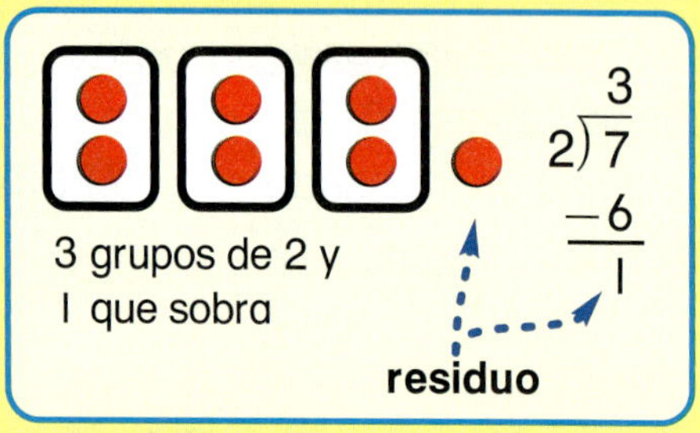

$$\begin{array}{r} 3 \\ 2\overline{)7} \\ -6 \\ \hline 1 \end{array}$$

resta Operación de quitar o comparar para encontrar una diferencia. **(72)**

restar Quitar o comparar algo. **(73, 76, 102)**

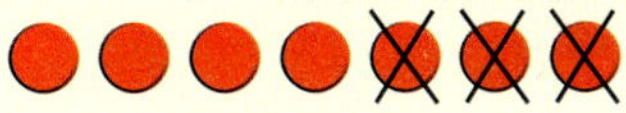

7 − 3 = 4

rombo Figura plana que tiene todos los lados iguales. **(196)**

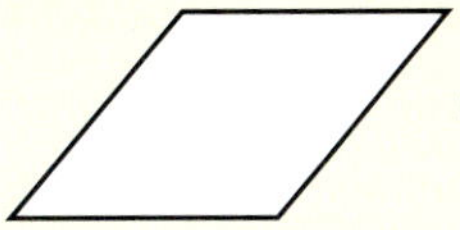

S

segmento de recta Parte de una recta. Un **segmento de recta** tiene principio y fin.

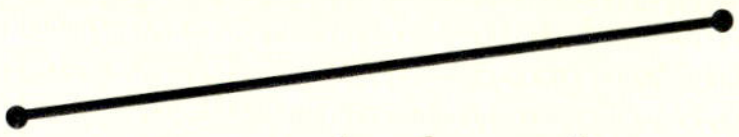

seguro Que ocurrirá con absoluta seguridad. Un suceso que definitivamente va a ocurrir es **seguro.** **(244)**

simetría *Mira eje de simetría*

simetría de eje Si una figura se puede doblar de modo que las dos mitades sean exactamente iguales, la figura tiene **simetría de eje.** **(198)**

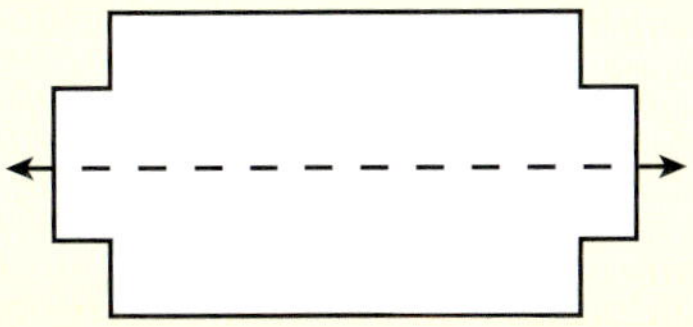

suceso Algo que *va a* suceder, que *puede* suceder o que *no va* a suceder. **(244)**

suma **1.** Operación de combinar grupos para hallar la cantidad total. **2.** Resultado de sumar números. **(54, 55)**

5 + 7 = 12 **suma**

sumando que falta **(84)**

7 + ■ = 13

sumando que falta

sumando Un número que sumas. **(55)**

5 + 9 = 14

sumandos

sumar Combinar dos o más grupos. **(55)**

4 + 2 = 6

T

tabla Una forma de organizar datos con hileras y columnas. **(235)**

Lista de precios

Tamaño	Costo
pequeño	10¢
mediano	25¢
grande	50¢

tabla de conteo (234)

Plantas vendidas		
Zinnias	𝍸 ///	8
Crisantemos	𝍸 𝍸 //	12
Hiedras	𝍸 /	6
Violetas	𝍸 𝍸 𝍸 ////	19

taza (c) Unidad de medida inglesa equivalente a 8 onzas. (222)

temperatura Medida de lo caliente o fría que está una cosa. (226)

tercios Las partes que resultan cuando divides algo en 3 partes iguales. (44)

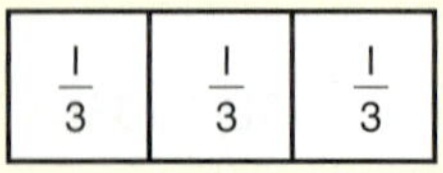

tercios

termómetro Instrumento que se usa para medir la temperatura. (226)

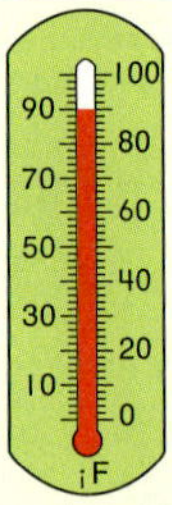

termómetro

tiempo Segundos, minutos, horas, días, meses, años. El **tiempo** se ve en un reloj o un calendario. (180)

tiempo transcurrido Cantidad de tiempo que pasa entre dos momentos. (188)

triángulo Una figura con 3 lados rectos. (196)

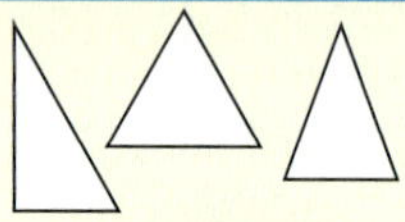

triángulos

U

una mitad Una de dos partes iguales. (43)

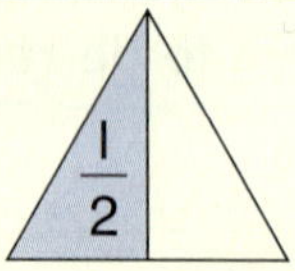

un cuarto Una de cuatro partes iguales. (46)

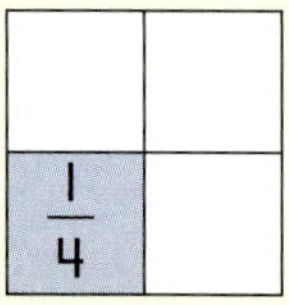

unidad Una cantidad que se usa para medir. **(209)**

unidad cuadrada Un cuadrado con lados que miden 1 unidad de longitud. **(216)**

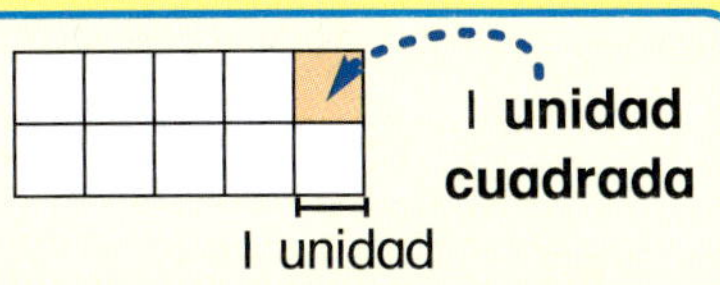

un tercio Una de tres partes iguales. **(44)**

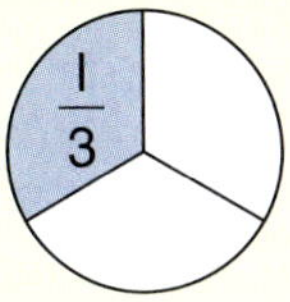

V

valor de posición Valor que tiene un dígito debido a su posición en un número. **(8)**

centenas	decenas	unidades

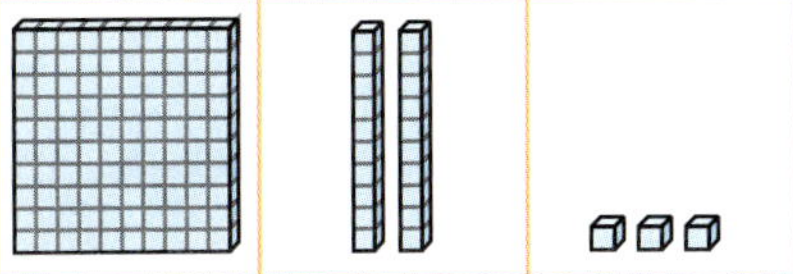

centenas	decenas	unidades
1	2	3

En el número 123, 2 vale 2 decenas, es decir 20.

voltear Una forma de mover una figura. **(203)**

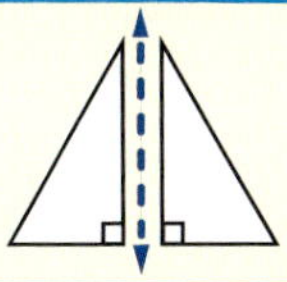

Voltear una figura no cambia su tamaño ni su forma.

Y

yarda (yd) Unidad de longitud del sistema inglés igual a 36 pulgadas, es decir 3 pies. **(210)**

Glosario de signos matemáticos

Signo	Significado	Ejemplo
+	más	5 + 2 = 7
−	menos	7 − 2 = 5
×	multiplicado por	3 × 4 = 12
÷	dividido por	8 ÷ 2 = 4
$\overline{)}$	dividido por	$\begin{array}{r}4\\2\overline{)8}\end{array}$
=	igual a	3 + 7 = 10
≠	no es igual a	3 + 7 ≠ 9
<	menor que	5 < 8
>	mayor que	5 > 2
¢	centavos	15¢
$	dólares	$1.50
°F	grados Fahrenheit	32°F
°C	grados Celsius	50°C
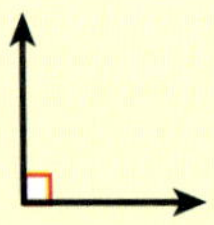	ángulo recto	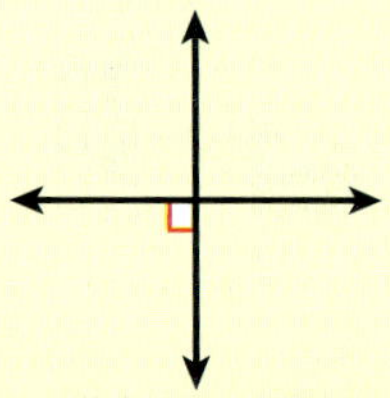

Índice

E

F

G

L

M

N

S

T

U

V

Créditos de las ilústraciones:
Arte creativo: Mike Gordon
Arte técnico: Bill SMITH STUDIO
Cubierta: Bill SMITH STUDIO